云南九大高原湖泊富营化趋势特征研究丛书

云南九大高原湖泊流域经济社会与生态环境特征比较研究

主　编　谭志卫　赵海光　李　杰

副主编　张晓旭　宋　迪　武孔焕　段友爱

中国环境出版集团・北京

图书在版编目（CIP）数据

云南九大高原湖泊流域经济社会与生态环境特征比较研究/谭志卫，赵海光，李杰主编. —北京：中国环境出版集团，2023.11

（云南九大高原湖泊富营化趋势特征研究丛书）

ISBN 978-7-5111-5669-3

Ⅰ. ①云… Ⅱ. ①谭…②赵…③李… Ⅲ. ①高原—湖泊—流域—区域经济发展—研究—云南②高原—湖泊—流域—社会发展—研究—云南③高原—湖泊—流域—生态环境—演变—研究—云南 Ⅳ. ①F127.74②X321.274

中国国家版本馆 CIP 数据核字（2023）第 212880 号

出 版 人 武德凯
责任编辑 曹 玮
封面设计 岳 帅

出版发行 中国环境出版集团
（100062 北京市东城区广渠门内大街 16 号）
网 址：http://www.cesp.com.cn
电子邮箱：bjgl@cesp.com.cn
联系电话：010-67112765（编辑管理部）
发行热线：010-67125803，010-67113405（传真）

印 刷 北京建宏印刷有限公司
经 销 各地新华书店
版 次 2023 年 11 月第 1 版
印 次 2023 年 11 月第 1 次印刷
开 本 787×1092 1/16
印 张 13.25
字 数 260 千字
定 价 89.00 元

丛书编委会

本书编委会

序

云南省高原湖泊无论是数量还是类型，在全国都占有重要的地位。我国湖泊众多，据统计，全国湖面面积大于 1 km^2 的天然湖泊约 2 865 个，总面积约 91 000 km^2。云贵高原地区湖面面积大于 1 km^2 的湖泊约 60 个，总面积约 1 200 km^2，其中云南省有 30 个，湖面总面积达 1 143.5 km^2。云贵高原演化形成的高原湖泊群，是国际上独特的封闭-半封闭型断陷构造湖泊的集中分布群，具有低纬度、高海拔独特的光热特征，径流面积小、换水周期长，存在深水湖与浅水湖的差异、营养化进程间的差异、水质本底的差异、生态结构的差异，其独特性和多样性早已成为国内外湖泊研究和关注的重点。

云南九大高原湖泊是湖面面积大于 30 km^2 的湖泊，是国家长江上游生态安全格局的重要组成部分，是国家西南生态安全屏障和生物多样性宝库的重要节点，是云南省生态文明排头兵建设的重要标志，国家和云南省高度重视云南九大高原湖泊保护治理，科研院所与有关高校也积极开展相关研究，在这一形势下，出版"云南九大高原湖泊富营养化趋势特征研究丛书"(《云南九大高原湖泊水环境演变趋势研究》《云南九大高原湖泊流域经济社会与生态环境特征比较研究》《云南九大高原湖泊水生生态系统完整性研究》)，具有特别意义。

本丛书是作者们近30年来研究工作的总结，是首次比较全面、系统地介绍云南九大高原湖泊水环境演变、水生态特征、经济社会与生态环境发展关系的系列专著，并在研究基础上给出了保护治理的意见和建议。本丛书所用的水质资料和数据是例行监测数据，所用生态资料和数据绝大部分是作者们在野外收集获取的第一手材料，许多内容是第一次报道，内容翔实，数据可靠，本丛书的出版不但为今后云南九大高原湖泊保护治理奠定了扎实基础，而且必将促进我国湖泊保护治理的进一步研究与合作。

王志芸

2023年10月30日

前言

云南省高原湖泊众多，是我国湖泊最多的省级行政区之一。面积在 1 km^2 以上的湖泊共 30 个，湖泊水体总面积为 1 143.5 km^2，流域总面积为 14 865.37 km^2，总蓄水量约 300 亿 m^3。滇东、滇中主要的湖泊有滇池、抚仙湖、阳宗海、杞麓湖及星云湖等；滇西北主要的湖泊有洱海、程海、泸沽湖、剑湖、茈碧湖、纳帕海、碧塔海等；滇南主要的湖泊有异龙湖、长桥海、大屯海、摆龙海、月湖、长湖等。云南湖泊多位于崇山峻岭之中，景色秀美、风光如画，是云南壮丽自然景观的重要组成部分，其中面积大于 30 km^2 的湖泊有 9 个，按照面积从大到小排列为滇池、洱海、抚仙湖、程海、泸沽湖、杞麓湖、星云湖、阳宗海和异龙湖。

云南九大高原湖泊（以下简称九湖）是我国云贵高原湖区的主要组成湖泊。九湖以构造断陷湖为主，湖泊四周群山环抱，湖泊与盆地相伴而生。九湖具有提供工农业及生活用水、水产品供给、调节气候、蓄洪、发电、旅游、科教、水质净化与生物多样性维持等多项生态系统服务功能，在山地面积居多的云南省是极为宝贵的自然资源，在社会经济的发展中起着重要的支撑作用。

云南九大高原湖泊流域（以下简称九湖流域）具有以下特点：①在湖泊成因上，受断裂构造及其发育的影响，云南高原湖泊以构造断陷湖为主，一些大的湖泊分布在断裂带或各大水系的分水岭地带，如滇池位于金沙江支流普渡河的上游，抚仙湖和洱海分别位于南盘江的源头及红河与漾濞江的分水岭地带；②湖泊水深岸陡，拥有全国第二深水湖——抚仙湖，平均水深 95.2 m，泸沽湖、洱海、程海等的平均水深也都在 10 m 以上；

③受西南季风带来的降水补给影响，均为外流吞吐型淡水湖，具有出流小的半闭流或全封流（程海）特点；④受境内地形、气候和降雨季节性影响较大，流域内水资源贫乏且时空分布不均，湖泊换水周期长，生态系统比较脆弱，一旦受到污染和破坏极难得到修复；⑤年内干湿季节转换明显，湖泊水位随降水量的季节变化而变化，流域存在着季节性缺水和水安全问题，水质性缺水突出，存在对湖泊的高依赖性与低维护、低补偿能力之间的矛盾，直接影响流域社会经济的可持续发展，生态安全问题与经济发展的矛盾日益凸显；⑥水质污染及湖泊富营养化程度各有不同，如洱海属于中营养型，极具科学研究和保护价值；泸沽湖、抚仙湖处于贫营养化阶段；滇池、杞麓湖、星云湖、异龙湖为富营养化湖泊，且集中反映湖泊治理的难点和问题等；⑦以滇池为重点的九湖流域是全省人口、经济的集中区域，在云南省经济社会发展中占有重要地位，是支持建设高原生态宜居城市群，发展农业现代化、新型工业化和现代旅游业的重点区域。九湖流域人口占全省人口的 12%，地区生产总值（GDP）占全省的 25%以上；九湖流域还是云南粮食的主产区和工业集聚区，汇集了全省 70%以上的大中型企业，是全省最具发展活力的区域之一。九湖流域水环境、水生态与水资源的保护与治理对云南经济社会的发展举足轻重，具有不可替代的作用。

伴随九湖流域大量水污染防治工作的开展，国内很多研究机构和院校对九湖流域开展了大量的基础研究工作，但是由于长期以来对湖泊研究基础数据的积累缺乏系统性，不能全面掌握湖泊基础资料。本书在系统收集九湖流域自然资源、社会经济、生态环境等三大类特征方面的综合数据的基础上，同时开展了湖泊基础调查，全面整理了九湖自然资源、社会经济及生态环境基础数据，将成为九湖流域水环境管理与决策信息的重要数据资源，可应用于环境质量分析、环境统计等业务工作及环境规划、水环境承载力、湖泊生态修复等相关工作中。

全书分为 6 章，谭志卫主要负责编稿，赵海光、李杰主要负责校对和编辑工作。由于编者的水平及经验有限，书中不足及不妥之处在所难免，欢迎广大读者批评指正。

目 录

第 1 章

概　况

1.1　云南省概况

云南省地处我国西南边陲，东临广西、贵州，北靠四川，南部、西北部与西藏东南部相连，西南部、西部与缅甸相接，东南部、南部与越南、老挝毗邻。地理位置为东经 97°32′～106°12′，北纬 21°08′～29°15′，总面积 39.41 万 km^2。北回归线从云南省南部通过，是集“老、少、边、穷、山”五位于一体的农业省。[1]

云南地质地貌类型复杂多样，既有深切的高山峡谷，又有相对平坦的高原。其西北部梅里（太子）雪山的卡瓦格博峰最高点海拔 6 740 m，而东南部的河口海拔仅 76.4 m，两地高差达 6 663.6 m，云南地势总体上由北向南倾斜。受太平洋、印度洋海洋季风气候，西亚地区的大陆气候以及青藏高原气候随季节的交叉控制，形成了与我国东部省级行政区截然不同的具有寒带、温带、亚热带、热带气候的复杂的西部高原季风气候区域。区域总体上具有高山峡谷、干热河谷、岩溶山地、泥石流多发区等几大生态脆弱带同时存在的特点。[2]

云南省境内大小河流 600 余条，分属金沙江、南盘江、元江、澜沧江、怒江、独龙江六大水系，各大江河流量大、落差大、水力资源丰富，据资料记载，云南省可开发的水资源总量为 2 222 亿 m^3，占全国总量的 20.5%，人均水资源为全国平均值的 2 倍。

云南在自然地理和生物地理上是热带亚洲生物区系向东亚和喜马拉雅亚热带-温带生物区系的一个过渡地区。[3]云南不仅是中国的动植物王国，也是世界上同纬度地区生物多样性最丰富的区域，植物种类占中国植物种类的一半以上。云南的这些植物种类，组成了多种多样的植被类型，被认为在植被大类型上包含了亚洲大陆的各种主要植被类型，如东南亚的热带雨林，[4-11]东亚的亚热带常绿阔叶林、暖温性落叶阔叶林、温性针阔混交林，[12-14]以及主要由云杉属（*Picea*）、冷杉属（*Abies*）、落叶松属（*Larix*）及桦木属（*Betula*）等组成的寒温性针叶林和寒温性落叶阔叶林。在亚高山、高山地区具有与青藏高原及欧亚高纬度地区类似的亚高山、高山灌丛、草甸等；[15]在干热河谷具有与非洲稀树草原类似的非地带性半萨王纳植被；[16]在西北部干暖河谷具有与地中海地区类似的硬叶小叶灌丛和马基植被；[17]而在热带湿润地区以外还广泛分布有硬叶常绿阔叶林。由于云南地形的特殊性和地貌类型的多样性，其气候和自然植被在很短的距离内发生了巨大变化，直接导致其植被和植物区系的明显分异，[18]并且各种不同植被类型形成了复杂的镶嵌分布格局。

云南省共辖 16 个州市，129 个县区，截至 2020 年，总人口为 4 722 万，人口密度 119.8 人/km^2，实现 GDP 24 521.90 亿元，比 2019 年增长 4.0%，高于全国 1.7 个百分点。其中，第一产业增加值 3 598.91 亿元，比 2019 年增长 5.7%；第二产业增加值 8 287.54 亿元，比 2019 年增长 3.6%；第三产业增加值 12 635.45 亿元，比 2019 年增长 3.8%。三次产业结构为 14.7∶33.8∶51.5。全省人均 GDP 达 50 299 元，比 2019 年增长 3.3%。非公经济增加值 11 411.25 亿元，比 2019 年增长 2.6%，占全省 GDP 的 46.5%，比 2019 年降低了 0.7 个百分点。

1.2 云南省自然湖泊基本情况

云南是我国著名的高原淡水湖泊区，受大断裂影响，湖泊多呈南北向延伸，其中构造断陷湖居多，冰蚀湖、喀斯特溶蚀湖次之，是我国湖泊最多的省级行政区之一。水面面积在 1 km^2 以上的天然湖泊共 30 个（包括九湖），湖泊水面总面积 1 143.5 km^2，流域总面积 14 865.37 km^2，总蓄水量约 300 亿 m^3，分别分布于昆明市、迪庆藏族自治州（以下简称迪庆州）、大理白族自治州（以下简称大理州）、红河哈尼族彝族自治州（以下简称红河州）、玉溪市、丽江市、文山壮族苗族自治州（以下简称文山州）和曲靖市等 8 个州市。其中水面面积大于 300 km^2 的湖泊 1 个（滇池），水面面积 100～300 km^2 的湖泊 2 个（抚仙湖、洱海），水面面积 30～100 km^2 的湖泊 6 个（程海、泸沽湖、杞麓湖、星云湖、阳宗海、异龙湖），水面面积 10～30 km^2 的湖泊 3 个（纳帕海、长桥海、大屯海），水面面积 5～10 km^2 的湖泊 4 个（清水海、茈碧湖、拉市海、普者黑），水面面积 1～5 km^2 的湖泊 14 个。拥有湖泊数量最多的州市是大理州，共计 8 个湖泊；昆明市、丽江市、红河州均有 4 个湖泊；玉溪市、迪庆州、文山州均有 3 个湖泊；曲靖市仅有 1 个湖泊。[19]云南省天然湖泊分布状况见表 1.1-1。

表 1.1-1　云南省天然湖泊分布状况

编号	名称	所在州市	水面面积/km^2	流域面积/km^2
1	滇池	昆明市	309	2 920
2	清水海	昆明市	5.21	33.1
3	阳宗海	昆明市	31.13	192
4	月湖	昆明市	1.69	23.35
5	洱海	大理州	252.2	2 565
6	茈碧湖	大理州	8.39	382.8
7	西湖	大理州	3.27	595.9
8	海西海	大理州	3.84	240.39
9	天池	大理州	1.16	14.53
10	剑湖	大理州	4.81	821.5
11	青海湖	大理州	3.41	440.4
12	莲花池	大理州	4.12	111.7
13	抚仙湖	玉溪市	216.6	675
14	杞麓湖	玉溪市	37.26	354.2
15	星云湖	玉溪市	34.33	378
16	泸沽湖	丽江市	57.7	247.6
17	程海	丽江市	74.6	318.3
18	拉市海	丽江市	7.62	211.3
19	文海	丽江市	2.2	23.5
20	异龙湖	红河州	31.0	360.4
21	长桥海	红河州	10.24	167
22	大屯海	红河州	10.98	284.5
23	三角海	红河州	2.3	460
24	纳帕海	迪庆州	14.98	669.2
25	碧塔海	迪庆州	1.69	19
26	属都湖	迪庆州	1.44	2.6
27	普者黑	文山州	5.5	285.1
28	差黑海	文山州	2.8	72.7
29	摆龙湖	文山州	3.24	251.3
30	海峰湿地	曲靖市	1.99	167
合计			1 143.5	14 865.37

1.3 九湖及其流域概况

云南湖泊多位于崇山峻岭之中，景色秀美、风光如画，是云南壮丽自然景观的重要组成部分，其中面积大于 30 km^2 的湖泊有 9 个，按照面积从大到小排列为滇池、洱海、抚仙湖、程海、泸沽湖、杞麓湖、星云湖、阳宗海和异龙湖。九湖是我国云贵高原湖区的主要组成湖泊。九湖以构造断陷湖为主，湖泊四周群山环抱，湖泊与盆地相伴而生，在地理位置上，位于滇西北的是泸沽湖、程海和洱海 3 个湖泊，位于滇中的是滇池、阳宗海、抚仙湖、星云湖和杞麓湖 5 个湖泊，位于滇南的仅有异龙湖。滇池、程海和泸沽湖属长江水系，抚仙湖、杞麓湖、异龙湖、星云湖和阳宗海属珠江水系，洱海属澜沧江水系，分布于昆明、大理、玉溪、丽江、红河 5 个州（市）的 17 个县（市、区），总流域面积 8 010.5 km^2，约占全省面积的 2.0%。

九湖具有提供工农业及生活用水、水产品供给、调节气候、蓄洪、发电、旅游、科教、水质净化与生物多样性维持等多项生态系统服务功能，在山地面积居多的云南省是极为宝贵的自然资源，在社会经济的发展中起着重要的支撑作用。

2020 年，九湖流域总人口为 604.32 万，占云南省总人口的 12.78%；九湖流域 GDP 为 6 166 亿元，占云南省 GDP 的 25.15%。

第 2 章

九湖流域自然状况

2.1 滇池

2.1.1 地理位置

滇池古称滇南泽，是云贵高原上的一颗明珠、我国著名的高原淡水湖泊，是中国六大淡水湖之一，是中国西南第一大湖。地理位置为东经 102°29′～103°01′，北纬 24°29′～25°28′。滇池地处长江、红河、珠江分水岭地带，属长江流域，为普渡河干流上的湖泊。

2.1.2 地形地貌

滇池流域属扬子准地台滇东台褶带西侧，为北高南低的南北向狭长地域，因受长期的地质运动，尤其是喜马拉雅运动的作用影响，形成了以滇池为中心，南、北、东三面较宽，西部狭窄的不对称三级阶梯状湖盆地貌格局。第一级为滇池和以滇池为中心的环湖围垦地组成的河湖滨平原，海拔在 2 000 m 以下，相对高度一般小于 50 m；第二级为湖阶台地、岗地、丘陵组成的丘陵台地圈，目前大部分被流水侵蚀切割而未连片分布，海拔为 1 900～2 100 m，相对高度为 50～200 m；第三级为由中山、低山组成的外围山地，普遍受到中度和浅度切割，坡度一般较陡，海拔在 2 100 m 以上，相对高度大于 100 m。整个流域海拔最低点为滇池，海拔高程 1 887 m，最高点为梁王山，海拔高程 2 890 m，大于和小于 2 000 m 高程的区域各约占流域面积的 50%，山地、丘陵面积约占 70%，流域内坡度较大，地形起伏。

2.1.3 地质

滇池流域地质构造以断裂为主，褶皱次之；以经向构造为主，纬向构造也有发育，并派生后期北东向及北西向构造。此外，滇池流域在断裂带附近有不同时代的喷出或侵入岩小面积出露。

昆明盆地中的地质构造大部分隐伏于盆地松散岩之下，以经向构造为骨干，纬向构造次之，北东、北西向构造也有发育。滇池盆地地层发育较为连续，从中元古界至新生界均有程度不同的出露，除上二叠统有基性火山岩、中基性火山碎屑岩、玄武岩外，其余地层均为沉积岩，沉积厚度大于 5 000 m。其中，碳酸盐岩厚超 1 500 m，约占地层总厚度的 27%。

各时代地层的岩性及地质特征如下：

中元古界（RZ）：统称昆阳群，主要分布于滇池盆地西侧的安宁—昆阳一带，为一套巨厚的冒地槽型沉积，有轻微的区域热动力变质现象。其岩性为各类板岩、变质砂岩、石英岩及结晶灰岩，白云岩等构成该区的褶皱基底。

上元古界震旦系（Z）：广泛分布于滇池盆地之下，下统称为澄江组，为一套陆相红色磨拉石建造，属于扬子准地台形成初期的山麓堆积；上统共划分出 4 个组，为一套以镁质碳酸盐岩为主，夹碎屑岩、磷块岩的海相沉积。

古生界（Pz）：广泛分布于滇池盆地内，地层发育较为齐全。其岩性以浅海相碳酸盐岩为主，早期有部分陆源碎屑岩沉积，末期为基性火山喷发沉积。其中寒武系下统的沧浪铺组砂岩是昆明热田的次要储热层。古生界和上元古界都是地台发育阶段的浅海相沉积，共同组成了地台盖层的主体。

中生界（Mz）：在滇池盆地内发育不全，分布零星，主要集中在滇池盆地的边缘地带和盆地西侧的安宁地区，盆地内部无中生界分布。全部为含盐红色建造，岩性以砂岩、粉砂岩和泥岩为主，夹石盐、石膏和钙芒硝，是地台发育后期的内陆湖泊沉积。

新生界（Kz）：分布零星，下第三系仅发育始新统美邑组，为一套山麓相、河流相粗碎屑堆积，以宝象河水库一带出露面积为最大。上第三系发育上新统洪家村组，为一套河湖、沼泽相细碎屑沉积，含褐煤层，成岩程度低，在滇池盆地内部不整合覆盖于古生界地层之上，其上被第四系不整合覆盖。滇池盆地内第四系比较发育，成因类型复杂，有冲积、洪积、湖积、残积、坡积、冲洪积、冲湖积、残坡积以及洞穴堆积等类型，结构松散，不整合覆盖于第三纪各时代地层之上。值得注意的是，滇池盆地内部晚新生代松散沉积物之下，为发育古风化壳的古生代基岩，缺失在盆地边缘出露的晚三叠世到早第三纪地层[①]。

滇池流域内东部广泛分布石炭系，组成岩石为石灰岩；二叠系白云质灰岩和火山灰岩的玄武岩常形成溶蚀地貌与侵蚀地貌；南部以远古界昆阳群浅变质岩系、震旦系白云岩、寒武系砂岩、页岩为主；西部及北部以震旦系、寒武系、奥陶系、泥盆系、石炭系、二叠系、三叠系、侏罗系、第三系及第四系的沉积物质为主，组成岩石以石灰岩、砂岩、页岩、泥岩、粉砂岩、玄武岩为主。

2.1.4 气候气象

滇池流域气候属北亚热带湿润季风气候，具有低纬山原季风气候特征，冬无严寒、夏无酷暑。多年平均气温 14.7℃，多年平均降水量 953 mm，年平均蒸发量 743 mm，80%的降水集中在雨季，致使冬干夏湿，干湿分明。

2.1.5 水文水系

2.1.5.1 湖泊水文特征

滇池呈南北向伸展，正常高水位为 1 887.5 m，平均水深 5.3 m，湖面面积 309 km^2，湖岸线长 163 km，湖容 15.6 亿 m^3，多年平均入湖径流量为 9.7 亿 m^3。滇池分为外海和草海，其中，外海正常高水位为 1 887.50 m，平均水深 5.3 m，湖面面积 298.7 km^2，湖岸线长 140 km，湖容 15.35 亿 m^3；草海正常高水位为 1 886.80 m，平均水深 2.3 m，湖面面积 10.8 km^2，湖岸线长 23 km，湖容 0.25 亿 m^3。

2.1.5.2 入湖河流水文

滇池属长江流域，为普渡河干流上的湖泊。滇池流域面积 2 920 km^2，主要入湖河流有 35 条，集水面积大于 100 km^2 的有 7 条，分别是盘龙江、宝象河、洛龙河、捞鱼河、晋宁大河、柴河、东大河。注入外海的主要河流有 28 条，注入草海的主要河流有 7 条。

① 资料来源：《环滇池地区地质环境资源综合评价与规划》。

2.2 阳宗海

2.2.1 地理位置

阳宗海是九湖之一，属珠江水系南盘江流域。阳宗海位于昆明市阳宗海风景名胜区，距昆明市中心 35 km，地理位置为东经 102°59′～103°02′、北纬 24°51′～24°58′。阳宗海流域面积 192 km^2，流域外摆依河引水区域面积 94 km^2，两者总面积 286 km^2。

2.2.2 地形地貌

阳宗海地处滇中高原，天然流域呈南北狭长形分布，四周群山环抱，流域最高海拔为老爷山（2 730 m），最低为出水口（1 770.46 m）。阳宗海湖面形如一只巨履，呈两头宽、中部略窄“哑铃”形狭长带状分布。地势总体呈南高北低，山系总体呈南北走向，受小江断裂带的影响和水流的溶蚀，山系、河流均呈南北走向，山岭河谷相间发育，山坡陡峻，山顶平缓，河谷呈“V”形，属不稳定地带，与湖面高差大多为 200～300 m。

阳宗海北岸的汤池、凤鸣盆地和南岸的阳宗盆地属第三、四系地层，河湖沉积物主要为沙、砾石、黏土；东西岸属二叠系地层，主要为石灰岩、砂页岩，分布有石芽、溶洞，且岩溶发育较好。阳宗海西部山区以古生代的寒武纪和二叠纪为主，其间夹有石灰纪和泥盆纪，岩石多为页岩、石灰岩、玄武岩。该汇水区范围属浅切割中山，分层明显，以侵蚀、溶蚀、岩溶高原地貌形态为主，红色山原地貌次之，古夷平抬升、错断、被河流侵蚀的残余地貌。梁王山脉主峰最高海拔 2 820 m，是滇中第一高峰，梁王山汇水经七星河水库后流入阳宗海。正北约 6 km 为乌纳山脉的主峰老爷山，海拔 2 730 m，最北的向阳山高程 2 523.4 m，往南的马头山高程 2 242 m。

2.2.3 地质

阳宗海位于小江断裂破碎带上，受东西向挤压力的影响，形成了以南北向或北北东向断裂为主的构造格局，断面向东或向西倾斜，地层连续性较差、倾角平缓。小江断裂是区内主要的构造，发育于晋宁运动或更早时期，在其后漫长的构造发展史中，长期成为各级构造单元的天然界线并控制着各期旋回沉积中心的转移。区内小江断裂的次级断裂发育主要有南冲断层和麦冲断层。区内垂直主干断裂的次级断层也较发育，多分布于南北向大断裂的两侧，一般规模不大，随着远离主干断裂而逐渐消失，并多显平移性质。受主干断裂影响和控制，调查区褶皱多呈南北向或近南北向展布，但规模均较小。

阳宗海北岸的汤池盆地和南岸的阳宗盆地及草甸盆地主要出露第四纪地层，为河湖沉积物，岩性为沙、砾石、黏土层；盆地四周出露地层以二叠系、石炭系和泥盆系地层为主，主要为碳酸盐岩、碎屑岩相间分布，其中碳酸盐岩分布广泛，出露面积大，岩溶发育；岩浆岩以二叠系玄武岩为主，主要出露于阳宗海南侧、东侧分水岭一带；部分地区还出露古生代的寒武纪地层，以砂页岩为主，局部零星出露侏罗系和志留系砂岩地层。

2.2.4 气候气象

阳宗海流域地处滇中高原，属低纬亚热带高原型湿润季风气候，受印度洋孟加拉湾海洋气候影响比较明显。冬无严寒，夏无酷暑，气温日较差比较大，干湿季节分明。雨季多暴雨且多为单日连续性暴雨，以雨面小、历时短、梯度大的单点暴雨为主，流域内山区降雨又明显高于坝区。降雨的季节性特点造成旱季降雨日数少，晴天日数多，日照充足，气温高，蒸发量大。雨热同季，光温不同步，湖区常年主导风向为西南风，阳宗镇受大气环流和地貌、海拔的影响，冬春盛行西南风，夏季盛行南风，秋季盛行西北风，全年盛行南风。

流域范围内的汤池镇境内年冬季平均气温 9.1℃，夏季平均气温 21.4℃，最低气温为 −0.2℃，年平均降水量为 912.2 mm，平均相对湿度为 74.0%，全年无霜期 300 d，多年平均风速 2.4 m/s，最大风速 22.0 m/s，年平均日照 2 052.9 h，年日照百分率为 50%，多年平均蒸发量为 2 112 mm。

2.2.5 水文水系

2.2.5.1 湖泊水文特征

阳宗海呈南北向延伸，当湖面水位为 1 770.46 m 时，湖面面积约 31 km^2，平均水深 20 m，最大水深 30 m，湖泊南北平均长 12.7 km，东西平均宽 2～5 km，湖岸长 32.3 km，总蓄水量 6.04 亿 m^3，总库容 6.17 亿 m^3。当湖面水位降至 1 768.35 m 时，湖面面积 29.65 km^2，库容约 5.42 亿 m^3。阳宗海自然流域面积 192 km^2，摆依河引洪渠汇水区面积约 94 km^2。

2.2.5.2 入湖河流水文

阳宗海流域属珠江水系南盘江流域，呈南北狭长形分布，四周群山环抱，流域最高海拔为老爷山，最低为出水口。流域四周河流水系呈向心状注入阳宗海。流域内地表水系简单，主要的天然入湖河流均位于阳宗海南部，汇水面积大于 5 km^2 的河流有阳宗大河、七星河、鲁溪冲河及宜良县摆依河 4 条，北部汤池河是阳宗海唯一的出流河流。

2.3 抚仙湖

2.3.1 地理位置

抚仙湖位于云南省玉溪市境内，居滇中盆地中心，位于昆明市东南 60 km 处，地处长江流域和珠江流域分水岭地带，属南盘江流域西江水系，位于滇中湖群五大湖泊（抚仙湖、星云湖、杞麓湖、阳宗海和滇池）的中心部位，与滇池、杞麓湖、阳宗海的水平距离分别为 17 km、18 km、27 km，南部有 2.5 km 长的隔河与星云湖相通。跨澄江、江川和华宁三县，地理位置为东经 102°39′～103°00′、北纬 24°13′～24°46′。抚仙湖片区不仅位于云南省中部地带，而且也处于昆明、玉溪、曲靖三大城市和个（旧）开（远）蒙（自）城市群的中心，地理区位的比较优势十分明显。

2.3.2 地形地貌

抚仙湖流域属滇中红土高原湖盆区，以高原地貌为主，由于受构造盆地影响，区域内地势周围高、中间低，相对高差大。湖泊东、南、西三面环山，北面与澄江坝子相连，湖面形似葫芦状，南北向发育，中间窄两端宽，北端最宽 11.5 km，中段最窄为 3.2 km，平均宽度 6.78 km。地质构造方面，抚仙湖属断陷构造湖盆，按照地质构造和地形的特征及其成因，湖区地貌大致分为构造-剥蚀地貌和堆积地貌。小江断裂带自巧家至汤丹和东川附近分成两支，东支经宜良至南盘江，西支则经阳宗海、抚仙湖至通海。抚仙湖湖盆四周出露的地层按岩性主要有三大类：①以石灰岩为主的碳酸盐岩。大面积分布于东岸，北岸、西岸也有少量分布，约占湖区岩类面积的 60%。②以砂岩及页岩为主的碎岩类。分布于北岸、西岸。面积占岩类面积的 40%，多冲沟破箐，岩石易风化，是水土保持的重点地区。③玄武岩。分布面积约 55 km^2。它们分别是震旦系澄江组沙砾岩和灯影组石灰岩、白云岩；寒武系砂页岩；泥盆、石灰系白云岩和灰岩；二叠系玄武岩及白云岩和灰岩，以及侏罗系岩和泥岩等。

抚仙湖东、西两岸山势陡峭，呈北东走向，与构造线基本一致。区内最高点为梁王山，海拔高 2 820 m。山脉经东虎山（2 628 m）、黑汉山（2 494 m）、谷堆山（2 648 m）、老君山（2 319 m）等一系列山由北向南东延伸，形成金沙江水系（滇池）与珠江水系（抚仙湖、星云湖）的分水岭，这些山脉如一道屏障，屹立在抚仙湖西岸。抚仙湖东岸，由梁王山余脉经献扶饭山（2 274 m）、东鸡哨（2 065 m）、老祖右头（2 144.2 m）、标杆山（2 195.1 m），过海口河后，再经子弹山（2 386 m）、阴登山（2 381 m）、磨豆山（2 663.1 m）一直由北向南延伸至马鞍山（2 469 m），这一南北走向的山脉与抚仙湖西岸的分水岭平行，它是抚仙湖东岸的天然屏障，是抚仙湖与南盘江的分水岭。

2.3.3 地质

湖盆四周露出的地层按岩性分主要有石灰岩与白云岩，其次是砂页岩和砾岩；在砂页岩和石灰岩山地之间，有玄武岩分布。在湖岸东、西两侧分布的均为石灰岩山地，山体陡峭，尖山、笔架山断层崖耸立湖边。

抚仙湖东北岸的东大河、代村河径流区分布着丰富的磷矿资源，矿区总面积 72.584 2 km^2。其中，东大河矿区面积 35.153 1 km^2，代村河径流区的帽天山矿区面积 37.431 1 km^2。矿区从 1984 年开始磷矿开采，现有开采面积 3.283 9 km^2，其中东大河径流区 1.005 2 km^2、代村河径流区 2.278 7 km^2，截至 2003 年，开采磷矿石 51.2 万 t。

2.3.4 气候气象

抚仙湖流域属于亚热带高原季风气候，多年平均气温 15.6℃，最高气温 32.5℃，最低气温−4.4℃；最冷月为 1 月，最热月为 6 月；全年日照总时数 2 117 h，多年平均湿度 75%，流域内风向多为南风，多年平均风速 2 m/s。冬无严寒、夏无酷暑；干湿分明、雨热同季；气温年较差小、日较差大。干（旱）季（11 月—次年 4 月）主要受印度大陆北部干暖气流的控制，空气干燥，晴天多，云雨少，日照丰富。湿（雨）季（5—10 月）主要受来自印度洋和南海海面的西南与东南暖湿气流的影响，天气阴晦，湿度变大，云雨急剧增多，当与南下冷空气相遇后往往形成大量降水。雨季一般开始于 5 月下旬，结束于 10 月下旬。5—10 月降水量约占全年降水量的 85%，而其中最集中的 6—8 月降水量占年降水量的 55%；12 月—次年 2 月降水量仅占年降水量的 5%。

2.3.5 水文水系

2.3.5.1 湖泊水文特征

抚仙湖是云南高原抬升过程中形成的断陷型深水湖泊，是珠江源头第一大湖，抚仙湖湖形似葫芦，北宽而深，南窄而浅，中间细长如颈。当湖面水位为 1 722.50 m 时，湖长约 31.4 km，湖最宽处约 11.8 km，最大水深 158.9 m，平均水深 95.2 m，湖岸线总长 100.8 km，水面面积 216.6 km^2，相应蓄水量 206.2 亿 m^3。抚仙湖是我国水质较好的淡水湖泊之一，蓄水量占九湖蓄水总量的 68.3%。2016 年修订的《云南省抚仙湖保护条例》规定，抚仙湖最高蓄水位为 1 723.35 m（1985 国家高程基准，下同），最低运行水位为 1 721.65 m。

2.3.5.2 入湖河流水文

抚仙湖流域共有大、小入湖河渠 103 条（含季节河、农田排灌沟），其中非农灌沟的河道有 60 多条，集水面积大于 30 km^2 的有 2 条，即东大河和梁王河，10～30 km^2 的有 6 条，小于 10 km^2 的有 18 条。抚仙湖流域河流普遍短小，最长的梁王河 21 km，其次是东大河 19.9 km，其余多在 10 km 以下。抚仙湖纳入河长制管理的河流有 44 条，分别是马料河、东大河、代村河、路居河（大鲫鱼河）、隔河、牛摩河、尖山河、山冲河、梁王河、洗菜沟、马房中沟、马房西沟、窑泥沟、大清沟、居乐河、五车大河、矣度河、巴西河、白沙地河、大摆沟、大沟河、地涧沟、东大深沟、独房大沟、高低沟、官井沟、海镜基沟、红沙地河、茴香沟、老仓沟、老李河沟、路歧河、清水沟、沙亥河、世家大河、锁水桥沟、塘子基沟、塘子小河、西大深沟、小湾河、野脚沟、矣马谷大河、矣马谷小河、直沟河。

由于抚仙湖属雨水补给型湖泊，河道径流调节性能很差。多为间歇性河流、暴涨暴落、汇流时间短、并携带大量泥沙入湖。湖岸周围有地下水补给，如东岸老鹰地溶洞、猪嘴山溶洞群、禄充大洞、甸朵大洞，北岸的西龙潭，东岸的大湾、小船尖落水洞、热水塘等。海口河是抚仙湖历史上唯一的明河出水口，从海口村向东流约 14.5 km 入南盘江。玉带河（也称隔河）是抚仙湖与星云湖的连接水道，原星云湖水经隔河进入抚仙湖，2008 年出流改道实施后，隔河流向改变，也成为抚仙湖的主要出湖河流之一，抚仙湖水经隔河泄入星云湖。

径流区饮用水地表水水源包括梁王河水库、东大河水库、虎山水库、山冲河水库等。径流区饮用水地表水水源一级保护区范围根据澄江市政府的相关批复文件确定。径流区饮用水地下水水源保护区主要涉及西龙潭、老母猪龙潭、黑蟆地小石洞、甸垛村等区域。

2.4 星云湖

2.4.1 地理位置

星云湖位于云南省玉溪市江川区境内，地理位置为东经 102°45′～102°48′、北纬 24°17′～24°23′，东临华宁县，西接玉溪红塔区，南与通海县接壤，北与晋宁、澄江两县为邻。

2.4.2 地形地貌

江川区位于扬子准地台西南缘，受前震旦纪晚期的晋宁运动波及，加里东运动造成本区中、上寒武世至志留纪的沉积缺失。星云湖流域处于滇东山字形构造体系的前弧与脊柱之间的地盾范围，由于地壳局部下陷，星云湖周围为低山、丘陵地形，为滇中高原陷落型浅水湖泊。流域内山区、半山区面积约占 65%，坝区面积约占 21%，水域面积约占 14%。

2.4.3 地质

星云湖（江川）盆地位于小江断裂带西支南端末梢与北西向断裂的交会部位。小江断裂带形成于元古代晋宁期，在以后漫长的地质历史时期又多次活动，晚第三纪小江断裂带块体运动十分强烈，高原面由于断裂的差异运动而解体，与此同时，断裂的扭张活动沿断裂带形成了一系列晚新生代断陷盆地，如车湖、阳宗海、抚仙湖、星云湖等现代湖盆。自第四纪以来，小江断裂带继续强烈活动，主要表现为左旋走滑运动和相伴生的地震活动。自全新世以来，根据断裂带综合研究结果，小江断裂带平均水平运动速率是：北段为 4～8.4 mm/a，南段东支断裂约 2.5 mm/a，西支断裂约 4 mm/a。

星云湖流域地层比较发育，主要出露的地层有震旦系、寒武系、泥盆系、石炭系、二叠系、第三系和第四系，其中以震旦系分布最广。

2.4.4 气候气象

星云湖流域地处低纬度、高海拔地带，属亚热带西南季风气候，具有气候温和、四季不分明、干湿季明显的亚热带半湿润高原季风气候特点。根据江川区气象站资料，多年平均降水量 848.7 mm，年降水量 496.8～1 220.6 mm；雨季主要集中在 5—10 月，降水量占全年降水量的 83.4%，7 月降水量最多，占全年降水量的 16.5%；枯季主要集中在 11 月至次年的 4 月，降水量占全年降水量的 16.6%，4 月降水量最少，占全年降水量的 4.2%。多年平均蒸发量 1 988.3 mm，3—5 月约占全年蒸发量的 37.2%。多年平均日照 2 190.0 h。多年平均气温 15.9℃，7 月平均气温 20.3℃，1 月平均气温 8.7℃，≥10℃的活动积温 8 181.8℃。流域内全年风向多为西南风，历年最大风速达 33 m/s。

2.4.5 水文水系

2.4.5.1 湖泊水文特征

星云湖属珠江流域南盘江水系。南北长 9.09 km，东西最大宽 4.73 km，最大水深 10.81 m，平均水深 6.01 m。

根据《云南省星云湖保护条例》，星云湖最高运行水位为 1 723.35 m，最低运行水位为 1 721.65 m。当星云湖湖面高程为 1 722.5 m 时，湖面面积 34.33 km^2，湖泊蓄水量为 2.098 1 亿 m^3，湖岸线长 38.8 km。历年最高水位 1 723.11 m，最低水位 1 720.56 m，最大变幅 2.55 m，年内变化 0.73～1.68 m。

2.4.5.2 入湖河流水文

根据《星云湖水污染防治“十二五”规划》，出流改道前，星云湖流域共有大龙潭河、周德营河、学河、东西大河、大街河、大庄河、旧州河、大寨河、渔村河、周官河、小街河、螺蛳铺河等 12 条主要入湖河流，河道总长 132.3 km，多数河流坡降较大，此外，流域内还有一定量的流量较小的山箐、土沟、农灌渠等。河流大多为季节性河流，根据星云湖流域年降水量分析，径流区干湿季节分明，枯季降水量约占全年降水量的 16%，汛期降水量约占全年降水量的 84%。出流改道实施后，隔河成为星云湖新的入湖河流，目前已经贯通运行的出流改道隧洞成为星云湖的出湖口，最大泄流量为 9.2 m^3/s。

2.5 杞麓湖

2.5.1 地理位置

杞麓湖流域位于云南省中部，隶属玉溪市通海县。流域为新月形断坳盆地，地理位置为东经 102°33′48″～102°52′36″、北纬 24°4′36″～24°14′2″，北枕江川星云湖，南望曲江干流，西依玉溪大河（曲江上游段），东邻华宁龙洞河，属珠江流域西江水系。流域交通方便，214 省道穿境而过，各乡村均有公路相通。县城距昆明市 133 km，距玉溪市 54 km，为省城通往滇南的交通要道。

2.5.2 地形地貌

杞麓湖是通海县的主要水域，坐落在坝子之中，湖盆区东比华宁县城高 172 m，西比玉溪市高 167 m，北比江川县星云湖高 73 m，南比曲江河谷的沙田村高 430 m。杞麓湖流域是一个典型的高原湖盆地，近似为一个封闭形的西东向平行四边形形状，四周群山环抱，山峦起伏，中部为湖泊，海拔高程为 1 790 m，湖周为平坝区，主要分布在湖泊的南、西、北三面，面积约 100 km^2，坝区外围为中、低山，海拔高程多为 1 979～2 100 m。在地质构造上，流域处于云南“山”字形前弧内缘，由通海复式褶皱及伴生的一系列北东向压性和压扭性断裂组成，受曲江断裂带和小江断裂带的影响，地震灾害较频繁。

2.5.3 地质

杞麓湖形成于通海断陷盆地中，盆地四周受断裂控制。据云南省基建工程兵进行的水文地质与物探勘测，盆地内基底最深处在湖面下多米，呈与湖盆总体走向一致的深槽，充填于盆地中的湖积物均属第四系。

2.5.4 气候气象

杞麓湖流域位于北回归线附近的低纬度地带，属于中亚热带半湿润高原季风气候，年温差小而昼夜温差相对较大。夏、秋季节主要受印度洋西南暖湿气流和太平洋东南暖湿气流的控制，冬、春季节主要受到来自北非、西亚及印巴半岛等干燥气流和北方南下的干冷气流控制，形成冬季干燥温暖、夏季温暖潮湿的大陆性气候特点。年平均温度 15.6℃，≥10℃的年积温为 4 900℃，最冷月（1 月）平均气温 9.0℃，最热月（7 月）平均气温 19.9℃，年实测最高气温 31.9℃，年实测最低气温−5.4℃，最热月平均气温与最冷月平均气温相差 10.9℃。年平均日照率 52%，每年霜期一般为 11 月 11 日至次年 3 月 12 日前后，多年平均霜期 104 d，平均有霜日 27 d，年无霜日为 338 d。多年平均相对湿度 73.4%，风向多为偏南风，多年平均风速 2.7 m/s。

杞麓湖流域多年平均降水量 887 mm。雨季 6—8 月的降水量占年降水量的 52.8%；干季 11 月—次年 4 月的降水量仅占年降水量的 17.5%，其中降水量最小的 1 月仅占 1.7%。

流域多年平均蒸发量 1 150 mm，历年各月平均蒸发量以 4 月最大，为 168.6 mm，以 12 月最小，为 60.0 mm。年内变化趋势 1—4 月蒸发量逐月增大，5—12 月蒸发量逐月减小。总体上，年蒸发量远大于年降水量，加之近几年区域降水量较往年有所减少，低于多年平均水平。

2.5.5 水文水系

2.5.5.1 湖泊水文特征

杞麓湖流域属珠江流域西江水系，湖体东西较长，南北较窄，呈新月状，湖水从东南岸的落水洞经暗河排入华宁县境内，汇入珠江流域南盘江水系。湖面水位为 4.3 m 时，湖面东西长 10.4 km，南北宽 4.8 km，面积 36.86 km^2，库容 1.49 亿 m^3，多年平均库容 1.12 亿 m^3。杞麓湖最高蓄水位为 1 796.62 m，最低蓄水位为 1 793.92 m。2019 年杞麓湖最高水位为 5.10 m，对应海拔高程为 1 796.62 m，对应水量为 17 900 万 m^3；最低水位 3.69 m，对应海拔高程为 1 795.11 m，对应水量为 12 664 万 m^3；水位相差 1.41 m，水量相差 5 256 万 m^3。

2.5.5.2 入湖河流水文

杞麓湖水源全靠降水补给，无明显出流口，为一封闭形高原浅水湖泊，湖泊唯一的自然泄水通道为湖东南面的岳家营落水洞岩溶裂隙，泄洪至华宁王马龙潭出闸后流入曲江。湖泊落水洞出水口处，建有两孔平板闸门控制出流，落水洞泄洪能力仅 3 m^3/s 左右。2003 年 3 月 13 日云南省计委以云计农经〔2003〕198 号文批准杞麓湖调蓄水泄洪隧洞工程开工，至 2008 年 3 月 6 日实现全线贯通。杞麓湖调蓄水泄洪隧洞进口底板高程 1 792.75 m（杞麓湖水位 2.5 m），泄洪流量为 18 m^3/s，泄洪隧洞出水至曲江库南河。

杞麓湖从形成以来，发生了巨大的变化，湖面由大变小，湖水由深变浅；容量由多变少；湖底由深变浅。湖面向盆地的北东方向迁移退缩，现在只偏踞盆地的东北半部，西南半部已变成大片湖积平原，兴蒙乡以下形成悬湖、悬河，地表径流不能自流进入。

杞麓湖流域属珠江流域西江水系，主要入湖河流为红旗河、者湾河、大新河和中河 4 条。此外，还有十里沙沟、二街沙沟、姜家冲沟、大桥沟及窑沟等 10 余条季节性小河分别由四周汇入杞麓湖。

2.6 异龙湖

2.6.1 地理位置

异龙湖位于云南省红河州的石屏县境内，在县城异龙镇东南 3 km 处，地理位置为东经 102°28′～102°38′、北纬 23°28′～23°42′，湖面面积 35.12 km^2，流域面积 360.4 km^2。异龙湖在珠江支流南盘江与红河两大流域分水岭上，是南盘江支流泸江的源头，原属珠江水系，1971 年凿开青鱼湾洞后，湖水从青鱼湾隧道放入五郎沟河，经小河底河进入红河，属红河水系，2017 年 3 月 10 日异龙湖湖水实现西进东出，复归珠江水系。

2.6.2 地形地貌

异龙湖湖区呈东西向条带状，为断陷溶湖积盆地，湖盆为长 30 km、宽 2～6 km、面积 92 km^2 的冲积平原。湖区内地势平坦，沿西北向东南展布，海拔 1 420 m 左右，呈半封闭状态，盆内积水成湖，周围均为构造侵蚀中、低山地。盆地周围山峦起伏，从而构成了异龙湖汇水区典型的中山湖盆地貌。

异龙湖是受喜马拉雅山运动影响形成的断层侵蚀湖泊。北岸靠乾阳山，湖岸线平直，岸坡较陡，一般为 35°以上的高坡，岩溶比较发育，属三叠系石灰岩层，岩性坚硬，冲沟较少，堆积层厚度小于 0.5 m。南岸为五爪山，山峦丘陵起伏，沟谷发育形成如五爪伸入湖中，形成大小 72 个湾，现已围湖成田，湖湾不复存在，岸坡地势低缓，坡度在 20°以下，坡积厚度一般在 20 m 左右。湖东、西两面地势平缓，均已开垦为农田，湖西为冲积坝，石屏县城就坐落在冲积坝上。

2.6.3 地质

据《石屏县志》记载，石屏地处杨子板块构造中的昆阳古陆南端、云南“山”字形构造体系中的石屏弧与红河弧之间，境内地层出露齐全，褶皱平缓，除无中生代的白垩纪地层外，从元古代的昆阳群、震旦纪地层至古生代，中生代乃至新生代的地层均有出露。石屏地区为规模较小的“山”字形构造，称石屏弧。主要由两个构造带组成，内侧为以甸尾—蚂蚁断裂为主体的构造带，西段被放射状横张断裂切错强烈；外侧为以何保寨—白石岩断裂及其东小关—利民大断裂为主体的构造带。地质构造复杂，岩浆活动频繁，成矿地质条件差，多为小型矿床。异龙湖以北的宝秀、牛街、龙朋等地多岩溶，乌龟壳属上第三纪时（0.25 亿年）的陆相生物灰岩，地下水富含重石灰酸根离子，地下岩溶发育，有采之不尽的卤水（酸水）和喷出的二氧化碳气泉（如石屏一中喷珠池）。

2.6.4 气候气象

异龙湖地处低纬度高原，属北亚热带干燥季风与中热带半湿润季风气候区，受西南印度洋和东南太平洋暖湿气流以及西北大陆干暖气流的影响，其特点为：干湿季分明，夏季多雨，雨热同季，日温差大，年温差小。降水量集中，但年内分配较为不均。5—10 月为雨季，主要受北部湾东南暖湿气流及印度洋西南暖湿气流控制，水汽充沛，层次深厚，当与南下冷空气相遇或受地形阻挡而强迫抬升时，易形成大量降水。11 月至次年 4 月为旱季，主要受印度北部大陆干暖气流控制，空气干燥，风速大，蒸发量也大。根据石屏县气象站观测资料：异龙湖多年平均降水量 919.9 mm，年最大降水量 1 160.4 mm（1997 年），年最小降水量 613.2 mm（1980 年），多年平均蒸发量 1 908.6 mm，年最大蒸发量 2 248.8 mm（1963 年），年最小蒸发量 1 679.8 mm（1990 年）。多年平均气温 18℃，极端最高气温 34.5℃，极端最低气温−2.4℃，最冷月平均气温 11.6℃，最热月平均气温 22.4℃，无霜期 316 d，多年平均日照数 2 233 h，最大风速 25 m/s，平均风速 1.9 m/s，常年多为西北风。

2.6.5 水文水系

2.6.5.1 湖泊水文特征

异龙湖东西轴线长 13.09 km，南北最宽 3.614 km、最窄 1.402 km、平均宽 2.508 km，湖岸线长 41.909 km。湖泊的平面形态呈东西向，两端窄，中间宽，东部窄而浅，中间深，南部窄而稍深。异龙湖水面面积 35.12 km^2，最大水深 6.5 m，平均水深 2.75 m，湖泊蓄水量 1.16 亿 m^3，最高运行水位为 1 414.17 m（1985 国家高程基准），最低运行水位为 1 412.67 m（1985 国家高程基准）。

2.6.5.2 入湖河流水文

异龙湖入湖河流主要有 7 条，即赤瑞海河（城河）、城北河、城南河、龙港河、大水河、大沙河、渔村河，控制流域面积在 70%以上，其中异龙湖西岸的 3 条河流是最主要的入湖水量来源，入湖水量占河流入湖水量的 85%，其中以城河入湖水量最大，占 59%。据调查，北岸有 21 个泉眼，正常年份地下水补给异龙湖。龙港河是异龙湖东南岸的主要入湖水量来源，其入湖水量占河流入湖水量的 10%。近年来受流域异常干旱的影响，7 条主要入湖河流存在不同程度断流，导致河流入湖量急剧减少。

从时间上来看，入湖径流量集中分布在 7—10 月，其中 7 月的入湖水量最大，占全年入湖水量的 21%。

2.7 洱海

2.7.1 地理位置

洱海是云南省第二大高原淡水湖泊，是大理市主要饮用水水源地，也是苍山洱海国家级自然保护区和风景名胜区的核心，具有调节气候、提供工农业生产用水和保持生物多样性等多种功能，是大理市乃至大理州经济社会可持续发展的基础，孕育了大理地区近 4 000 年的文明历史，是大理人民的“母亲湖”，是我国城郊湖泊中得到较好保护的一颗“高原明珠”。

洱海位于大理州中部，地理位置为东经 100°05′～100°17′、北纬 25°36′～25°58′。湖泊呈西北向东南方向展布，南北长、东西窄，形似耳状。

2.7.2 地形地貌

洱海流域地势西北高、东南低。流域内地形起伏，海拔为 1 964.3～4 113.7 m（1985 国家高程基准）。最高海拔在苍山马龙峰，最低海拔为洱海水面。由北向南依次有洱源盆地、凤羽盆地和邓川盆地。洱海东岸为丘陵盆地，苍山横列在洱海西岸。不同区域坡度差异较大，坡度较小的区域主要分布在海西、海南与海北坝区，海西苍山山脊、海北、海东与海南远山地形坡度较大。

2.7.3 地质

洱源—弥渡断裂北起湾坡塘，向东南经洱源、大理、弥渡，到达直力止，总体走向北高南低，全长 135 km。洱源—弥渡断裂由一组北西—北北西向的断裂组成，另外还有北北东—北东向断裂与之相切。断裂西北端被北东向的龙蹯—乔后断裂所切，向东南进入洱源盆地又被北东向的鹤庆—洱源断裂横切，再向东南进入右所盆地后分成两支，东分支进入右所东侧，西分支进入右所西侧，沿苍山山前通过。两分支断裂向南，被近东西向的西洱河断裂横切。断裂进入凤仪盆地，成为盆地东、西两侧的边界，再向南汇合成一条断裂后又被近南北向的程海断裂横切。

2.7.4 气候气象

洱海流域气候属低纬高原亚热带季风气候，干湿分明，气候温和，日照充足。每年11月至次年4—5月为干季，5月下旬至10月为雨季。多年平均降水量 1 048 mm，雨季占全年降水量的85%以上，湖面蒸发量多年平均 1 208.6 mm。年平均气温 15.1℃，最高月平均气温 20.1℃，最低月平均气温 8.8℃；全年日照时数 2 250～2 480 h，日照百分率52%～56%。湖区常年主导风向为西南风，年平均风速 4.1 m/s，最大风速 40 m/s。

2.7.5 水文水系

2.7.5.1 湖泊水文特征

洱海流域属澜沧江—湄公河水系，流域面积 2 565 km^2，湖面高程为 1 966 m（1985国家高程基准）时，湖面面积 252.2 km^2，蓄水量达 29.59 亿 m^3；湖泊南北长度为 42.5 km，东西宽 3～9 km；洱海最大水深为 21.3 m，平均水深 10.8 m。湖泊岸线发展系数为 2.295，湖岸线长 129.14 km，湖泊补给系数为 10.2。

2.7.5.2 入湖河流水文

境内有弥苴河、永安江、罗时江、波罗江、西洱河及苍山十八溪等大小河溪 117 条，设有州（市）级河长的主要入湖河流有 27 条。流域内有洱海、茈碧湖、海西海、西湖等湖泊（水库）。

（1）洱海主要入湖河流

北部河流：主要包括弥苴河、永安江、罗时江和西闸河。

西部苍山十八溪：苍山十八溪由北向南平行分布于洱海西边，自北向南依次为霞移溪、万花溪、阳溪、茫涌溪、锦溪、灵泉溪、白石溪、双鸳溪、隐仙溪、梅溪、桃溪、中溪、绿玉溪、龙溪、清碧溪、莫残溪、葶溟溪和阳南溪，所有溪流由西向东流入洱海，各溪河流短促，坡陡流急。苍山十八溪总流域面积 310.6 km^2。

东部河流：洱海东岸为丘陵山地，降水量少，发育的河流不多，较大的有凤尾箐、玉龙河。其中，凤尾箐河长 6.94 km，流域面积 57.8 km^2；玉龙河河长 7.25 km，流域面积为 25 km^2。

南部河流：主要有波罗江、白塔河。

（2）洱海出湖河流

洱海共有2个出口，分别为西洱河和“引洱入宾”。西洱河为天然出湖河流，由东向西流经大理市区下关、太邑乡至平坡后汇入黑惠江，河长22.0 km，西洱河上建有可调节洱海水位的节制闸一座，最大下泄能力为122 m^3/s，其中西洱河河道行洪能力为70 m^3/s，发电隧洞52 m^3/s。“引洱入宾”为跨流域调水工程，出流由人工控制，主要用于宾川县农业灌溉及饮用水。于1994年5月建成并投入运行，设计过水流量10.0 m^3/s。

2.8 泸沽湖

2.8.1 地理位置

泸沽湖位于云南省西北部宁蒗县和四川省西南部盐源县的交界处，湖泊流域面积247.6 km^2，湖泊水面面积 57.7 km^2；泸沽湖流域云南部分属丽江市宁蒗县永宁镇洛水村委会所辖，流域面积为107 km^2。泸沽湖湖滨自然岸线长度现状为24.1 km，湖滨岸线总长度现状为30.1 km，湖滨自然岸线率已达90%。

2.8.2 地形地貌

泸沽湖流域在大地构造上属于横断山块断带和康滇台背斜交界地带，为第四纪中期新构造运动和外力溶蚀作用形成的高原断层溶蚀陷落湖泊。湖周可见断陷和冰川作用形成的湖盆边缘沟壑纵痕、断崖三角面及“U”形冰川谷底，区域最高点位于泸沽湖北侧的狮子山，海拔3 754.7 m，西南部是一段海拔3 400 m的山地。湖区古生代及中生代地层发育，第四纪地层仅见湖边沙砾层，无典型的湖相沉淀，由于受构造运动的影响，湖盆四周群山环抱，湖岸多半岛、岬湾。湖中有大小岛屿 7 个，都是石灰岩残丘。东部湖底有长形深槽，北部和长岛两侧的湖坡陡峻，周围群山主要岩石为石灰岩和页岩，分布于狮子山一带。湖西岸分布泥岩、砂岩，夹少量泥灰岩，南岸及西南岸为砂页岩、硅质岩。

2.8.3 地质

泸沽湖流域自新构造运动以来，受青藏（川西）高原自西北向南东大面积倾斜抬升，造就了泸沽湖地区的高原丘陵地貌，展现出既有高原多级层状地貌（夷平面或剥夷面），又有山地、丘陵、河谷平地和盆地的复合地貌形态。

在晚新生代整体隆升的背景下，工程区域经过长期的侵蚀夷平和河流下切作用，形成了具有夷平面的中-中高山和中等切割河谷地貌，被金沙江及其支流地箐河、吉意河—阿家大河等所分割。

多级层状地貌（夷平面或剥夷面）是古新世—上新世末在多次间歇性隆升—稳定作用下所形成的区域性地貌；而侵蚀地貌主要是第四纪以来，地壳多次上升，在河流、冰川等外营力联合作用下，形成的新构造动态地貌，隶属扬子准地台西南缘（一级构造单元）的盐源—丽江台缘坳陷（二级构造单元）、新村—培德台穹（三级构造单元），构造单元内地层出露较全，构造线以北东向为主，北西次之，褶皱轴向与断裂方向近乎一致，且大多为短轴状。

2.8.4 气候气象

泸沽湖流域地处西南季风气候区域，属低纬高原季风气候区，具有暖温带山地季风气候的特点。光照充足，冬暖夏凉，降水适中，由于湖水的调节功能，年温差较小。流域内地形复杂，群山连绵起伏，呈现明显的立体气候特点，气温随海拔升高而递减。区内干湿季分明，6—10 月为雨季，11 月至次年 5 月为旱季，1—2 月有少量雨雪，旱季降水占全年降水的 11%，雨季降水占 89%，多年平均降水量 1 000 mm，多年平均蒸发量 1 170 mm，年相对湿度 70%。湖水温度为 10.0～21.4℃，是一个永不冻结的湖泊，常年平均气温 12.8℃，极端最高气温 31.5℃，极端最低气温−9.7℃。区域内光能资源丰富，全年日照时数为 2 260 h，日照率 57%。

2.8.5 水文水系

2.8.5.1 湖泊水文特征

泸沽湖是一外流淡水湖，属金沙江—雅砻江水系，湖面海拔 2 692.2 m。湖泊呈北西走向，南北长 22.3 km，东西宽（最宽处）7.6 km；流域面积 247.6 km^2，云南境内流域面积 107 km^2，水面面积 57 km^2；最大水深 105.3 m，平均水深 38.4 m，蓄水量 21.17 亿 m^3。根据《云南省宁蒗县彝族自治县泸沽湖风景区保护管理条例》（2009 年修订）第十一条，泸沽湖最高蓄水位为 2 690.8 m（黄海高程，下同），最低蓄水位为 2 689.8 m。

2.8.5.2 入湖河流水文

泸沽湖流域面积小，集水面积与湖泊面积的比值（湖泊补给系数）仅为 3.35，入湖河流源近流短，呈现明显的季节性，湖水主要靠降水和临时性的沟溪汇水和区间坡面漫流及少量地下水补给。泸沽湖流域云南境内主要入湖河流有 5 条，由北到南分别为大鱼坝河、乌马河、三家村河（幽谷河）、蒗放河、山垮河。其中，除大鱼坝河和山垮河外，其余 3 条均为季节性河流，其中乌马河流经旅游聚集区。出水口在东岸（四川境内），每年 6—10 月，湖水经东侧的大草海及盖祖河排入雅砻江。出湖流量汛期达 3～5 m^3/s。10 月以后排流量甚小，每年 1—5 月湖水基本没有外泄。根据现场实地调查，泸沽湖西北面，小洛水至肖家湾段分布有 4 条较大冲沟，由北到西分别是小洛水冲沟、尼塞冲沟、里格冲沟、肖家湾冲沟（小渔坝河），皆为季节性冲沟。

2.9 程海

2.9.1 地理位置

程海又名黑伍海，为断层陷落式深水湖泊，属长江流域金沙江水系，位于云南省丽江市永胜县西南方向的程海镇境内，距县城约 45 km，地理位置为东经 100°38′～100°41′、北纬 26°27′～26°38′。地处世界自然遗产“三江并流”金沙江中段，是九湖之一，也是世界上三大天然生长螺旋藻的湖泊之一，是封闭形高原偏碱性淡水湖泊，湖水碱度和矿化度较高，pH 为 9.03～9.4。

2.9.2 地形地貌

程海流域为一片南北向展布的长条形区域，南北长约 19 km、东西宽 3.0～5.5 km，面积 318.3 km^2，流域形态近似马蹄形，东面、西面与北面山体连绵高耸，中部深陷积水，南面地势较低。湖盆水面海拔 1 501 m，而东、西、北面盆缘山岭高程多为 2 500～3 300 m，高差达 1 000～1 800 m。根据成因类型及组合形态，地形可分为堆积地貌、侵蚀构造地貌、溶蚀构造地貌三大类。

2.9.3 地质

程海流域断裂带位于“康滇古陆”西缘。北自宁波，南至弥渡，长逾 200 km。断裂带南端与红河断裂带相交接、北端与謍河—金河断裂带及鹤庆—小金河断裂带相交接。程海断裂带东西影响宽度 50 km 左右。主干断裂分为东西两支：东支经大厂、平川一线，一般称为大厂断裂；西支沿程海、期纳、宾川一线，即狭义的程海断裂带。程海—宾川断裂带东侧是地台区，发育厚逾万米的中生代红色碎屑岩建造；西侧为地槽区，古生代海相碳酸岩、基性喷发岩建造厚达数千米。沿断裂带有超基性岩零星出露。据布格重力异常与深度的关系，推测程海断裂带的断深达 30～40 km。

2.9.4 气候气象

程海属中亚热带高原季风气候，主要盛行南风，年平均气温 20.1℃，最冷月平均气温 13.2℃。冬半年（11 月—次年 5 月中旬）在热带大陆性气团控制下，北方冷空气团不易入侵，难以形成降水过程，因而天气晴朗，空气干燥，日照充足，云雨量少，为干季。夏半年（5 月中旬—10 月中旬）受来自热带海洋东南季风影响，水汽充足，云雨量大，形成雨季。降水多集中在 6—10 月，占降水总量的 85%。暴雨多集中在 6—9 月，多为单日非连续性暴雨，利用各时段暴雨值及湖水位观测值求得，程海最大一日洪水量为 486.7 万 m^3。湖区干湿季明显，四季不分明。湖区光照充足，全年日照时数为 2 500～2 750 h，日照百分率达 60%左右。≥10℃的积温达 6 616℃，太阳辐射月总量的最大值在春季。湖区气候干燥，蒸发量大于降水量，据程海管理局站 20 年的资料统计，年平均降水量 742.3 mm，雨日 90～100 d，年平均蒸发量为 2 169 mm。

2.9.5 水文水系

2.9.5.1 湖泊水文特征

在明代以前，程海是一个与江河相通自由出流的湖泊；明代以后，水位逐渐下降，清乾隆年间由于疏浚河道引灌农田，致使湖水不复自流，变成一个内陆封闭形高原深水湖泊。如今流域内无常年性地表河流，湖水补给主要靠地下水、湖面降水、雨季汇集周围山区降水等。程海大约形成于更新世早期，是喜马拉雅期造山运动形成断裂地堑，中陷低凹之处聚水成湖，湖体呈南北长而东西窄的椭圆形，湖面海拔 1 502 m，曾经是一个外流湖，湖水通过程河（又名期纳河）流入金沙江。据清乾隆《永北府志》和民国《新纂云南通志》记载，“程海之水，明代中叶前，一年四季泛泛长流，经八十里而入金沙江”。明中叶后水位下降，始建程河闸控制。康熙初年至乾隆二十七年曾 5 次疏浚河道引灌农田，大约在 1690 年前后，湖水骤降，变成为现在的内陆封闭形湖泊。程海流域面积 318.3 km^2，湖南北长 24.98 km，东西最大宽度 5.205 km，平均宽度 4.3 km，湖岸线长 45.1 km，蓄水量 16.8 亿 m^3，平均水深 25.7 m，最大水深 35.87 m，湖床倾斜度大，浅水区域较少，80%的水面水深达 20 m，是一个典型的深水湖泊。

2.9.5.2 入湖河流水文

程海周边地表水系发育十分丰富，流域外河流主要有仙人河（马过河一级支流）、五郎河（金沙江一级支流）、金沙江，但河水不直接汇流到程海湖内。流域内主要入湖河流和冲沟有 47 条，流程短，多数河流为季节性间歇性河流，雨季河流内才有水，枯季基本为干河。东部有季官河、王官河、团山大河、秦家铺河、半海河、清德河、刘家大河、贺家河、大水口河、昔拉湾河、小铺河、瓦窑河、大郎河、青草湾大河等 14 条；南部有马军河、关帝河 2 条；西部有驼瓢大河、驼瓢四河、李家大箐河、北潘浦河、洱崀河、龙王庙河等 6 条；北部有东大河、杨家河等 2 条。

第 3 章

九湖流域社会经济状况

3.1 滇池

3.1.1 流域行政区划

根据《昆明市统计年鉴（2020 年）》，滇池流域涉及昆明市五华、盘龙、官渡、西山、呈贡以及晋宁区，共计 54 个街道和 3 个乡镇。

3.1.2 社会经济发展

3.1.2.1 现状

2020 年，滇池流域常住人口 413.6 万，[20]人口密度为 1 416 人/km^2，其中城镇人口 383.2 万，农村人口 30.4 万。

2020 年，滇池流域涉及的五华、盘龙、官渡、西山、呈贡以及晋宁区 GDP 为 5 161.33 亿元，占昆明市 GDP 的 77%，人均 GDP 124 790 元，三次产业结构比为 1.2∶29.9∶69。

3.1.2.2 历史

2015 年，滇池流域常住人口 406.86 万，[21]人口密度为 1 393 人/km^2，其中城镇人口 285.01 万，农村人口 121.85 万。

2015 年，滇池流域涉及的五华、盘龙、官渡、西山、呈贡以及晋宁区 GDP 为 3 168 亿元。

3.1.2.3 趋势分析

2020 年滇池流域常住人口较 2015 年增长 1.66%，其中城镇人口增长 34.45%，农村人口减少 75.05%。流域生产总值较 2015 年增长了 62.92%。

3.2 阳宗海

3.2.1 流域行政区划

2010 年 1 月以前，阳宗海流域一直分属昆明市和玉溪市管辖。2009 年 10 月 9 日，省委、省政府从统筹阳宗海区域保护、治理和开发的高度出发，决定设立昆明阳宗海风景名胜区，成立昆明阳宗海风景名胜区管理委员会，托管昆明市宜良县汤池街道、呈贡区七甸街道和玉溪市澄江市阳宗镇 3 个镇（街道），辖 38 个村委会（社区）、178 个村民小组、181 个自然村，总面积 546 km^2。2010 年 7 月 1 日，昆明阳宗海风景名胜区管理委员会正式履行职责职能，对区域实现统一规划、统一保护、统一开发、统一管理。

3.2.2 社会经济发展

3.2.2.1 现状

2020 年，阳宗海流域常住人口 6.13 万，[20]人口密度为 319 人/km^2，其中城镇人口 1.77 万，农村人口 4.36 万。

2020 年，阳宗海风景名胜区全年完成一般公共预算收入 6.64 亿元，较 2015 年增长 6.9%；规模以上固定资产投资 48.33 亿元，较 2015 年下降 3.1%；规模以上工业增加值 22.3 亿元，较 2015 年增长 0.7%；规模以上工业主营业务收入 532.6 亿元，较 2015 年增长 13.3%；社会消费品零售总额较 2015 年增长 25.4%；旅游收入 17.8 亿元，较 2015 年增长 28%；全区规模以上企业 49 户；各类市场主体 4 902 户，较 2015 年增长 8.9%。

3.2.2.2 历史

2015 年，阳宗海流域常住人口 5.29 万，[21]人口密度为 310 人/km^2，其中城镇人口 1.55 万，农村人口 3.74 万。

2015 年，阳宗海流域共有工业企业 16 家，工业总产值 56.70 亿元，其中，有色金属压延加工业生产总值占全流域的 85%，火力发电生产总值占全流域的 14%。流域内共接待游客约 172 万人次，完成旅游服务主营业务收入约 2.68 亿元。

3.2.2.3 趋势分析

2020 年，阳宗海流域常住人口较 2015 年增长 16.07%，其中城镇人口增长 14.19%，农村人口增长 16.58%。流域 GDP 较 2015 年增长 40.37%。

3.3 抚仙湖

3.3.1 流域行政区划

抚仙湖流域面积 674.69 km^2，涉及澄江市的凤麓街道、龙街街道、右所镇、九村镇、海口镇、路居镇等 6 个街道（乡镇），总计 42 个行政村或社区，255 个自然村。

3.3.2 社会经济发展

3.3.2.1 现状

2020 年，抚仙湖流域常住人口 18.21 万，[22]人口密度为 269 人/km^2，其中城镇人口 5.40 万，农村人口 12.81 万。

2020 年，抚仙湖流域内 6 个街道（乡镇）GDP 达到 140.60 亿元，其中第一产业 13.22 亿元、第二产业 27.28 亿元、第三产业 100.10 亿元，分别占 GDP 的 9.4%、19.4%、71.2%，人均 GDP 77 214 元。目前，流域内的社会经济结构正在转型，以旅游业为龙头的第三产业正处于发展上升阶段，以粮食为主导、烤烟为支柱、乡镇企业为优势的原经济格局正在改变。

3.3.2.2 历史

2015 年，抚仙湖流域常住人口 16.60 万，[23]人口密度为 245 人/km^2，其中城镇人口 5.27 万，农村人口 11.33 万。

2015 年，抚仙湖流域内 6 个街道（乡镇）GDP 达 88.88 亿元。

3.3.2.3 趋势分析

2020 年抚仙湖流域常住人口较 2015 年增长 9.73%，其中城镇人口增长 2.51%，农村人口增长 13.09%。流域 GDP 较 2015 年增长 58.19%。

3.4 星云湖

3.4.1 流域行政区划

星云湖流域位于云南省玉溪市江川区辖区内，涉及大街街道、江城镇、前卫镇、雄关乡、安化乡、路居镇等6个街道（乡镇），48个村（居）委会。大街街道涉及15个村（居）委会，江城镇涉及16个村（居）委会，前卫镇涉及11个村（居）委会，雄关乡涉及2个村委会，安化乡涉及1个村委会，路居镇涉及3个村委会。

3.4.2 社会经济发展

3.4.2.1 现状

2020年，星云湖流域常住人口21.16万，[22]人口密度为556.33人/km^2，其中城镇人口9.3万，农村人口11.86万。

流域GDP为114.70亿元，流域内第三产业结构比重最大，为59.56亿元，其次是第二产业，为38.56亿元，第一产业最小，为16.58亿元，人均GDP 54 203元。

3.4.2.2 历史

2015年，星云湖流域常住人口19.87万，[23]人口密度为522人/km^2，其中城镇人口2.64万，农村人口17.23万。

流域GDP为46.20亿元。

3.4.2.3 趋势分析

2020年星云湖流域常住人口较2015年增长6.49%，其中城镇人口增长252.27%，农村人口减少31.17%。流域GDP较2015年增长148.28%。

3.5 杞麓湖

3.5.1 流域行政区划

2020年杞麓湖涉及通海县秀山街道、九龙街道、四街镇、河西镇、杨广镇、纳古镇、兴蒙乡7个街道（乡镇），共计60个行政村或社区，238个自然村。

3.5.2 社会经济发展

3.5.2.1 现状

2020年，杞麓湖流域常住人口27.16万，人口密度为766人/km^2，其中城镇人口7.90万，农村人口19.26万。[22]

2020年，杞麓湖流域内7个街道（乡镇）的GDP为157.61亿元。其中，第一产业

22.45 亿元，第二产业 35.44 亿元，第三产业 99.72 亿元。三次产业分别占 GDP 的 14.2%、22.5%、63.3%，人均 GDP 58 030 元。

3.5.2.2 历史

2015 年，杞麓湖流域常住人口 19.74 万，人口密度为 557 人/km^2，其中城镇人口 5.96 万，农村人口 13.78 万。[23]

2015 年，杞麓湖流域内 7 个街道（乡镇）的 GDP 为 84.29 亿元。

3.5.2.3 趋势分析

2020 年杞麓湖流域常住人口较 2015 年增长 37.56%，其中城镇人口增长 32.48%，农村人口增长 39.75%。流域 GDP 较 2015 年增长 86.98%。相较 2015 年，第一产业比重略有降低，第二产业比重降低 13.0 个百分点，第三产业比重增加 14.4 个百分点。

3.6 异龙湖

3.6.1 流域行政区划

异龙湖流域涉及异龙镇、宝秀镇和坝心镇 3 个乡镇，石屏县城位于异龙镇。异龙湖流域的 3 个乡镇位于流域范围内的村委会（社区）共计 35 个，自然村 244 个。其中异龙镇位于流域内的村委会（社区）共计 19 个，自然村 150 个；宝秀镇位于流域内的村委会（社区）共计 7 个，自然村 35 个；坝心镇位于流域内的村委会（社区）共计 9 个，自然村 59 个。

3.6.2 社会经济发展

3.6.2.1 现状

2020 年，异龙湖流域常住人口 14.34 万，人口密度为 398.03 人/km^2，其中城镇人口 3.68 万，农村人口 10.66 万。[24]

根据流域 3 个镇填报的社会经济统计数据，流域内异龙镇、宝秀镇、坝心镇 3 个镇 GDP 约 38.58 亿元，三次产业收入占收入总值比重为 38∶55.3∶6.7，第一产业为 14.67 亿元，第二产业为 21.35 亿元，第三产业为 2.59 亿元，人均 GDP 26 894 元。

3.6.2.2 历史

2015 年，异龙湖流域常住人口 18.3 万，[25]人口密度为 507 人/km^2。

根据流域3个镇填报的社会经济统计数据，流域内异龙镇、宝秀镇、坝心镇3个镇GDP约30.05亿元。

3.6.2.3 趋势分析

2020年异龙湖流域常住人口较2015年减少21.61%，其中城镇人口增长7.02%，农村人口减少28.24%。流域GDP较2015年增长28.39%。

3.7 洱海

3.7.1 流域行政区划

洱海流域辖大理、洱源两县市15个乡镇和3个街道、167个村委会和33个社区。其中，大理市3个街道和9个镇分布在洱海周边，包括下关街道、太和街道、满江街道、大理镇、凤仪镇、喜洲镇、海东镇、挖色镇、湾桥镇、银桥镇、双廊镇、上关镇。洱源县地处流域上游，是洱海的源头，包括茈碧湖镇、牛街乡、三营镇、凤羽镇、右所镇、邓川镇6个乡镇。

3.7.2 社会经济发展

3.7.2.1 现状

2020年，洱海流域常住人口99.6万，人口密度为388人/km^2，其中城镇人口55.4万，农村人口44.2万。[26]

洱海流域社会经济以农、牧、渔、旅游和电力为主。流域GDP 456亿元，占全州GDP（1 122亿元）的41%，人均GDP 45 783元。近年来，洱海流域第一产业占GDP的比重逐年下降，流域第三产业发展速度迅猛。

3.7.2.2 历史

2015年，洱海流域常住人口84.43万，人口密度为329人/km^2，其中城镇人口51.30万，农村人口33.13万。

2015年，流域GDP 392.06亿元。[27]

3.7.2.3 趋势分析

2020年洱海流域常住人口较2015年增长17.97%，其中城镇人口增长7.99%，农村人口增长33.41%。流域GDP较2015年增长16.31%。

3.8 泸沽湖

3.8.1 流域行政区划

泸沽湖流域行政区划包括云南省宁蒗县永宁乡落水村委会、四川省盐源县泸沽湖镇，共涉及2省、2县、2乡镇、9个村委会。落水村村委会（除竹地外）共涉及落水村、木垮村、多舍村、海门村、匹夫村、博树村、山南村、直普村、舍垮村等10个自然村。

3.8.2 社会经济发展

3.8.2.1 现状

2020年，泸沽湖流域（云南部分）常住人口0.451万，[27]人口密度为41人/km^2。

“十三五”以来，宁蒗县GDP由“十二五”末的30.8亿元增加到2020年的64亿元，5年增长107.8%，年均增长21.6%。全县人均GDP由2015年的11 332元提高至2020年的22 775元，5年增长101%，年均增长20.2%。

洛水村委会旅游总收入为6 138.32万元，农业收入为273.8万元，全村（含流域外的竹地村民小组）经济总收入为6 412.12元，人年均收入15 154.4元，旅游接待村人年均收入2万元以上。

3.8.2.2 历史

2015年，泸沽湖流域（云南部分）常住人口0.423万，[27]人口密度为39人/km^2；流域GDP为30.8亿元。

3.8.2.3 趋势分析

2020年泸沽湖流域常住人口较2015年增长6.67%。流域GDP较2015年增长59.8%。

3.9 程海

3.9.1 流域行政区划

程海流域属于丽江市永胜县程海镇，程海流域含星湖、季官、马军、东湖、河口、洱莨、海腰、兴仁、兴义9个村委会、47个自然村。

3.9.2 社会经济发展

3.9.2.1 现状

2020 年，程海流域常住人口 3.69 万，人口密度为 115 人/km^2，其中城镇人口 0.14 万，农村人口 3.55 万。

2020 年，程海流域地区农村经济总收入 6.58 亿元，支柱产业为种植业、牧业和螺旋藻养殖业，人均 GDP 17 825 元。程海流域第一产业以种植业为主，牧业、渔业为辅；第二产业以螺旋藻养殖为特色；第三产业近年来才得到逐步发展。

3.9.2.2 历史

2015 年，程海流域常住人口 3.53 万，人口密度为 110 人/km^2，其中城镇人口 0.13 万，农村人口 3.40 万。

2015 年，程海流域地区农村经济总收入 3.8 亿元。

3.9.2.3 趋势分析

2020 年程海流域常住人口较 2015 年增长 4.72%，其中城镇人口增长 9.12%，农村人口增长 4.56%。流域 GDP 较 2015 年增长 73.16%。

第 4 章

九湖流域生态环境状况

4.1 滇池

4.1.1 土壤

滇池流域分布的母岩，多见为页岩、砂岩、玄武岩、石灰岩和残积古红土。土壤主要是由石灰岩、玄武岩风化而形成的红壤，其次是页岩、砂岩风化而形成的紫色土、羊肝土、砂土等（表 4.1-1）。

表 4.1-1 滇池流域土壤分类系统

土类	亚类	土属	土种
亚高山草甸土	亚高山灌丛草甸土	玄武岩类亚高山灌丛草甸土	自然土
棕色针叶林土	灰化棕色针叶林土	玄武岩类高山针叶林土	自然土
暗棕壤	山地暗棕壤	玄武岩类山地暗棕壤	自然土
棕壤	山地棕壤	碳酸盐岩类山地棕壤	自然土
棕壤	山地棕壤	碳酸盐岩类山地棕壤	红灰汤土
棕壤	山地棕壤	玄武岩类山地棕壤	自然土
棕壤	山地棕壤	玄武岩类山地棕壤	灰汤土
棕壤	山地棕壤	泥质岩类山地棕壤	自然土
棕壤	山地棕壤	泥质岩类山地棕壤	黄灰汤土
棕壤	山地棕壤	紫色岩类山地棕壤	自然土
棕壤	山地棕壤	紫色岩类山地棕壤	紫灰汤土

土类	亚类	土属	土种
黄棕壤	山地黄棕壤	泥质岩类山地黄棕壤	自然土
黄棕壤	山地黄棕壤	泥质岩类山地黄棕壤	黄灰泡土
红壤	棕红壤	古红土发育的棕红壤	自然土
红壤	棕红壤	古红土发育的棕红壤	红灰泡土
红壤	山原红壤	碳酸盐岩类山原红壤	自然土
红壤	山原红壤	碳酸盐岩类山原红壤	油红土
红壤	山原红壤	碳酸盐岩类山原红壤	涩红土
红壤	山原红壤	玄武岩类山原红壤	自然土
红壤	山原红壤	玄武岩类山原红壤	大红土
红壤	山原红壤	玄武岩类山原红壤	瘦红土
红壤	山原红壤	泥质岩类原红壤	自然土
红壤	山原红壤	泥质岩类原红壤	黄红圭
红壤	山原红壤	泥质岩类原红壤	瘦黄土
红壤	山原红壤	古英砂岩类山原红壤	自然土
红壤	山原红壤	古英砂岩类山原红壤	黄砂土
红壤	山原红壤	古红土发育的山原红壤	自然土
红壤	山原红壤	古红土发育的山原红壤	红鸡粪土
红壤	山原红壤	古红土发育的山原红壤	老红土
红壤	山原红壤	古红土发育的山原红壤	酸白泥土
红壤	山原红壤	含磷岩类山原红壤	自然土
红壤	山原红壤	含磷岩类山原红壤	磷砂土
红壤	褐红壤	红褐色土	自然土
红壤	褐红壤	红褐色土	砾质砂土
燥红土	燥红土	灰褐色土	自然土
燥红土	燥红土	灰褐色土	黄燥土
紫色土	酸性紫色土	酸性粗暗紫泥	自然土
紫色土	酸性紫色土	酸性粗暗紫泥	青砂土
紫色土	酸性紫色土	酸性红紫泥	自然土
紫色土	酸性紫色土	酸性红紫泥	羊肝土
紫色土	酸性紫色土	酸性红紫泥	紫砂土
紫色土	酸性紫色土	酸性黄紫泥	自然土

土类	亚类	土属	土种
紫色土	酸性紫色土	酸性黄紫泥	黄羊肝土
紫色土	石灰性紫色土	石灰性暗紫泥	自然土
紫色土	石灰性紫色土	石灰性暗紫泥	石子羊肝土
紫色土	石灰性紫色土	石灰性浅紫泥	自然土
紫色土	石灰性紫色土	石灰性浅紫泥	紫灰土
石灰土	黑色石灰土	黑泡土	自然土
石灰土	黑色石灰土	黑泡土	黑泡土
石灰土	红色石灰土	红泡土	自然土
石灰土	红色石灰土	红泡土	红泡土
冲积土	冲积土	河阶冲积土	自然土
冲积土	冲积土	河阶冲积土	鸡粪土
冲积土	冲积土	河阶冲积土	河砂土
冲积土	冲积土	湖滨冲积土	自然土
冲积土	冲积土	湖滨冲积土	暗鸡粪土
冲积土	冲积土	湖滨冲积土	海砂土
沼泽土	泥炭沼泽土	粗有机质泥炭沼泽土	自然土
沼泽土	泥炭沼泽土	粗有机质泥炭沼泽土	海漂土
水稻土	淹育型水稻土	红壤性淹育型水稻土	—
水稻土	淹育型水稻土	红壤性淹育型水稻土	红砂土田
水稻土	淹育型水稻土	红壤性淹育型水稻土	涩红土田
水稻土	淹育型水稻土	红壤性淹育型水稻土	酸白泥田
水稻土	淹育型水稻土	红壤性淹育型水稻土	黄土田
水稻土	淹育型水稻土	紫色土性淹育型水稻土	—
水稻土	淹育型水稻土	紫色土性淹育型水稻土	羊肝土田
水稻土	淹育型水稻土	紫色土性淹育型水稻土	紫灰土田
水稻土	淹育型水稻土	冲积性淹育型水稻土	—
水稻土	淹育型水稻土	冲积性淹育型水稻土	河砂田
水稻土	淹育型水稻土	冲积性淹育型水稻土	浮泥田
水稻土	潴育型水稻土	红壤性潴育型水稻土	—
水稻土	潴育型水稻土	红壤性潴育型水稻土	红鸡粪土田
水稻土	潴育型水稻土	红壤性潴育型水稻土	红砂泥田

土类	亚类	土属	土种
水稻土	潴育型水稻土	红壤性潴育型水稻土	红泥田
水稻土	潴育型水稻土	红壤性潴育型水稻土	红胶泥田
水稻土	潴育型水稻土	红壤性潴育型水稻土	黄泥田
水稻土	潴育型水稻土	紫色土性潴育型水稻土	—
水稻土	潴育型水稻土	紫色土性潴育型水稻土	紫鸡粪土田
水稻土	潴育型水稻土	紫色土性潴育型水稻土	紫砂泥田
水稻土	潴育型水稻土	紫色土性潴育型水稻土	紫泥田
水稻土	潴育型水稻土	紫色土性潴育型水稻土	紫胶泥田
水稻土	潴育型水稻土	冲湖积性潴育型水稻土	—
水稻土	潴育型水稻土	冲湖积性潴育型水稻土	鸡粪土田
水稻土	潴育型水稻土	冲湖积性潴育型水稻土	砂泥田
水稻土	潴育型水稻土	冲湖积性潴育型水稻土	泥田
水稻土	潴育型水稻土	冲湖积性潴育型水稻土	胶泥田
水稻土	潴育型水稻土	冲湖积性潴育型水稻土	砂田
水稻土	潜育型水稻土	红壤性潜育型水稻土	—
水稻土	潜育型水稻土	红壤性潜育型水稻土	冷浸田
水稻土	潜育型水稻土	冲湖积性潜育型水稻土	—
水稻土	潜育型水稻土	冲湖积性潜育型水稻土	青砂泥田
水稻土	潜育型水稻土	冲湖积性潜育型水稻土	青泥田
水稻土	潜育型水稻土	冲湖积性潜育型水稻土	青胶泥田
水稻土	沼泽型水稻土	湖积性沼泽型水稻土	—
水稻土	沼泽型水稻土	湖积性沼泽型水稻土	海垡田

资料来源：昆明市土肥站。

滇池流域受山原地貌成土母质及热带季风气候的影响，土壤类型复杂多样。地带性土壤为山原红壤、黄红壤/棕壤；非地带性土壤为紫色土、水稻土、冲积土、石灰土、沼泽土等。丘陵山地的自然土壤为山原红壤和紫色土。在海拔 2 200～2 400 m 及以上分布有红棕壤和棕壤，如图 4.1-1 所示。在滇池周围坝区大多为冲积性水稻土。

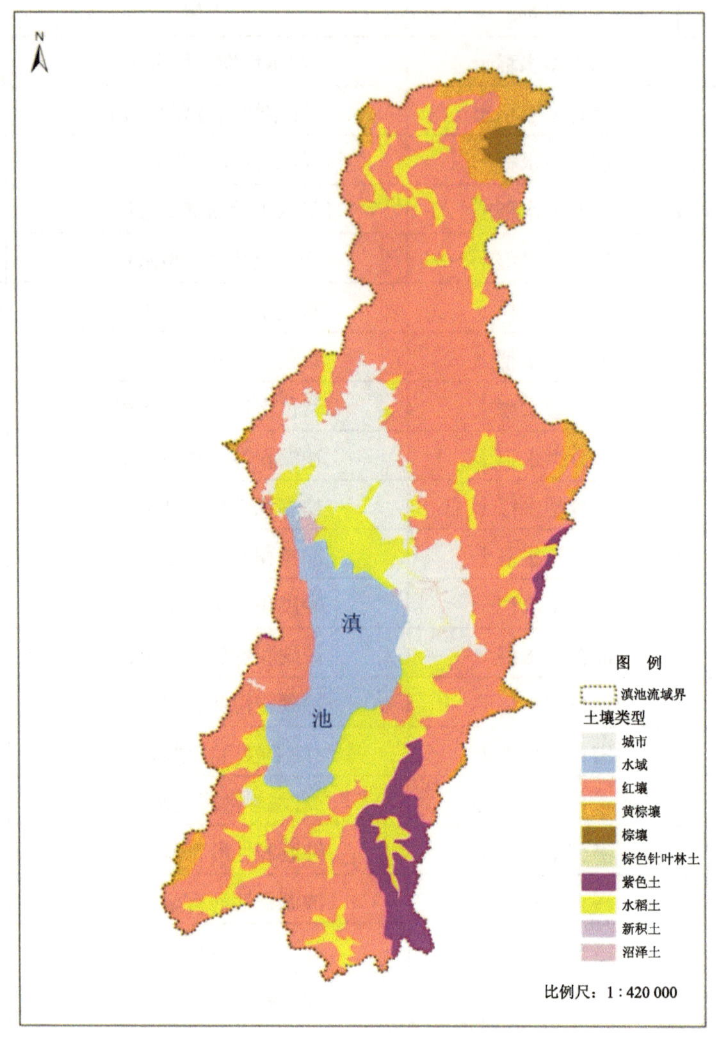

图 4.1-1 滇池流域土壤分布

4.1.1.1 滇池流域地带性土壤

滇池流域气候的垂直分布，导致土壤的垂直分布。滇池流域地带性土壤有红壤、黄棕壤、棕壤。对应于暖温带，土壤为棕壤、黄棕壤，其中棕壤分布在海拔 2 600 m 以上的中山、高山地区。对应于北亚热带，土壤为黄棕壤、红壤；对应于中亚热带，土壤为红壤。

4.1.1.2 滇池流域非地带性土壤（泛域土壤）

受沉积母质的影响，滇池流域土壤还存在非地带性分布。普渡河断裂以西，在元古界基底上接受了大面积的中生代沉积，是紫色土集中分布区；普渡河断裂以东，接受了古生代到新生代的沉积，在第四纪沉积地区，发育了大面积的冲积土、沼泽土；在石炭纪、泥盆纪、二叠纪以及老第三纪沉积地区，形成岩溶地貌，发育了零星的石灰岩地区土壤。

由于湖滨农民长期水耕熟化、结构调整、集约经营的结果，在滇池湖滨原始土壤的基础上，还形成了大面积的水稻土和菜园土。

4.1.1.3 滇池流域土壤分布

在地带性土壤的基础上，通过非地带性因素的影响和人为的耕作熟化，形成了滇池流域多样的土壤类型。红壤分布在滇池流域的广大地区，面积 1 665.46 km^2，占全流域总面积的 57.62%。水稻土分布在湖滨平原及山前台地，面积 642.28 km^2，占全流域总面积的 22.22%。紫色土主要分布在普渡河断裂以西，中生代地层出露地区，面积 112.73 km^2，占全流域总面积的 3.90%。棕壤主要分布在中山山地，海拔 2 600 m 以上地区，面积 16.97 km^2，占全流域总面积的 0.59%。冲积土分布在湖滨平原，面积 9.018 km^2，占全流域总面积的 0.31%。黄棕壤分布在中山山地、山前台地，面积 116.50 km^2，占全流域总面积的 4.03%。沼泽土分布在湖滨地区，面积 9.61 km^2，占全流域总面积的 0.32%。

4.1.1.4 滇池流域土壤资源诊断

滇池流域主要地带性土壤红壤约占滇池流域面积 60%，由于脱硅富铝化作用，土壤积累大量铁（Fe）、铝（Al），使土壤对磷有极强的吸附、固定能力，因此，水土流失造成的泥沙入湖，可使湖泊正磷酸盐吸附和固定化，从而使滇池水体有极强的地球化学容量。

滇池流域湖滨带和河流附近分布约滇池流域面积 22%的水稻土，在长期的耕作中形成“犁底层”“潜育层”和“潴育层”，其可有效地减少氮（N）、磷（P）、化学需氧量（COD）、农药进入浅层地下水，防止浅层地下水污染，但是，由于水稻种植减少，水稻土的“犁底层”“潜育层”和“潴育层”消失，使得 N、P、COD、农药大量进入浅层地下水，从而污染滇池流域河流和滇池水体。

4.1.2 土地利用变化趋势

4.1.2.1 现状

根据第三次全国国土调查、滇池流域土地利用资料及现状调查情况，2020 年，滇池流域土地利用主要以林地与城镇村庄用地（包含住宅用地、工矿仓储用地及公共管理与公共服务用地）为主，其中林地面积为 1 485.53 km^2，占总面积的 50.87%；城镇村庄用地面积 451.93 km^2，占总面积的 15.48%；其次为耕地和水域及水利设施用地，面积分别为 365.59 km^2 和 310.34 km^2，各占总面积的 12.62%和 12.30%；其他土地利用类型面积从大到小依次是交通运输用地、果园、其他草地和裸地。

林地包括有林地和灌木林地，分别占总林地面积的 95.01%和 4.99%。水域及水利设施用地主要包括湖泊水面，占水域及水利设施用地的 86.02%。耕地包括旱地和水田，分别占耕地面积的 58.68%和 41.32%。

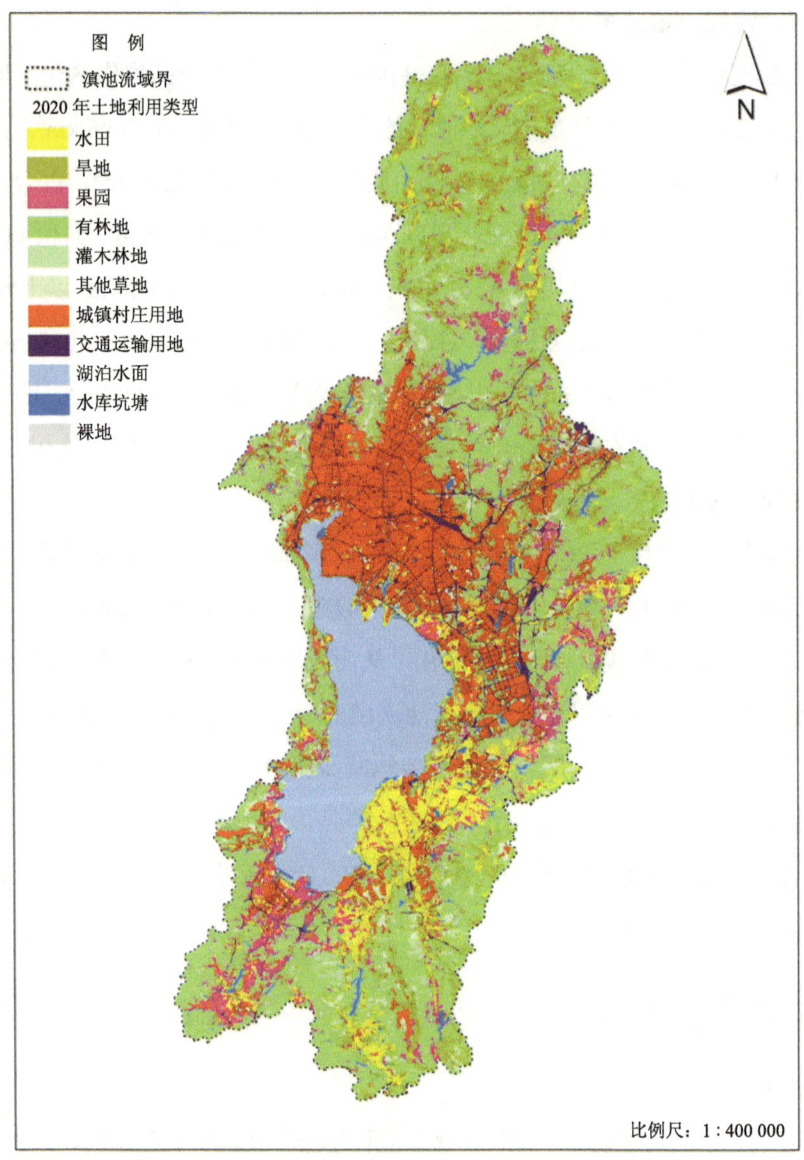

图 4.1-2 2020 年滇池流域土地利用现状

4.1.2.2 历史

根据滇池流域“十二五”末土地利用资料，2015 年，滇池流域土地利用以林地与城镇村庄用地（包含住宅用地、工矿仓储用地及公共管理与公共服务用地）为主，其中林地面积为 1 478.24 km²，占总面积的 50.62%；城镇村庄用地面积 406.85 km²，占总面积的 13.93%；面积次之的为耕地和水域及水利设施用地，分别为 374.76 km² 和 322.54 km²，各占总面积的 12.83%和 11.05%；其他土地利用类型面积从大到小依次是交通运输用地、果园、裸地和其他草地。

林地包括有林地和灌木林地，分别占总林地面积的 99.00%、1.00%。水域及水利设施用地包括湖泊水面和水库坑塘，分别占水域及水利设施用地的 98.20%和 1.80%。耕地包括水田和旱地，分别占耕地面积的 62.03%和 37.97%（图 4.1-3）。

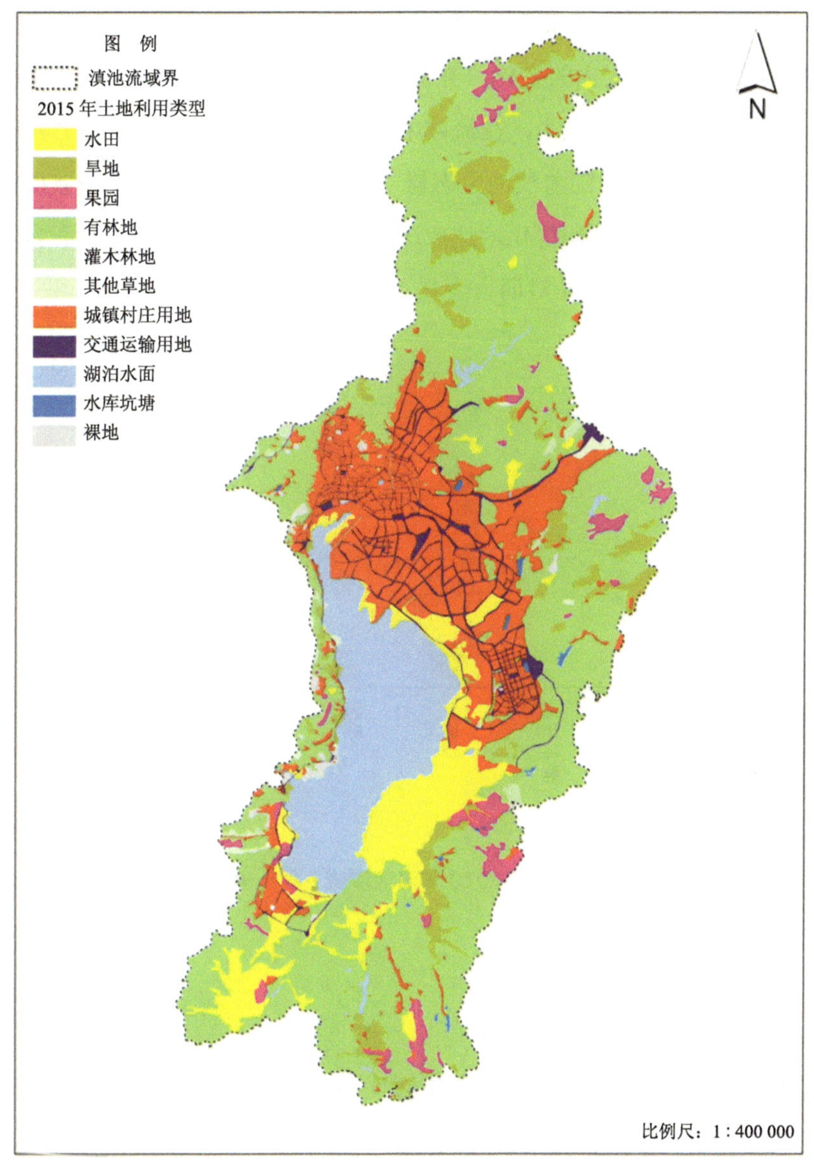

图 4.1-3 2015 年滇池流域土地利用现状

4.1.2.3 趋势分析

滇池流域以约占昆明市14%的土地面积贡献了全市约78%的GDP，承载了60%的人口，是昆明市人口高度密集、城镇化程度最高的地区。从2015年与2020年滇池流域的土地利用数据及空间分布情况上看，果园、交通用地面积是滇池流域所有用地类型中变化较大的。果园面积由2015年的75.72 km^2增加至2020年的126.84 km^2，增加了67.52%，主要由于社会生活水平的提高，民众对美好生活的追求导致滇池周边大量的果园应市场而生，果园以栽种梨、苹果、草莓、蓝莓为主；交通运输用地由2015年的86.56 km^2增加至2020年的160.73 km^2，增加了85.69%。

流域内林地整体上无太大的变化，在流域中所占比例由2015年的50.62%增加到2020年的50.67%。耕地略有减少，在流域中所占比例由2015年的12.83%降至2020年的12.62%。"十三五"期间，随着滇池生态修复与建设工程实施，低丘缓坡山地开发和城镇上山战略，建设用地土地利用变化增速放缓，滇池流域恢复湖滨湿地面积约33.3 km^2，流域内其他土地利用类型面积相对而言变化不大，如图4.1-4所示。

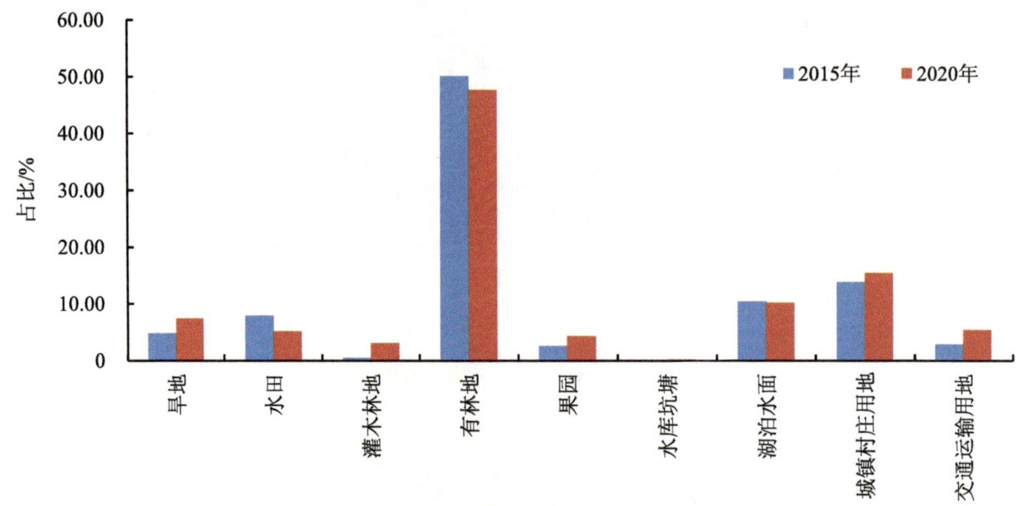

图4.1-4 2015年与2020年滇池流域主要土地利用类型占比变化

4.1.3 植被变化趋势

滇池流域的地带性植被为亚热带西部湿润、半湿润常绿阔叶林，乔木层以壳斗科的常绿树种为优势种群，主要树种为滇青冈、高山栲、滇石栎、元江栲、黄毛青冈、光叶石栎等。同时，在多样的气候与土壤等环境下，还有樟科、茶科、木兰科等其他优势种群的群落存在。由于长期的人为活动影响，滇池流域的原始天然植被普遍受到破坏。目前，经过多年的植树造林和封山育林，植被状况有所改善，2020 年，植被覆盖率达到 53.55%，相较于 2015 年，森林覆盖率提高 11.55%（图 4.1-5、图 4.1-6）。现有植被中，地带性树种仅在部分特殊地区有所保留，地带性植物原分布区大量逆向演替为灌木林和草坡。流域内的乔木树种以云南松为优势种群，主要分布于山区；其次为丘陵地区的桉树等速生树种和一些经济果林，湖滨地区主要植被是随季节变换的农作物，在城市、农村居民点、河流、道路附近有少量乔木分布，邻近城市的高效农业区内植物几乎完全失去植被的意义。

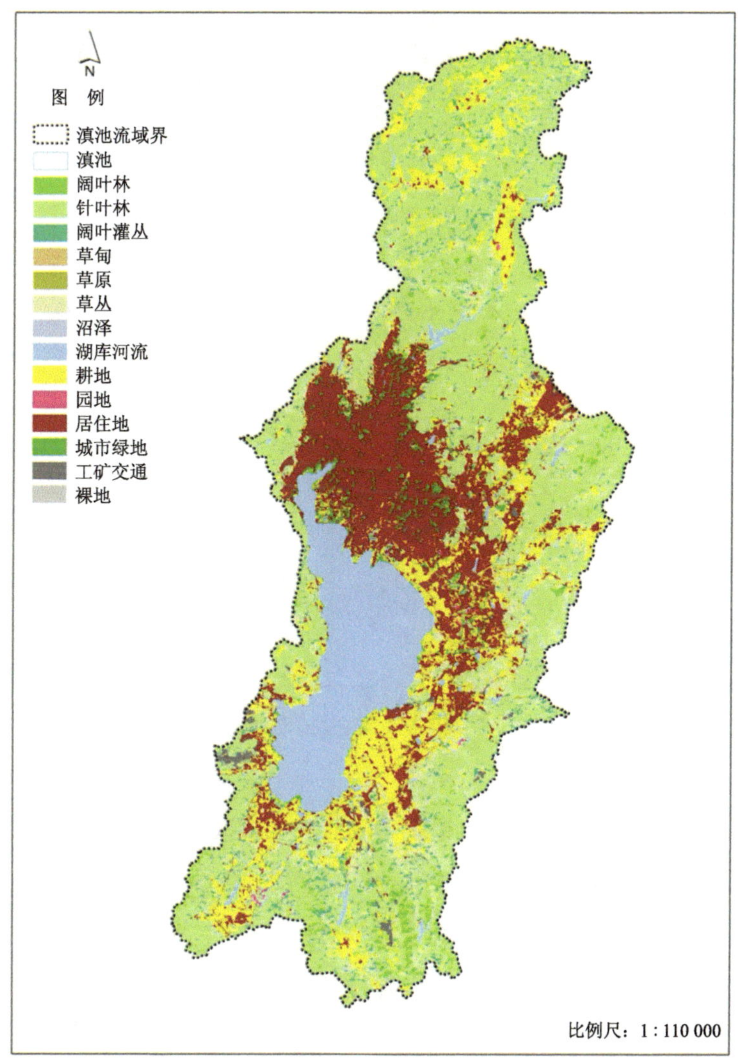

图 4.1-5　滇池流域 2015 年植被分布状况

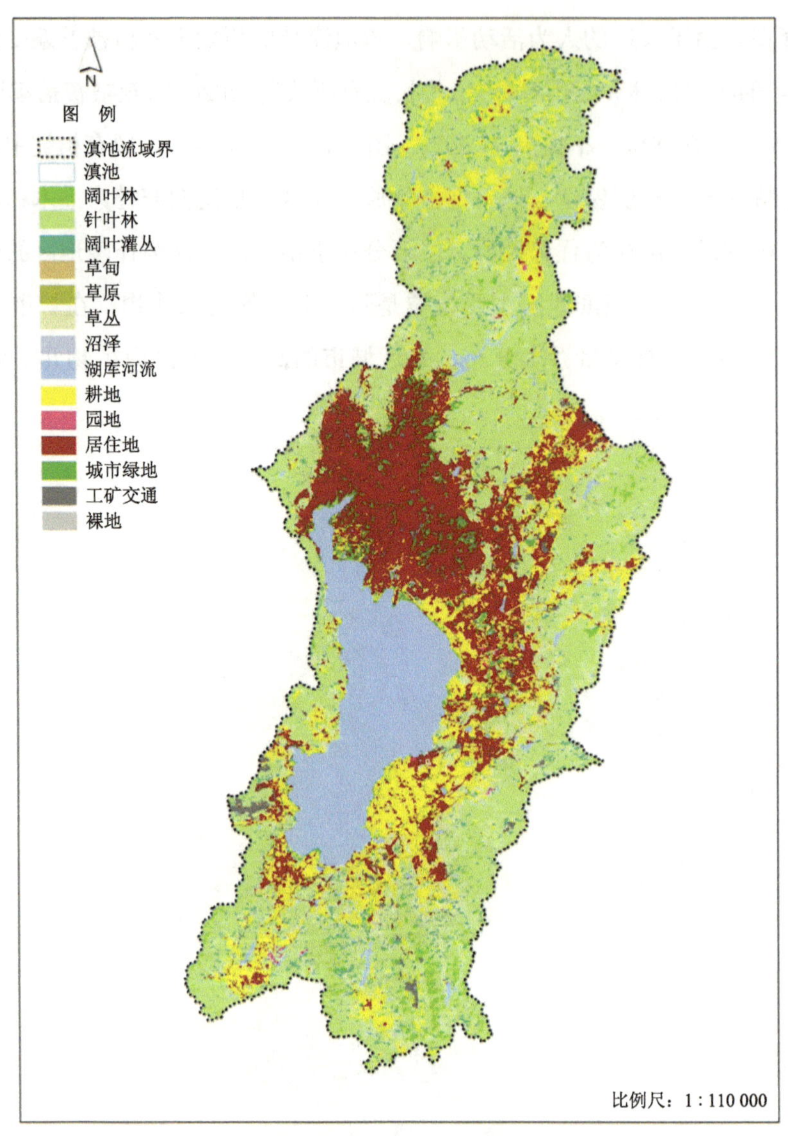

图 4.1-6　滇池流域 2020 年植被分布状况

整个流域森林植被的现状格局可概括为“北丰、南次、中薄”。北部的盘龙江流域上游、宝象河水库上游、金殿水库上游及以东白沙河水库、松茂水库上游地区，含灌木林在内的森林覆盖区占区域面积的 70%以上，森林面积占整个流域的 46%，且成片的乔木林占了相当大的比重；南部地区的大河流域上游、东大河流域中上游植被较好，但大河流域中下游及柴河流域大部分地区的植被普遍不佳；流域中部地区林地主要分布于外围的山地、丘陵区，受地形影响，宽度较窄，果园、疏林地所占比重较大；滇池沿岸的平原地区以农田为主，植被普遍较差，大部分为灌草和裸地，是流域生态最脆弱的地区。

4.1.4 水土流失变化趋势

4.1.4.1 现状

根据滇池流域水土流失调查结果，2020 年，滇池流域土壤侵蚀总面积为 555.54 km^2，占流域陆域面积的 19.02%。其中，轻度侵蚀水土流失面积为 511.27 km^2，中度侵蚀水土流失面积为 11.50 km^2，强烈侵蚀水土流失面积为 10.37 km^2，极强烈侵蚀水土流失面积为 9.41 km^2，剧烈侵蚀水土流失面积为 12.99 km^2。轻度侵蚀主要分布在流域中部，强度以上①土壤侵蚀零散分布在流域东南部和西部（图 4.1-7）。

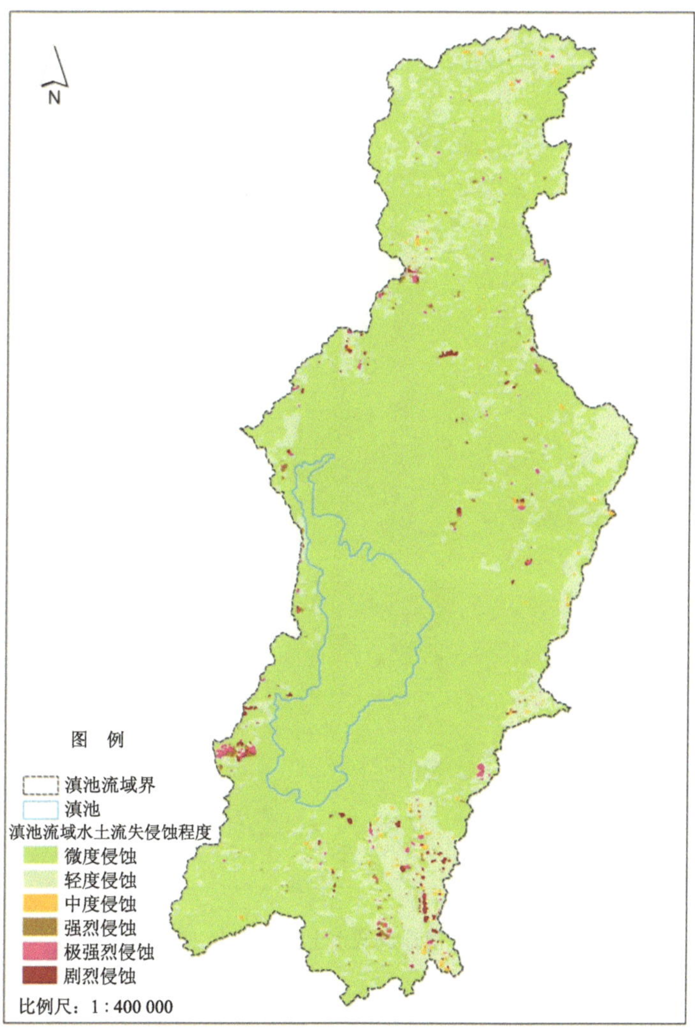

图 4.1-7 滇池流域水土流失分布（2020 年）

① 强度以上包括强烈侵蚀、极强烈侵蚀、剧烈侵蚀。全书同。

4.1.4.2 历史

根据滇池流域 1999 年水土流失资料分析与统计结果，滇池流域土壤侵蚀总面积为 954.06 km^2，占流域陆域面积的 32.67%。其中，轻度侵蚀水土流失面积为 711.67 km^2，中度侵蚀水土流失面积为 242.39 km^2，中度土壤侵蚀主要分布在流域北部和东南部（图 4.1-8）。

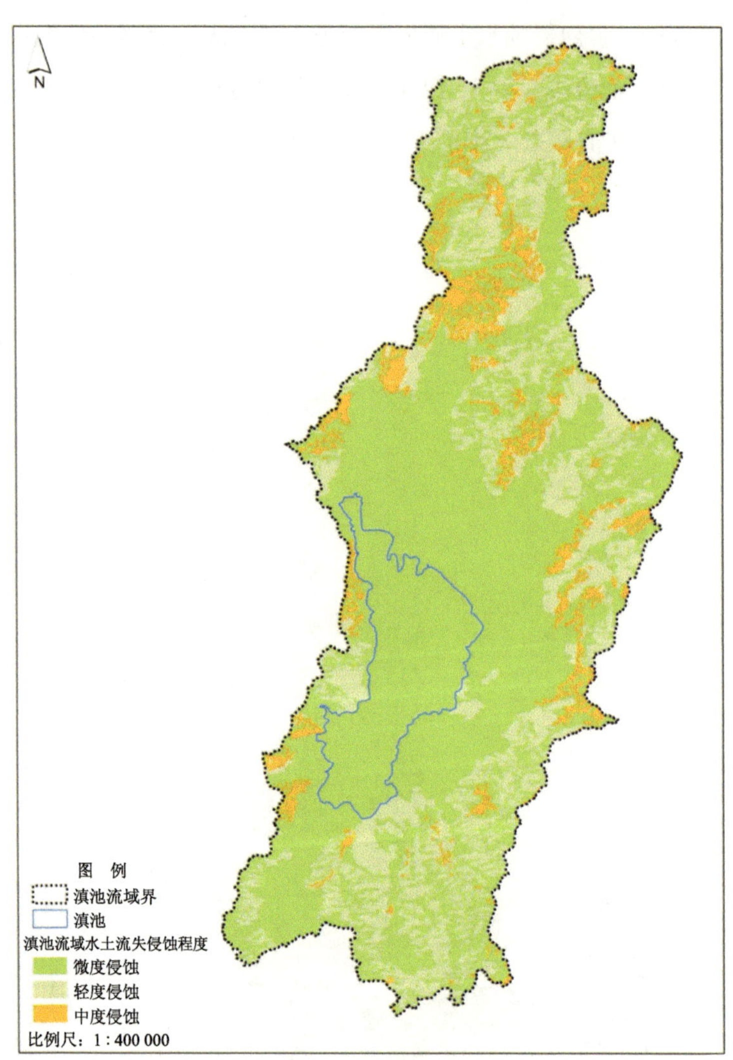

图 4.1-8 滇池流域水土流失分布（1999 年）

4.1.4.3 趋势分析

对比分析 1999 年与 2020 年滇池流域的水土流失侵蚀数据及空间分布，从数量上看，2020 年水土流失面积比 1999 年减少了 398.53 km^2，降幅为 13.65%；其中，轻度侵蚀减

少了 200.40 km^2，而中度侵蚀面积减少了 198.13 km^2（图 4.1-9）。

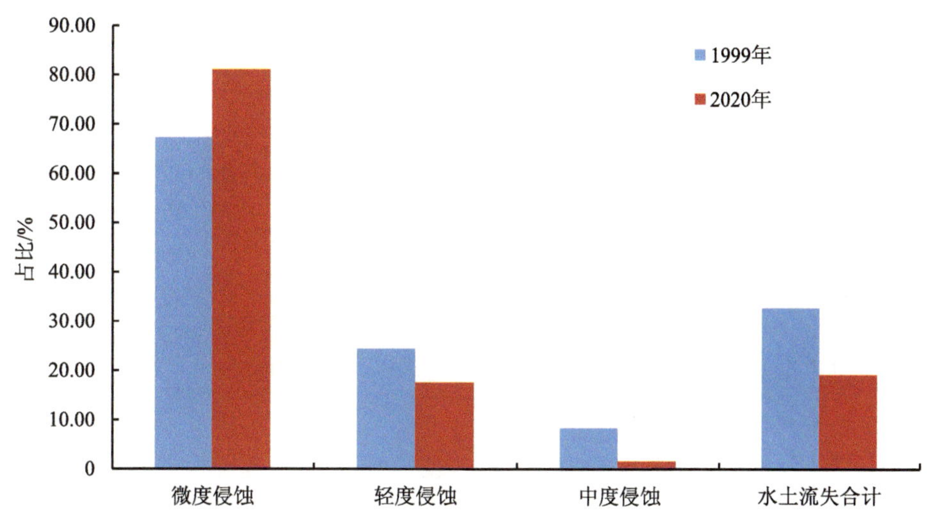

图 4.1-9　滇池流域水土流失趋势分析

4.1.5　污染负荷变化

4.1.5.1　现状

2020 年，滇池流域主要污染负荷包括工业源、城镇生活、城市面源、污水处理厂尾水负荷、农业农村面源、牛栏江来水负荷和水土流失等，污染物 COD、总氮（TN）和总磷（TP）总产生量分别为 186 686 t/a、27 413 t/a 和 3 118.96 t/a；总排放量分别为 37 873 t/a、8 355 t/a 和 731.37 t/a；总入湖量（扣除截污外排后，含牛栏江补水水质）分别为 28 378 t/a、5 306 t/a 和 436 t/a。

4.1.5.2　历史

2005 年滇池流域污染物 COD、TN 和 TP 总入湖量（扣除截污外排后，含牛栏江补水水质）分别为 38 031 t/a、9 810 t/a 和 851 t/a；2010 年滇池流域污染物 COD、TN 和 TP 总入湖量（扣除截污外排后，含牛栏江补水水质）分别为 35 967 t/a、7 635 t/a 和 691 t/a；2015 年滇池流域污染物 COD、TN 和 TP 总入湖量（扣除截污外排后，含牛栏江补水水质）分别为 39 676 t/a、7 321 t/a 和 614 t/a。

4.1.5.3　趋势分析

2005—2020 年，滇池流域主要污染物 COD 总入湖量呈先降、后升、再下降的趋势，2015 年达到最大值，2020 年降至最低，2020 年 COD 总入湖量相较于 2015 年减少了 28.48%；

TN 和 TP 总入湖量呈逐年下降的趋势，2020 年 TN 和 TP 总入湖量相较于 2005 年分别减少了 45.91%和 48.77%（图 4.1-10）。

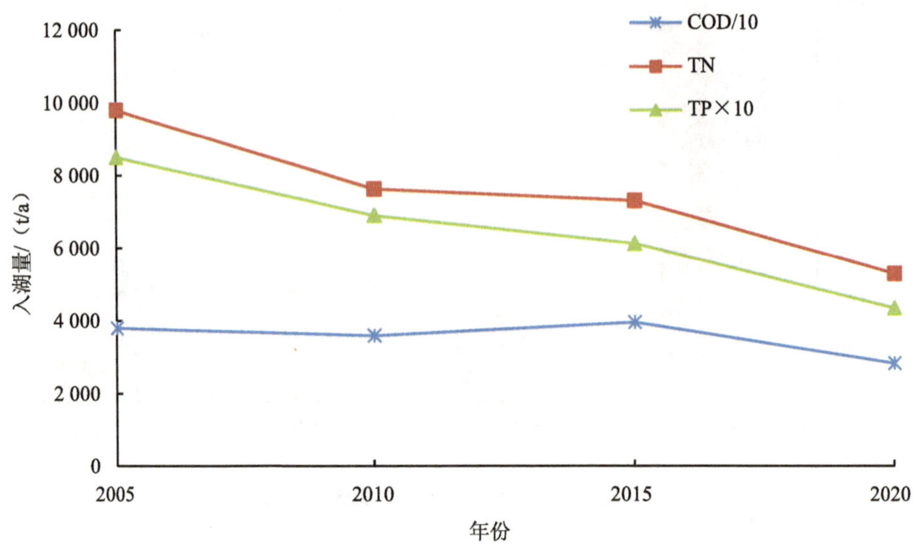

图 4.1-10　2005—2020 年滇池流域主要污染物总入湖量变化趋势

4.1.6　水环境变化趋势

4.1.6.1　湖体

根据滇池流域水环境保护治理规划目标，2025 年滇池外海和草海滇池外海与草海水体水质应稳定达到Ⅳ类水平及以上。

2011 年以来，滇池外海水质主要污染指标为高锰酸盐指数（COD_{Mn}）、COD、TP 和 TN，年均值分别为 4.8～11.4 mg/L、29.4～79.2 mg/L、0.067～0.176 mg/L 和 0.95～2.81 mg/L。2020 年，滇池外海水质为Ⅴ类水平，超规划水质目标的指标为 COD，年均值为 33.4 mg/L。变化特征方面，自 2013 年起，滇池外海整体上由“十二五”前中期的Ⅴ类甚至劣Ⅴ类水平，整体呈逐年好转趋势，截至 2020 年，滇池外海仅 COD 指标（Ⅴ类水平）仍超过Ⅳ类标准限值，但亦处于近 10 年来相对较低水平（图 4.1-11）。

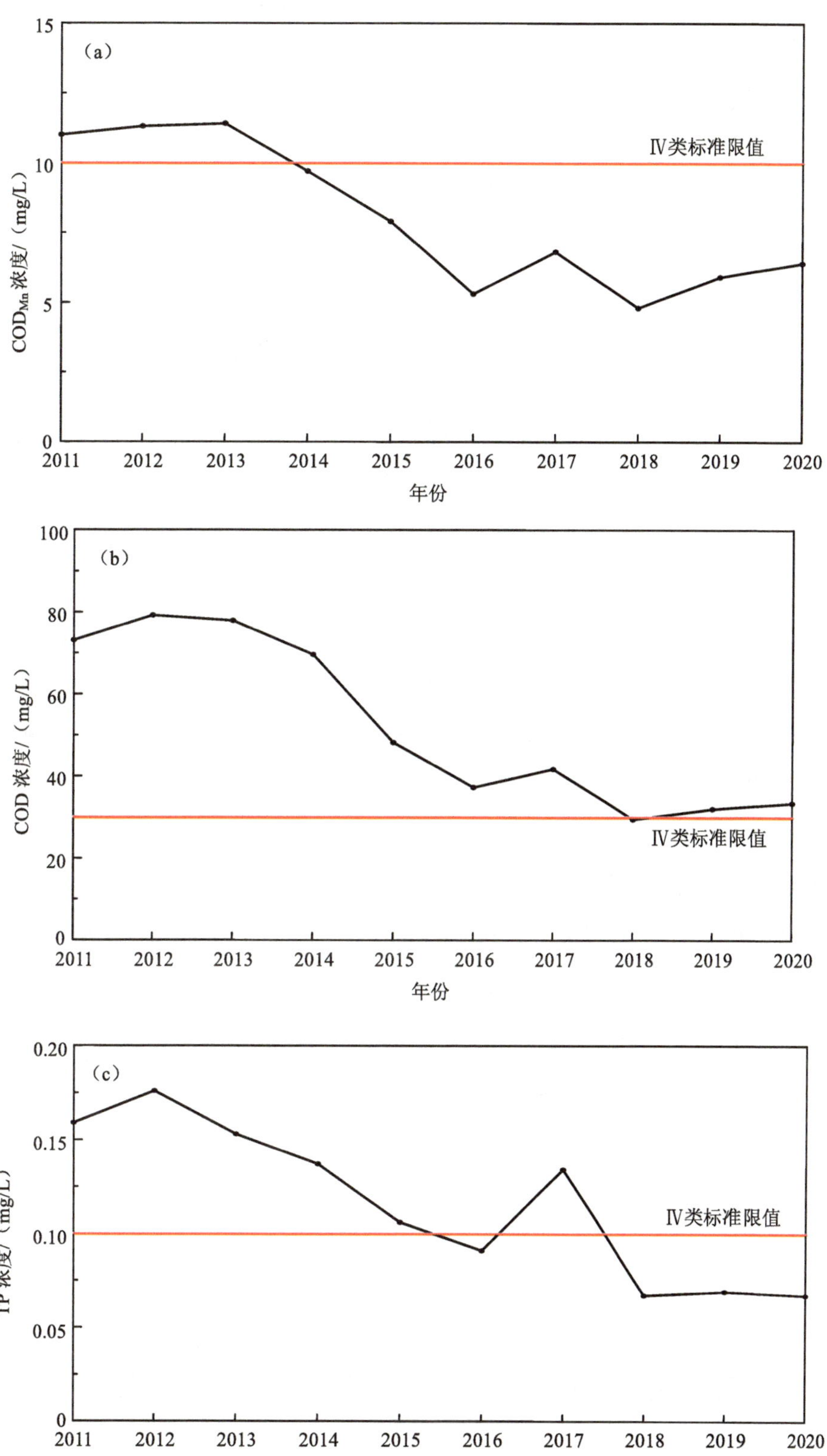
15
10
5
0
(a)
Ⅳ类标准限值
COD_{Mn} 浓度/（mg/L）
2011
2012
2013
2014
2015
2016
2017
2018
2019
2020
年份
100
80
60
40
20
0
(b)
COD 浓度/（mg/L）
Ⅳ类标准限值
2011
2012
2013
2014
2015
2016
2017
2018
2019
2020
年份
0.20
0.15
0.10
0.05
0
(c)
TP 浓度/（mg/L）
Ⅳ类标准限值
2011
2012
2013
2014
2015
2016
2017
2018
2019
2020
年份

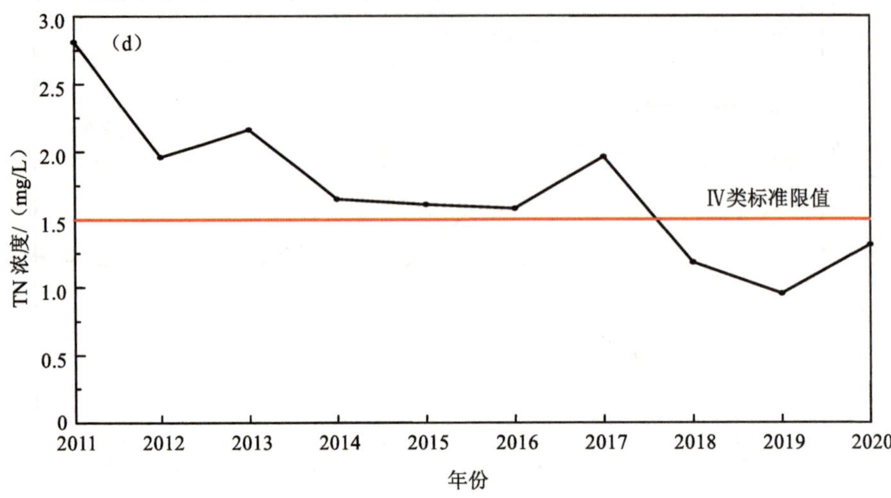

图 4.1-11 滇池外海主要污染指标变化情况（2011—2020 年）

在滇池草海水质方面，2011 年以来主要污染指标为 COD、五日生化需氧量（BOD_5）、TP、TN 和氨氮（NH_3-N），年均值分别为 13.1～58.6 mg/L、2.3～12.8 mg/L、0.069～0.271 mg/L、2.38～6.30 mg/L 和 0.19～2.03 mg/L。2020 年，滇池草海水质为Ⅳ类水平，除 TP 浓度为Ⅳ类水平外，其他指标均达到Ⅲ类及以上水平，此外 TN 年均值为 3.20 mg/L。在变化特征方面，滇池草海水质整体上自“十二五”中期（2013 年或 2014 年）以来呈逐年好转趋势。截至目前，多项长期以来浓度相对较高的指标均达到Ⅳ类水平，TN 相对其他指标下降幅度相对较小，2020 年年均值仍为劣Ⅴ类水平，如图 4.1-12 所示。

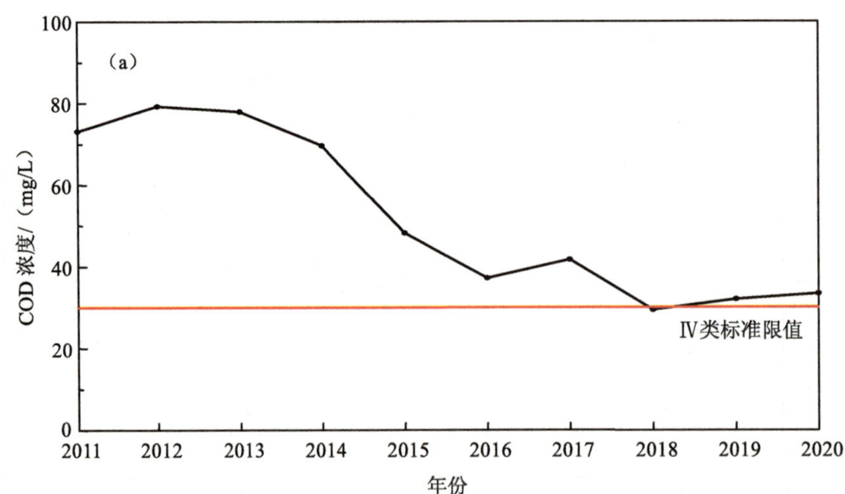

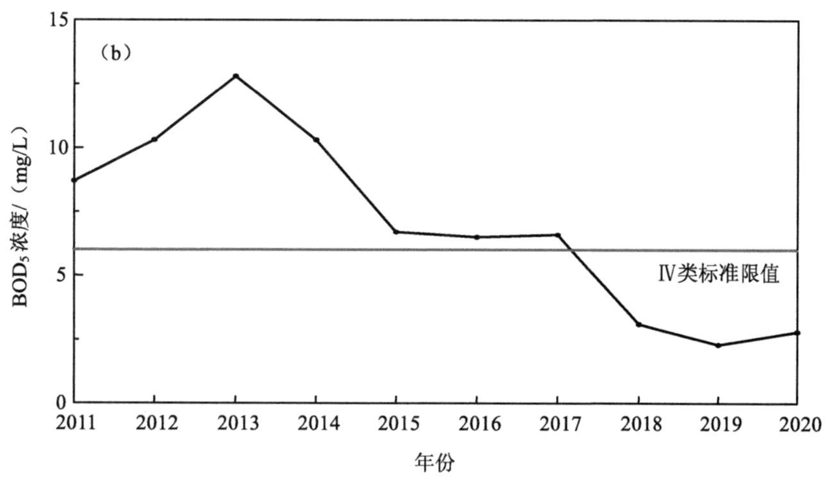
15
10
5
0
(b)
BOD_5 浓度/(mg/L)
Ⅳ类标准限值
2011
2012
2013
2014
2015
2016
2017
2018
2019
2020
年份

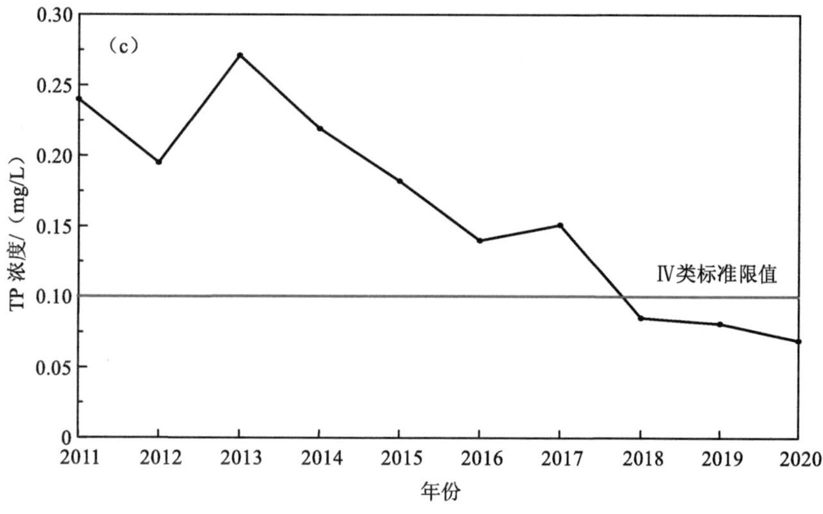
0.30
0.25
0.20
0.15
0.10
0.05
0
(c)
TP 浓度/(mg/L)
Ⅳ类标准限值
2011
2012
2013
2014
2015
2016
2017
2018
2019
2020
年份

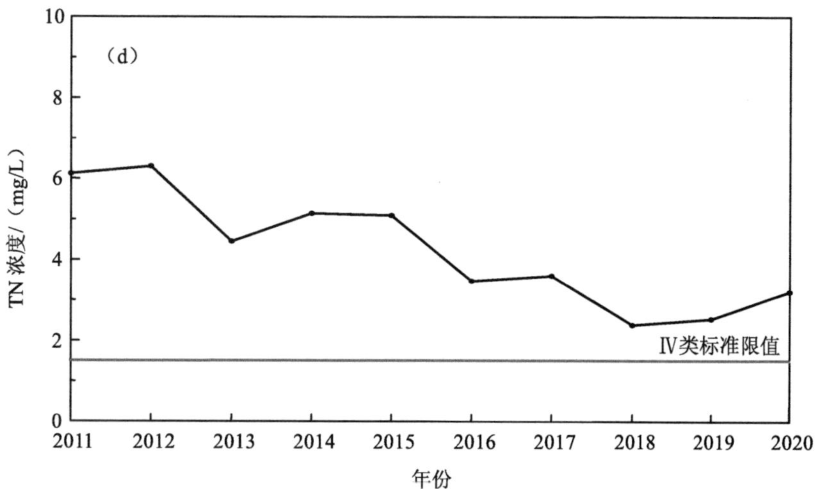
10
8
6
4
2
0
(d)
TN 浓度/(mg/L)
Ⅳ类标准限值
2011
2012
2013
2014
2015
2016
2017
2018
2019
2020
年份

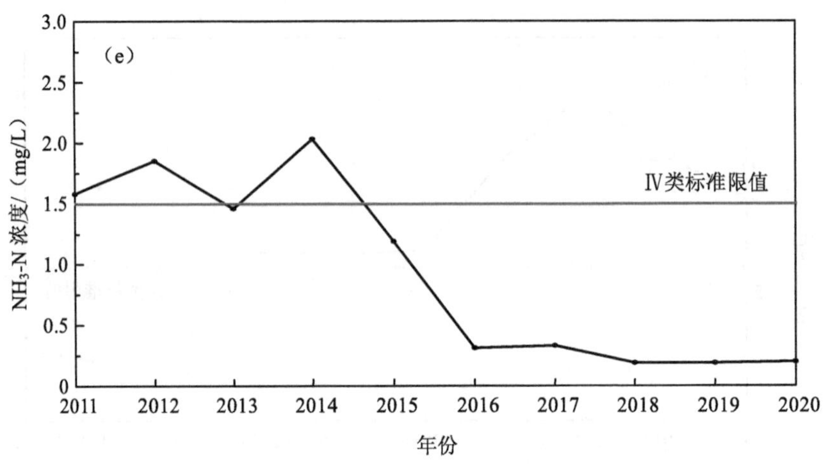

图 4.1-12　滇池草海主要污染指标变化情况（2011—2020 年）

2020 年，滇池外海 COD_{Mn}、COD、TP 和 TN 逐月浓度分别为 4.8～8.4 mg/L、25.1～47.1 mg/L、0.038～0.100 mg/L 和 0.74～1.96 mg/L。其中 COD 和 TN 分别存在 8 个月和 6 个月超过Ⅳ类标准限值，COD_{Mn} 和 TP 各月均达到Ⅳ类水平，各项指标整体呈雨季高于旱季的周年变化特征，其中 TN 浓度以春季相对较高（图 4.1-13）。

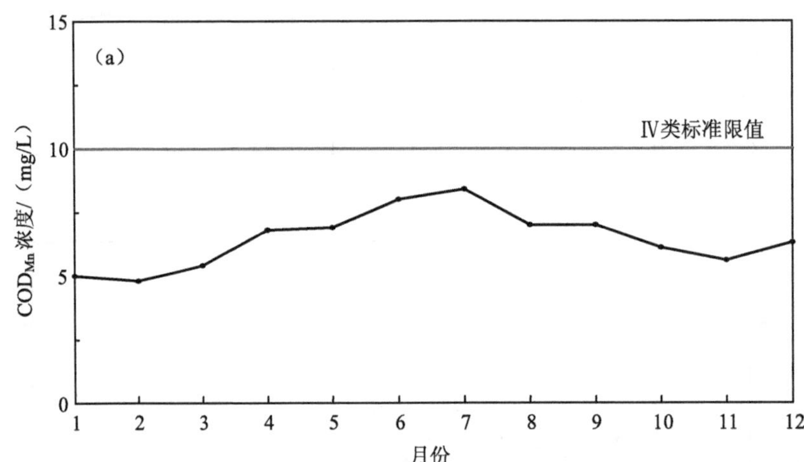

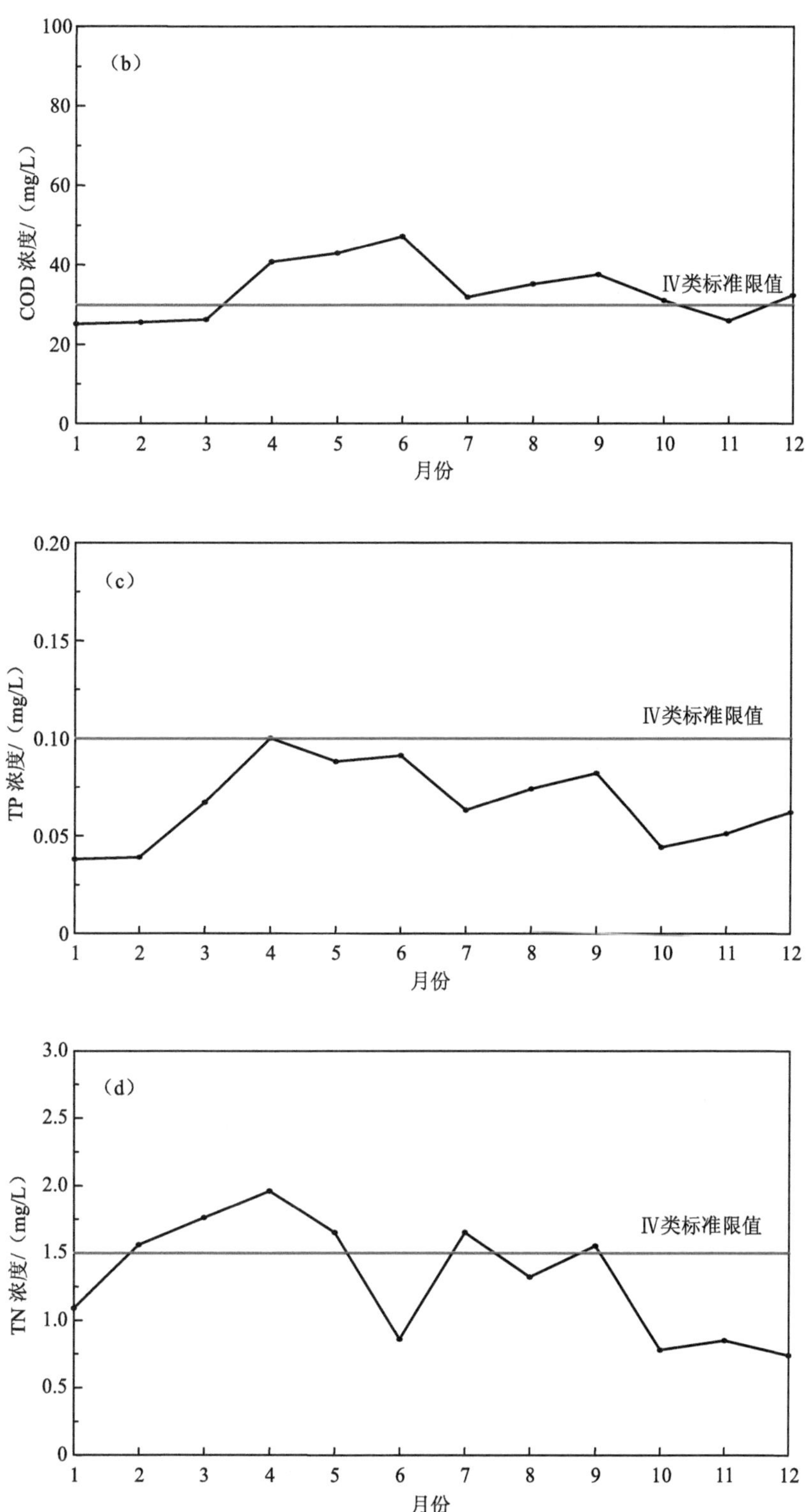

图 4.1-13　2020 年滇池外海水质变化趋势

2020年草海水质方面，COD、BOD_5、TP、TN和NH_3-N逐月浓度分别为4.0～23.5 mg/L、1.0～5.6 mg/L、0.030～0.120 mg/L、2.05～4.64 mg/L和0.03～0.84 mg/L。其中TN各月均超过Ⅳ类标准限值，TP存在2个月超过Ⅳ类标准限值，COD、BOD_5和NH_3-N各月均达到Ⅳ类水平，各项指标变化未呈现统一特征，其中TP于夏末秋初浓度相对较高，而TN则整体呈逐月上升的趋势（图4.1-14）。

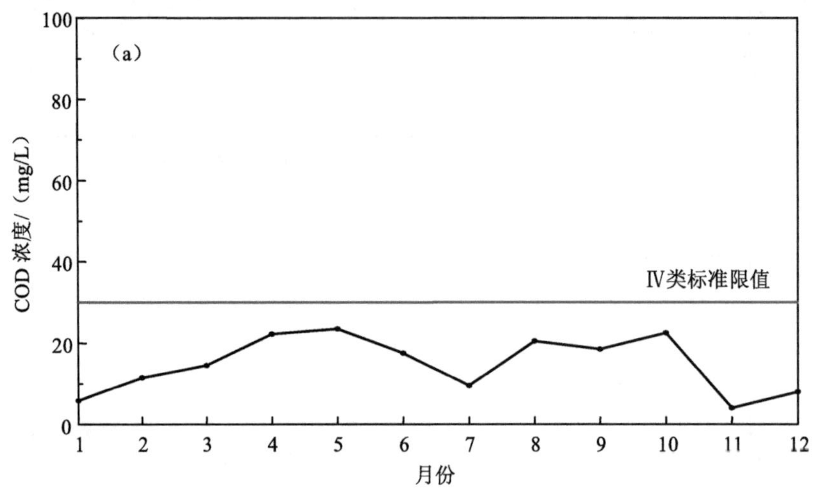

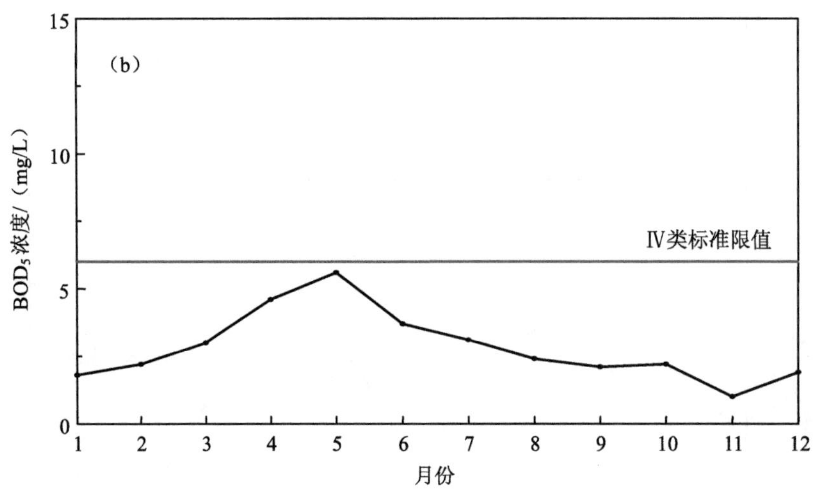

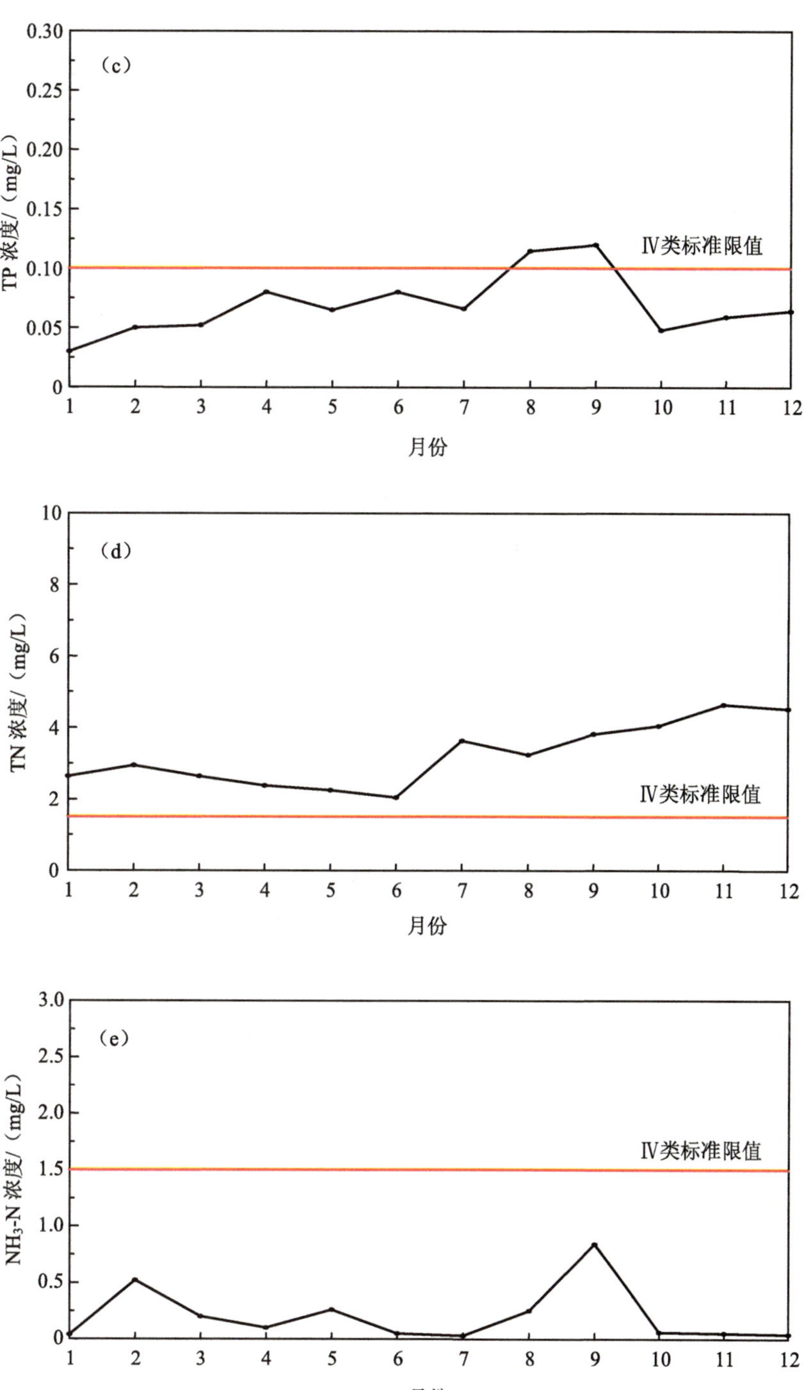

图 4.1-14　2020 年滇池草海水质变化情况

4.1.6.2 主要入湖河道

根据滇池流域水环境保护治理规划目标，2025 年滇池流域主要入湖河流达到Ⅳ类水平。

滇池流域设有国控和省控断面的 29 条主要入湖河流中，2016 年有 20 条达到Ⅳ类及以上水平，2 条为Ⅴ类，3 条为劣Ⅴ类；2020 年有 24 条达到Ⅳ类及以上水平，1 条为Ⅴ类，2 条为劣Ⅴ类。其中 2020 年 29 条主要河流中达Ⅳ类及以上水平占比为 82.76%，针对有水河流来看，占比为 88.89%。2020 年有水状态下，劣于Ⅳ类水平的河流中超标因子主要为 TP、BOD_5 和 NH_3-N 等指标，此外各条河流 TN 和粪大肠菌群污染负荷也相对较为突出（表 4.1-2）。

表 4.1-2 滇池流域 29 条主要河流水质类别

序号	名称	2016 年	2020 年	2020 年超Ⅳ类因子
1	宝象河	Ⅳ类及以上	Ⅳ类及以上	—
2	采莲河	Ⅴ类	Ⅳ类及以上	—
3	柴河	Ⅳ类及以上	劣Ⅴ类	TP
4	城河	Ⅴ类	Ⅳ类及以上	—
5	船房河	Ⅳ类及以上	Ⅳ类及以上	—
6	大观河	Ⅳ类及以上	Ⅳ类及以上	—
7	大河	Ⅳ类及以上	Ⅳ类及以上	—
8	大青河	Ⅳ类及以上	Ⅳ类及以上	—
9	东大河	Ⅳ类及以上	Ⅳ类及以上	—
10	古城河	Ⅳ类及以上	Ⅳ类及以上	—
11	海河	劣Ⅴ类	劣Ⅴ类	BOD_5、NH_3-N
12	金家河	Ⅳ类及以上	Ⅴ类	NH_3-N
13	金汁河	Ⅳ类及以上	Ⅳ类及以上	—
14	捞鱼河	Ⅳ类及以上	Ⅳ类及以上	—
15	老宝象河	Ⅳ类及以上	Ⅳ类及以上	—
16	老运粮河	Ⅳ类及以上	Ⅳ类及以上	—
17	六甲宝象河	全年无水	Ⅳ类及以上	—
18	五甲宝象河	全年无水	全年无水	—
19	洛龙河	Ⅳ类及以上	全年无水	—
20	马料河	Ⅳ类及以上	Ⅳ类及以上	—
21	南冲河	Ⅳ类及以上	Ⅳ类及以上	—
22	盘龙江	Ⅳ类及以上	Ⅳ类及以上	—

序号	名称	2016 年	2020 年	2020 年超Ⅳ类因子
23	王家堆渠	劣Ⅴ类	Ⅳ类及以上	—
24	乌龙河	Ⅳ类及以上	Ⅳ类及以上	—
25	西坝河	Ⅳ类及以上	Ⅳ类及以上	—
26	虾坝河	全年无水	Ⅳ类及以上	—
27	小清河	全年无水	Ⅳ类及以上	—
28	新河	劣Ⅴ类	Ⅳ类及以上	—
29	淤泥河	Ⅳ类及以上	Ⅳ类及以上	—

4.1.7 水资源

（1）多年平均水资源量

滇池流域多年平均水资源量为 5.4 亿 m^3，人均水资源量为 864 m^3（人均水资源低于 1 000 m^3，为缺水警戒线），仅为全国人均水资源量的 10.6%，是全国 14 个最缺水的城市之一。

（2）近年滇池蓄水量

滇池 2010—2020 年年末蓄水量变化见图 4.1-15。由图 4.1-15 可以看出，2011—2015 年年末蓄水量波动变化，2015 年年末蓄水达到最高值 15.82 亿 m^3，2015—2020 年呈下降趋势，2020 年年末蓄水为 14.62 亿 m^3，相较 2015 年下降 7.6%。

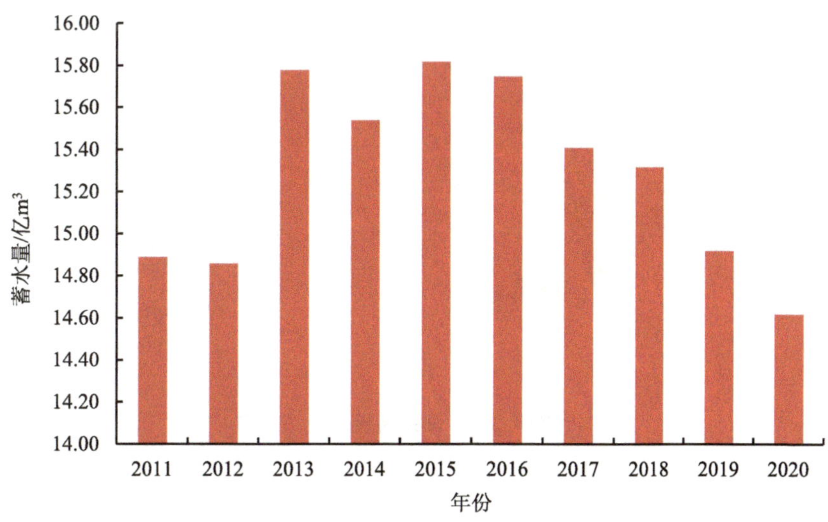

图 4.1-15 滇池年末蓄水量（2011—2020 年）

4.2 阳宗海

4.2.1 土壤

流域内的地带性土壤为红壤，随着海拔的变化，由低到高依次为红壤、水稻土、紫色土及黄棕壤（图 4.2-1）。

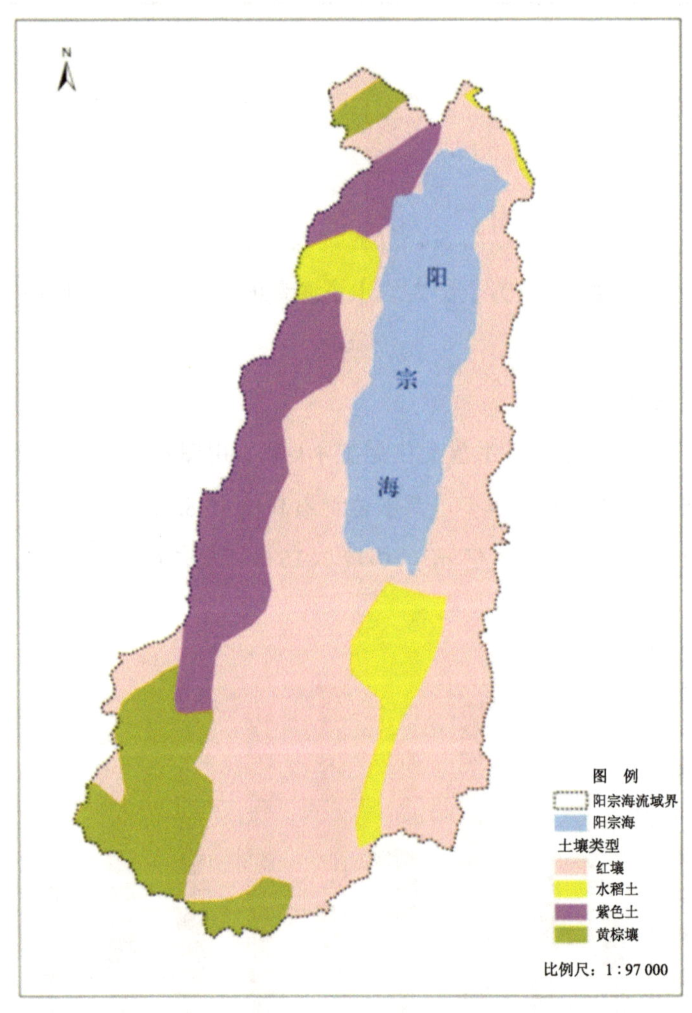

图 4.2-1 阳宗海流域土壤分布

（1）阳宗海流域地带性土壤

阳宗海流域地带性土壤占流域面积的 65.07%，其中红壤占 54.25%，黄棕壤占 10.82%。

（2）阳宗海流域非地带性土壤（泛域土壤）

阳宗海流域非地带性土壤占流域面积的 21.31%，其中水稻土占 6.94%，紫色土占 14.37%。

（3）阳宗海流域土壤分布

红壤分布在阳宗海流域的广大地区，面积 103.78 km^2，占全流域总面积的 54.25%。水稻土分布在阳宗海湖滨平原及山前台地，面积 13.27 km^2，占全流域总面积的 6.94%。紫色土主要分布在阳宗海流域的中生代地层出露地区，面积 27.50 km^2，占全流域总面积的 14.37%。黄棕壤分布在阳宗海流域的中山山地、山前台地，面积 20.71 km^2，占全流域总面积的 10.82%。

（4）阳宗海流域土壤资源诊断

红壤分布在阳宗海流域的广大地区，由于脱硅富铝化作用，土壤积累了大量 Fe、Al，使得土壤对 P 有极强的吸附、固定能力，因此，水土流失造成的泥沙入湖，可使湖泊正磷酸盐吸附和固定化，从而使阳宗海水体有极强的地球化学容量。

水稻土分布在阳宗海流域湖滨平原及山前台地，在长期的耕作中形成“犁底层”“潜育层”和“潴育层”，其可有效地减少 N、P、COD、农药进入阳宗海流域浅层地下水，防止浅层地下水污染。但是，由于水稻种植减少，水稻土的“犁底层”“潜育层”和“潴育层”消失，使得 N、P、COD、农药大量进入浅层地下水，从而污染阳宗海流域河流和阳宗海水体。

紫色土主要分布在阳宗海流域的中生代地层出露地区，由于土层薄、抗蚀性弱，极易水土流失造成泥沙大量入河、入湖。

黄棕壤分布在阳宗海流域的中山山地、山前台地，由于黏粒层的作用，保水保肥力强，不易流失 N、P。

4.2.2 土地利用变化趋势

4.2.2.1 现状

根据第三次全国国土调查、阳宗海流域土地利用资料及现状调查，2020 年，阳宗海流域土地利用以林地、耕地和水域及水利设施用地为主，其中林地面积为 79.77 km^2，占总面积的 41.55%；耕地面积为 40.90 km^2，占总面积的 21.30%；水域及水利设施用地面积为 31.73 km^2，占总面积的 16.52%；其他土地利用类型面积从大到小依次是草地、建设用地（城镇及村庄用地）、园地、交通运输用地及其他土地（图 4.2-2）。

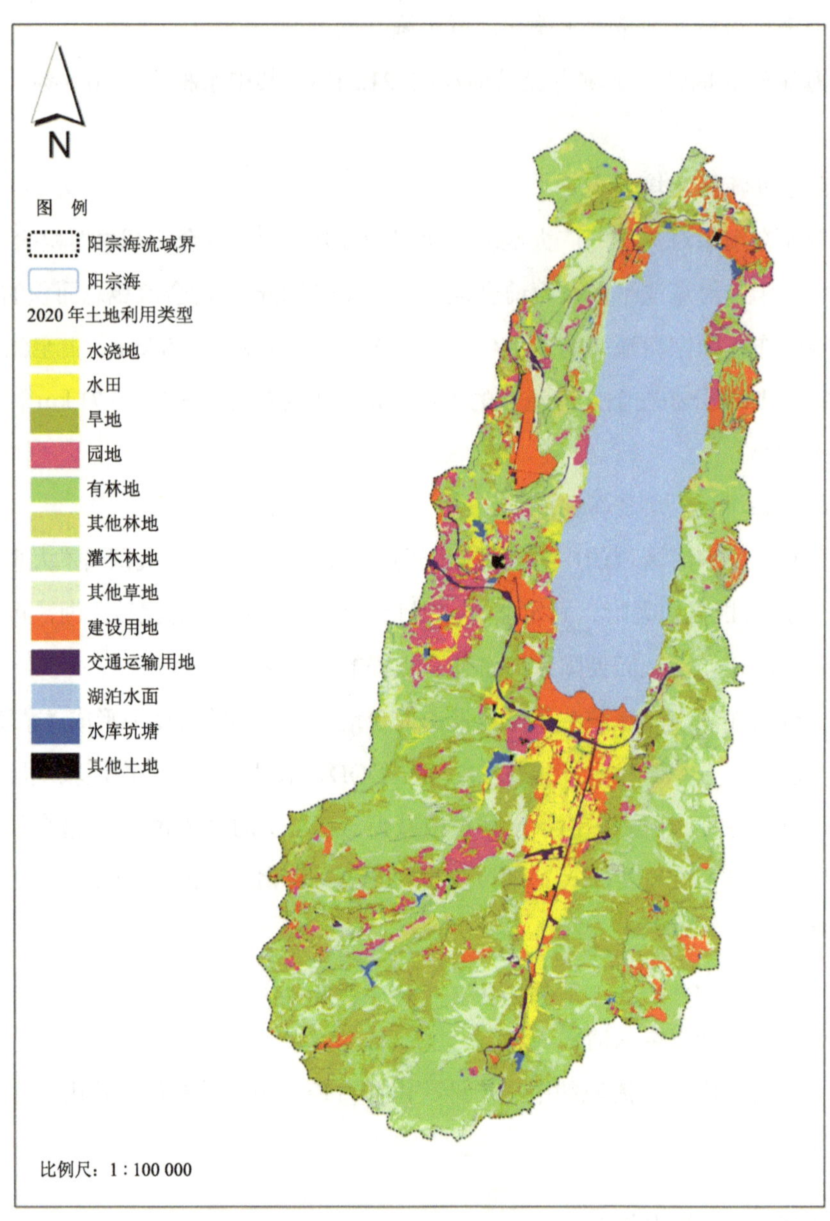

图 4.2-2 2020 年阳宗海流域土地利用现状

耕地以水田、水浇地与旱地为主，分别占总耕地面积的 15.13%、7.80%和 77.07%。林地包括有林地、灌木林地和其他林地，分别占林地总面积的 79.78%、13.73%和 6.49%。水域及水利设施用地主要是湖泊水面，占水域及水利设施用地的 97.42%。

4.2.2.2 历史

根据阳宗海流域“十二五”末土地利用资料，2015 年，阳宗海流域土地利用以林地、耕地和水域及水利设施用地为主，其中林地面积为 75.65 km^2，占总面积的 39.40%；耕地面积为 44.00 km^2，占总面积的 22.92%；水域及水利设施用地面积为 30.91 km^2，占总面积的 16.10%；其他土地利用类型面积从大到小依次是草地、建设用地(城镇及村庄用地)、园地、交通运输用地及其他土地（图 4.2-3）。

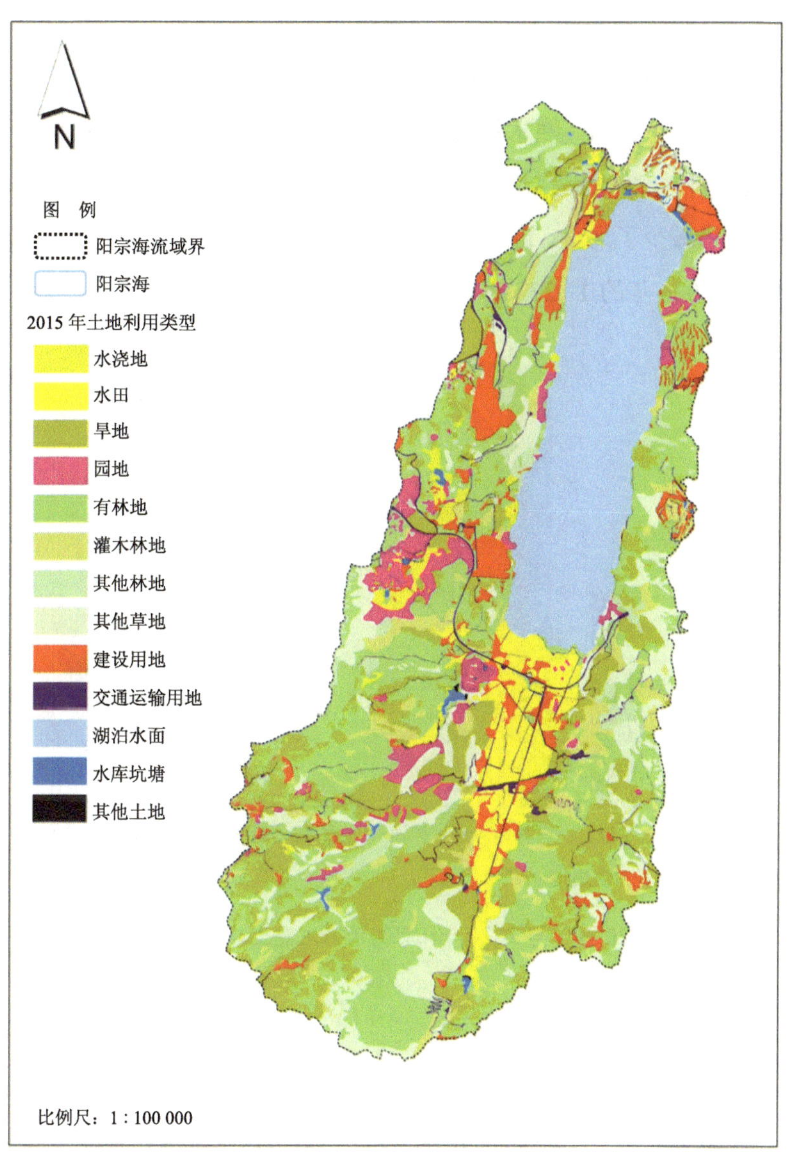

图 4.2-3　2015 年阳宗海流域土地利用现状

耕地以水田、水浇地与旱地为主，分别占总耕地面积的 21.20%、5.18%和 73.61%。林地包括有林地、灌木林地和其他林地，分别占林地总面积的 78.94%、13.88%和 7.18%。

水域及水利设施用地主要是湖泊，占水域及水利设施用地的97.42%。

4.2.2.3 趋势分析

近年来，随着当地社会经济的快速发展，阳宗海流域正面临着经济规模和土地利用扩张造成的生态压力，整个流域的植被由过去的复合型转变为目前的单一型，林地环境向贫瘠型退化。从2015年与2020年阳宗海流域的土地利用数据及空间分布情况来看，阳宗海流域土地利用变化以林地和耕地为主，其他的土地利用类型占比变化不大。2020年较2015年有林地增加了6.56%，灌木林地增加了0.40 km^2，而其他林地面积减少了4.6%，整体上林地面积呈轻微增加趋势。2020年较2015年水田减少了33.65%，旱地减少了2.68%，农村人均耕地面积减少了 0.25 亩。耕地整体呈减少趋势。建设用地面积由 2015 年的11.55 km^2 增加至2020年的12.27 km^2，增幅6.23%（图4.2-4）。

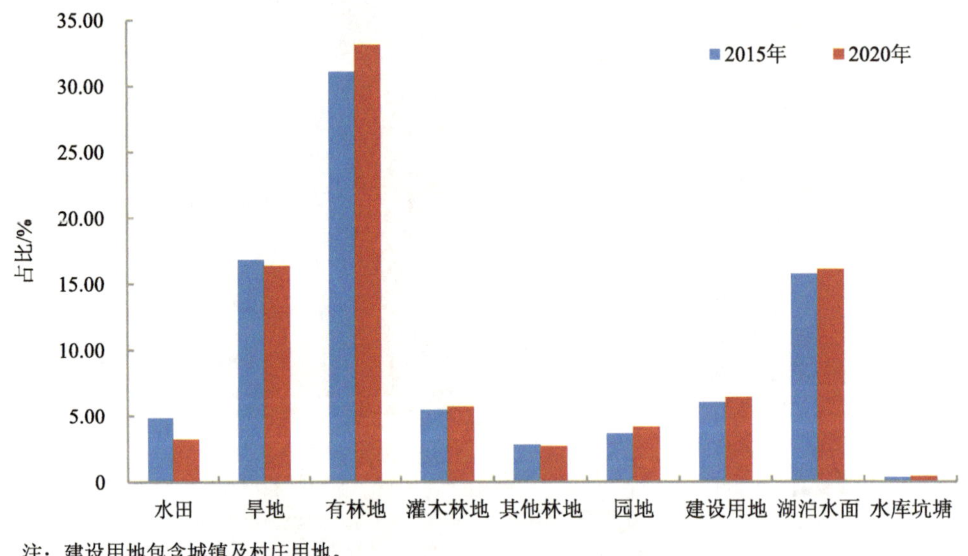

注：建设用地包含城镇及村庄用地。

图4.2-4　2015年与2020年阳宗海流域主要土地利用类型面积占比变化

4.2.3 植被变化趋势

根据昆明市林业资料及卫星影像解译，2020 年阳宗海流域森林覆盖率为 46.66%，2015年阳宗海流域森林覆盖率为39.11%，2020年森林覆盖率较2015年高7.55%。阳宗海流域属云南高原北亚热带植被区，由于人为活动及过度采伐的原因，自然植被破坏较为严重，原生植被已荡然无存，次生植被又未发育完全。根据《云南植被》和遥感解译，流域主要植被类型如表4.2-1所示。

表 4.2-1 阳宗海流域区植被类型组成及特征

	植被类型	主要特征、建群或优势植物
自然植被	云南松林	云南松（*Pinus yunnanensis*）、华山松（*Pinus armandii*）、旱冬瓜（*Alnus nepalensis*）等
	华山松林	华山松（*Pinus armandii*）、旱冬瓜（*Alnus nepalensis*）等
	半湿润常绿阔叶林	滇青冈（*Cyclobalanopsis glaucoides*）、清香木（*Pistacia weinmanniifolia*）等
	栎类萌生灌丛	滇青冈（*Cyclobalanopsis glaucoides*）、山合欢、黄连木、马桑（*Coriaria sinica* Maxim.）等
	半湿润常绿阔叶灌丛	云南松（*Pinus yunnanensis*）、黑荆树、坡柳（*Dodonea viscosa*）、马桑（*Coriaria sinica* Maxim.）等
	灌草丛	主要指草本和灌木混生，高度相近，分层不明显，有的草本植物高度超过灌木高度并占优势的植被类型。以禾木科为主
	石山灌草丛	坡柳（*Dodonea viscosa*）、薄皮木（*Leptodermis pilosa*）、扭黄茅（*Heteropogon contortus*）、香茅（*Cumbopogon citratus*）
人工植被	水田栽培植被	主要种植水稻（*Oryza sativa*）
	旱地栽培植被	主要种植玉米、小麦、豆类、油菜、烤烟等
	经济林	兰桉、大叶桉、板栗、竹子、梨树等
其他	居民地	城乡居民点及其工矿企事业单位用地
	水体	陆地水域和水利设施用地

流域内自然植被以石山灌丛、半湿润常绿林灌丛、华山松林、云南松林为主，石山灌草丛主要分布在该流域的西北部和东南部；半湿润常绿林灌丛主要分布在流域南部和西部的面山上，是人类长期干扰活动的产物；华山松林主要分布在海拔高于 2 200 m 的面山上；云南松林主要分布在海拔 1 900～2 200 m 的面山上。

栎类萌生灌丛、半湿润常绿阔叶林、灌草丛在流域内分布面积较小，其面积占总流域面积比例不到 1%，栎类萌生灌丛零星分布在阳宗海的南部村庄附近，多为村庄的水源林，半湿润常绿阔叶林主要分布在阳宗海流域南部的净莲寺附近，灌草丛主要分布在流域南部的老母猪山南部（图 4.2-5、图 4.2-6）。

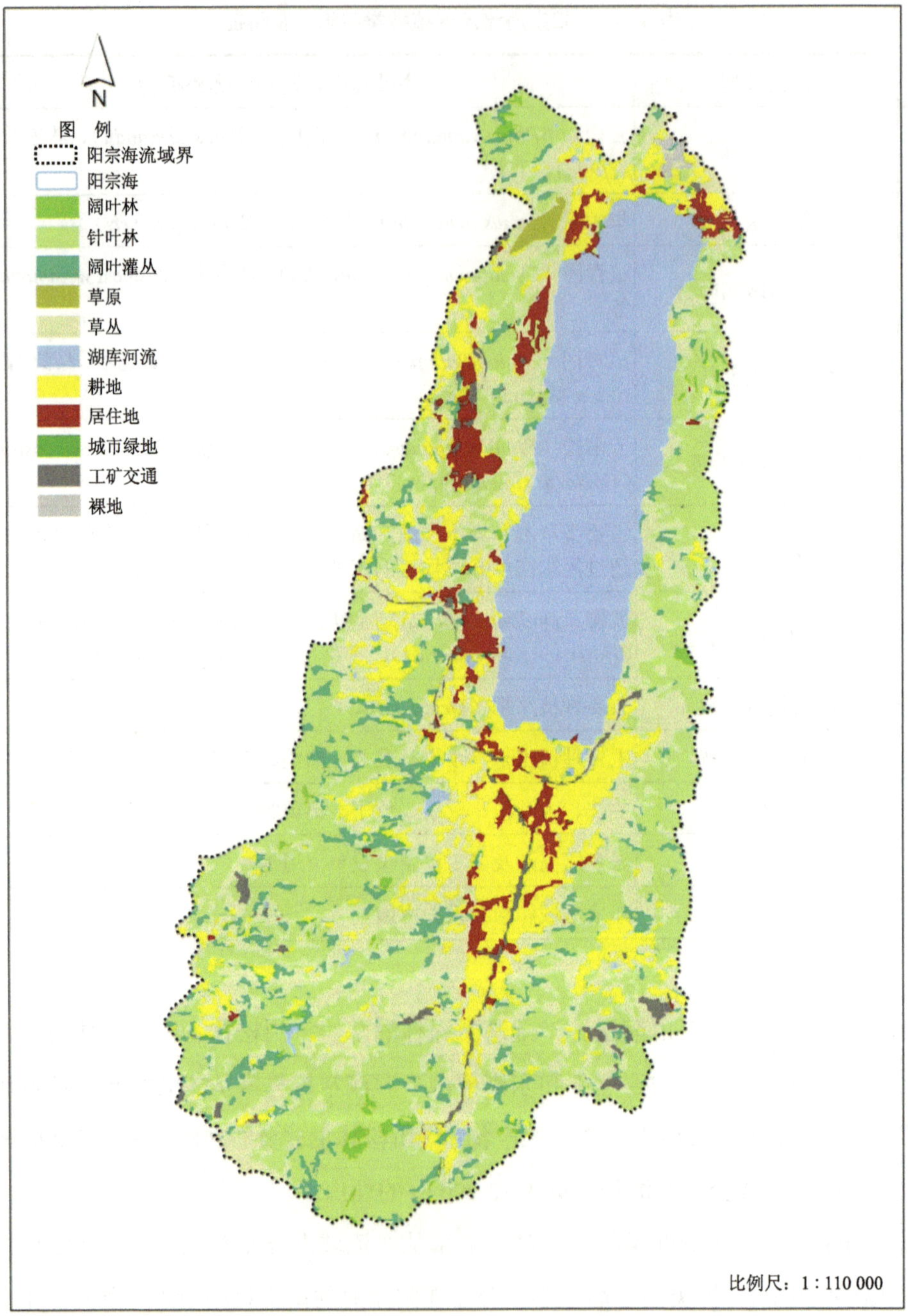

N
图 例
阳宗海流域界
阳宗海
阔叶林
针叶林
阔叶灌丛
草原
草丛
湖库河流
耕地
居住地
城市绿地
工矿交通
裸地
比例尺：1∶110 000

图 4.2-5 阳宗海流域 2015 年植被分布状况

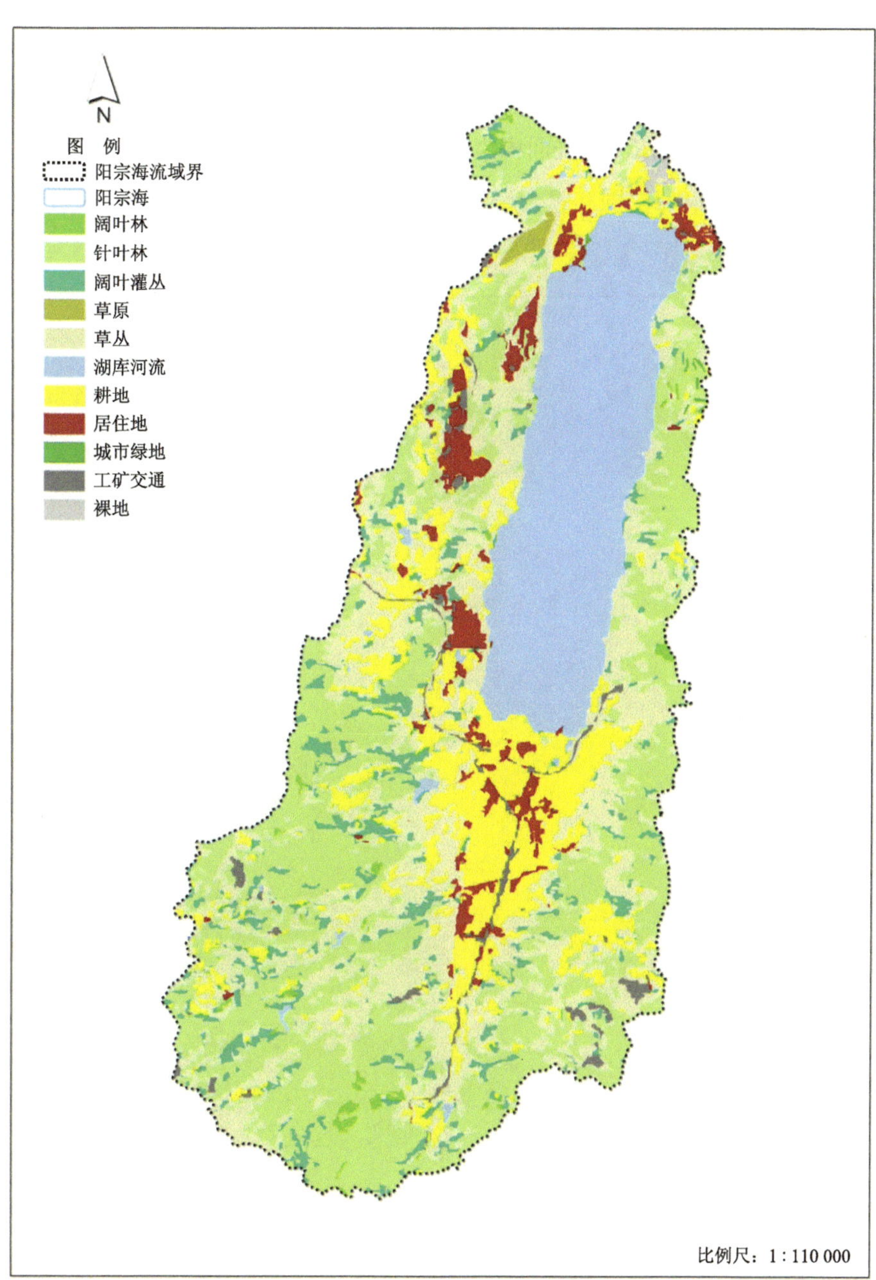

图 4.2-6 阳宗海流域 2020 年植被分布状况

4.2.4 水土流失变化趋势

4.2.4.1 现状

根据阳宗海流域水土流失调查结果，2020 年，阳宗海流域土壤侵蚀总面积为

48.66 km^2，占流域陆域面积的 25.34%。其中，轻度侵蚀水土流失面积为 43.64 km^2，中度侵蚀水土流失面积为 0.79 km^2，强烈侵蚀水土流失面积为 1.83 km^2，极强烈侵蚀水土流失面积为 1.95 km^2，剧烈侵蚀水土流失面积为 0.46 km^2，强度以上土壤侵蚀零散分布在流域各区域。流域水土流失以水力侵蚀和重力侵蚀为主，流域内平均侵蚀模数为 864.11 t/(km^2·a)（图 4.2-7）。

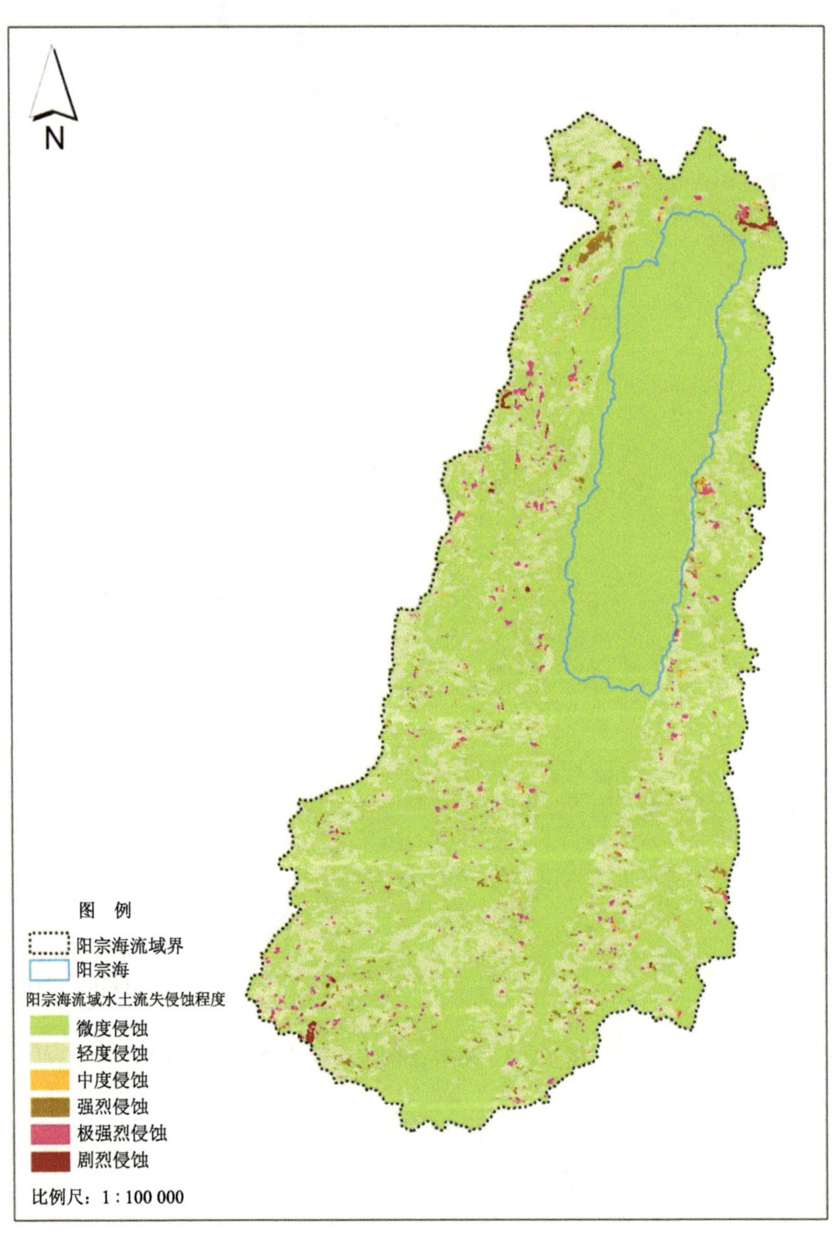

图 4.2-7 阳宗海流域水土流失现状（2020 年）

4.2.4.2 历史

根据阳宗海流域 1999 年水土流失资料分析与统计结果，阳宗海流域土壤侵蚀总面积为 92.94 km^2，占流域陆域面积的 48.41%。其中，轻度侵蚀水土流失面积为 50.21 km^2，中度侵蚀水土流失面积为 27.19 km^2，强度侵蚀水土流失面积为 15.54 km^2，中度侵蚀主要分布在流域北部、西部和东南部分区域，强度以上土壤侵蚀主要分布在流域西部和西南部区域，如图 4.2-8 所示。

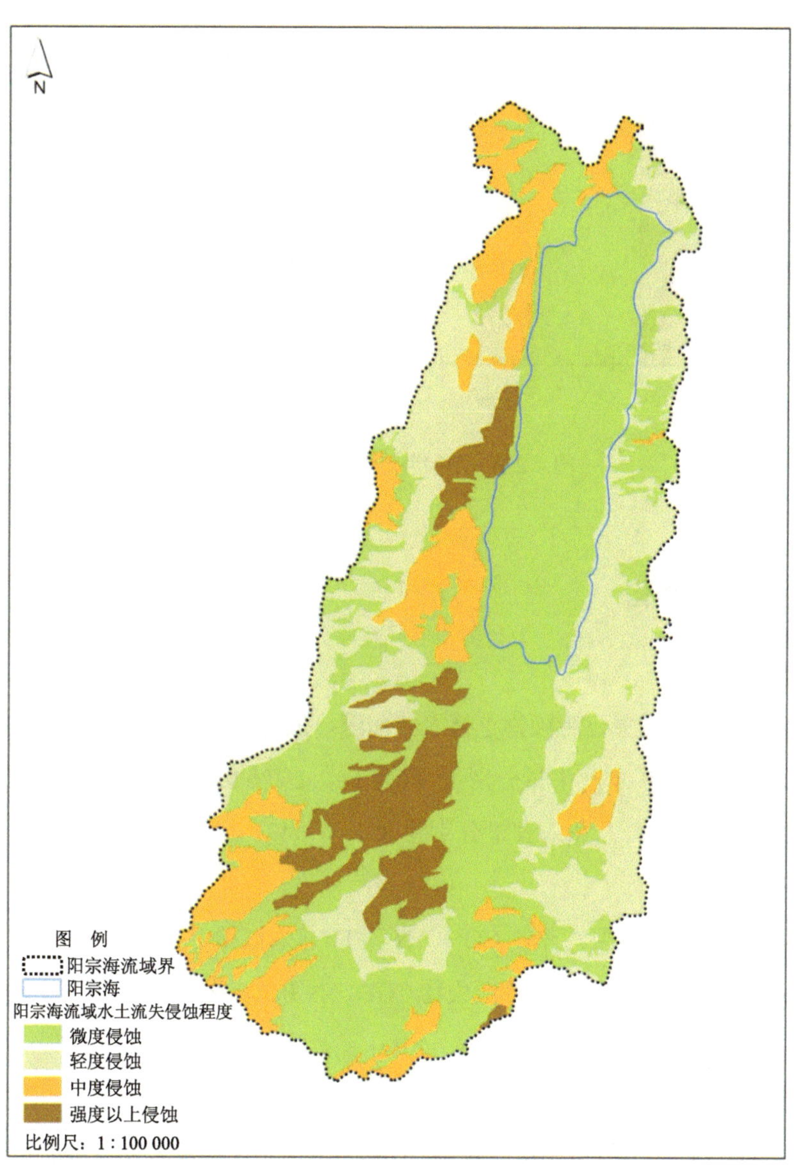

图 4.2-8 阳宗海流域水土流失分布（1999 年）

4.2.4.3 趋势分析

从 1999 年与 2020 年阳宗海流域的水土流失侵蚀数据及空间分布情况来看，2020 年水土流失面积较 1999 年减少了 44.28 km²，降幅 47.64%；其中，轻度侵蚀减少了 6.57 km²，中度侵蚀减少了 26.40 km²，强度以上侵蚀减少了 11.31 km²，整体上阳宗海流域水土流失侵蚀程度有较大幅度的减轻（图 4.2-9）。

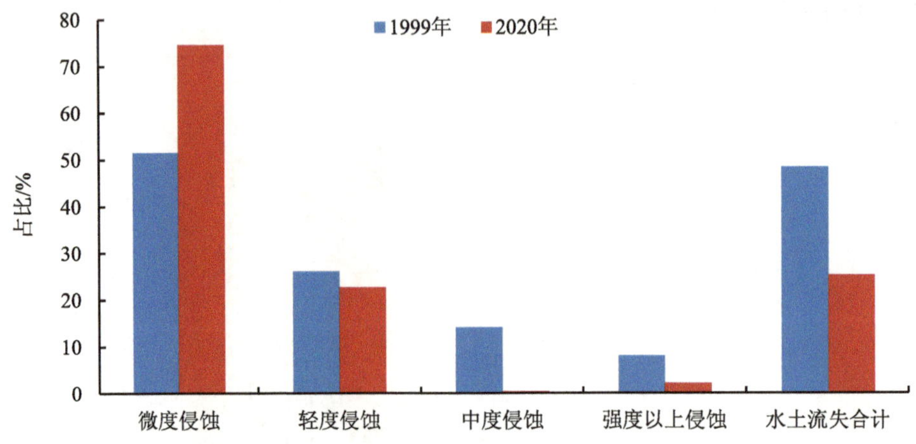

图 4.2-9 阳宗海流域水土流失趋势分析

4.2.5 污染负荷变化

4.2.5.1 现状

2020 年阳宗海流域主要污染物包括农业面源、散养畜禽、农村生活、规模化养殖等污染，COD、TN 和 TP 总产生量分别为 4 613 t/a、1 790 t/a 和 451 t/a；总排放量分别为 1 487 t/a、269 t/a 和 61 t/a；总入湖量分别为 851 t/a、131 t/a 和 24 t/a。

4.2.5.2 历史

2010 年阳宗海流域主要污染物 COD、TN 和 TP 总入湖量分别为 1 976.84 t/a、382.45 t/a 和 26.78 t/a；2015 年阳宗海流域主要污染物 COD、TN 和 TP 总入湖量分别为 952 t/a、153 t/a 和 17 t/a。

4.2.5.3 趋势分析

2010—2020 年阳宗海流域主要污染物 COD、TN 入湖总量呈逐年下降的趋势，2020 年 COD、TN 入湖总量相较 2010 年分别减少了 56.95%和 65.75%；TP 入湖总量呈先下降后上升的趋势，2020 年 TP 入湖总量相较 2010 年减少了 10.38%，如图 4.2-10 所示。

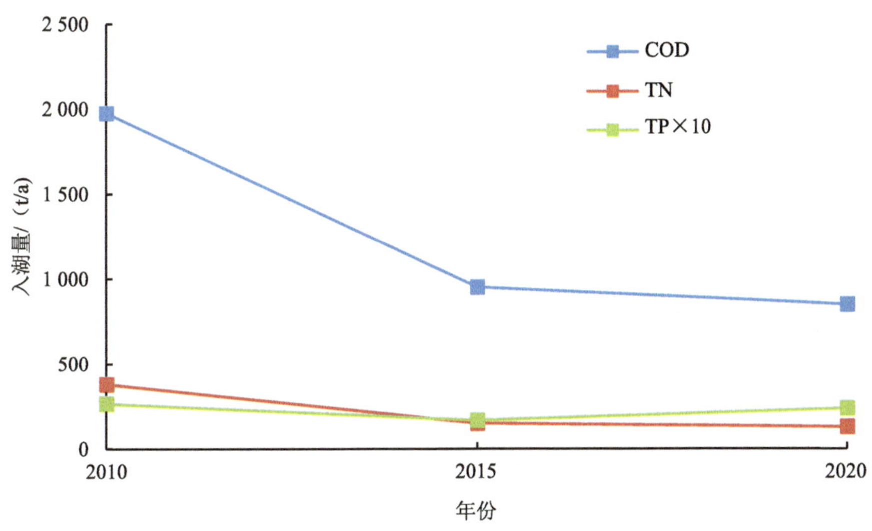

图 4.2-10　2010—2020 年阳宗海流域总入湖量变化趋势

4.2.6　水环境变化趋势

4.2.6.1　湖体

根据阳宗海流域水环境保护治理规划目标，2025 年阳宗海水体水质应稳定达到Ⅲ类，力争达Ⅱ类水平。

2011 年以来，阳宗海湖体水质主要污染指标为砷（As），年均值为 0.024～0.059 mg/L。2020 年，阳宗海湖体水质全年稳定在Ⅲ类水平，其中除 COD 指标年均值为Ⅲ类水平外，其他各项指标均稳定在Ⅱ类及以上水平。变化特征方面，近 10 年来阳宗海湖体水质超标年份均在“十二五”期间，主要表现为 As 污染，自 2013 年起呈逐年好转趋势，且 2016 年及以后，水体 As 浓度年均值均达到Ⅰ类水平，直至 2020 年，As 浓度达到 10 年来最低水平（图 4.2-11）。

2020 年，阳宗海 As 逐月浓度在 0.02～0.03 mg/L 波动，下半年 As 浓度相对高于上半年（图 4.2-12）。

4.2.6.2　主要入湖河道

根据阳宗海流域水环境保护治理规划目标，2025 年阳宗海流域主要入湖河流阳宗大河、摆依河、七星河、鲁西冲河、东排浸沟水质将稳定达到Ⅲ类及以上水平。

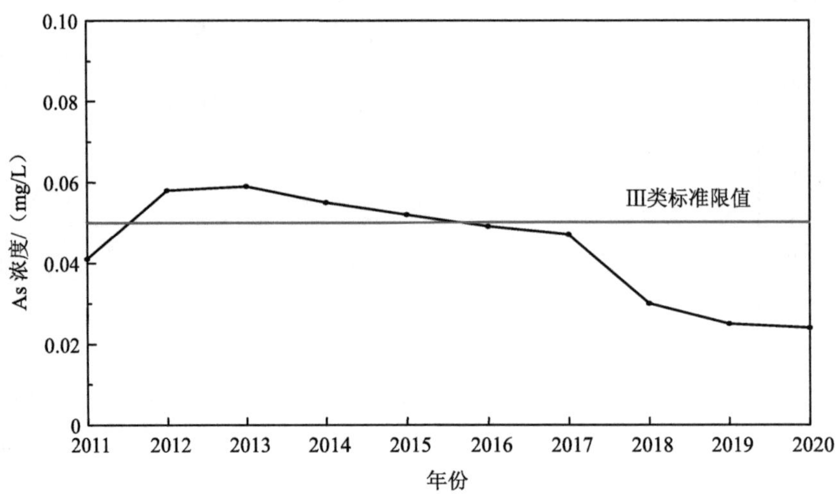

图 4.2-11　阳宗海 As 浓度变化情况（2011—2020 年）

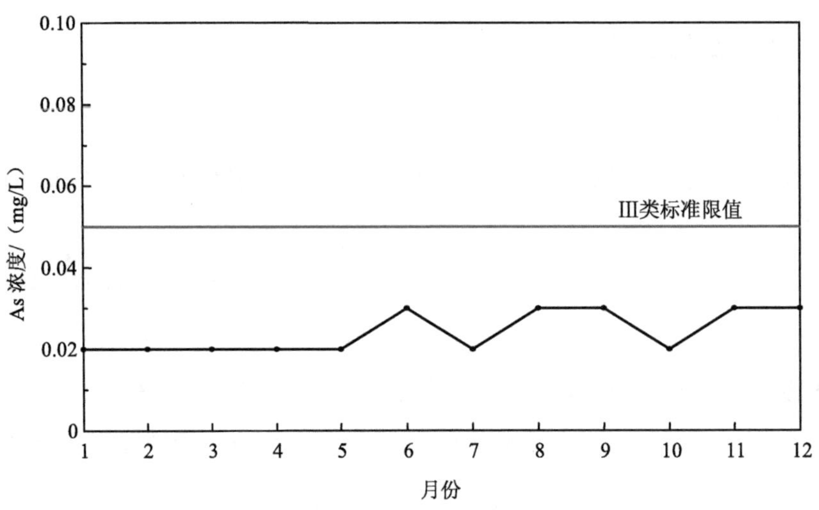

图 4.2-12　2020 年阳宗海 As 浓度变化情况

阳宗海流域设有国控和省控断面的 3 条主要入湖河流中，2016 年均为Ⅲ类水平，2020 年阳宗大河水质已达Ⅱ类水平，摆依河水质为Ⅲ类水平，七星河水质为Ⅳ类水平。其中 2020 年七星河主要劣化并超标指标为 TP，此外阳宗大河和摆依河 TN 浓度相较 2016 年均呈较大幅度升高（表 4.2-2）。

表 4.2-2 阳宗海流域 3 条主要河流水质类别

	阳宗大河	摆依河	七星河
2016 年	Ⅲ类	Ⅲ类	Ⅲ类
2020 年	Ⅱ类	Ⅲ类	Ⅳ类
2020 年超标因子	—	—	TP

4.2.7 水资源

（1）多年平均水资源量

阳宗海流域降水处云南省中等水平，但因汇面积小天然补给资源量十分有限，湖泊水量来自四周入湖河流、坡面的地表水、岩溶泉水和湖面降水。虽然湖四周河流水系发育，但除阳宗大河面积相对大，且具有一定的调蓄能力，河道一般不会断流外，其余河源短，汇水面积小，且多为季节性沟谷。阳宗海流域正常运行高水位 1 769.9 m 时，湖面面积 31.9 km^2，相应蓄水量为 6.17 亿 m^3，最大水深 30 m，平均水深 20 m。阳宗海流域多年平均水资源量 7 380 万 m^3，其中湖面直接降水量 2 600 万 m^3，陆域径流量 4 780 万 m^3（阳宗大河径流量为 1 923 万 m^3，七星河为 430 万 m^3，鲁西冲河为 244 万 m^3，其他坡面及河道径流形成 2 183 万 m^3）（不含引水区水量）。流域内人均占有水资源量为 598 m^3，亩均耕地占有水资源为 1 082.3 m^3，远低于云南省平均水平，属水资源短缺地区。

（2）近年阳宗海蓄水量

阳宗海 2011—2020 年年末蓄水量变化见图 4.2-13。由图 4.2-13 可以看出，2011—2018 年阳宗海年末蓄水量呈增加趋势，2018—2020 年呈减少趋势，2013 年年末蓄水量为近 10 年最低值（4.688 亿 m^3），2018 年达到最高值（5.924 亿 m^3），2019 年降低为 5.816 亿 m^3，2020 年有所回升（5.844 亿 m^3）。

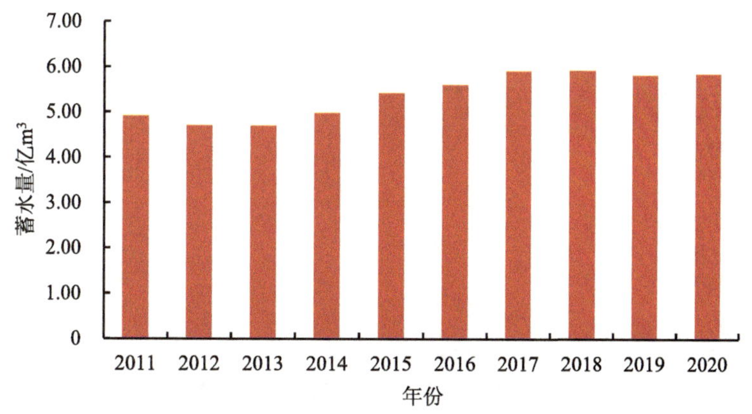

图 4.2-13 阳宗海年末蓄水量（2011—2020 年）

4.3 抚仙湖

4.3.1 土壤

抚仙湖流域土壤主要为红壤、黄棕壤、水稻土、紫色土、棕壤（图 4.3-1）。

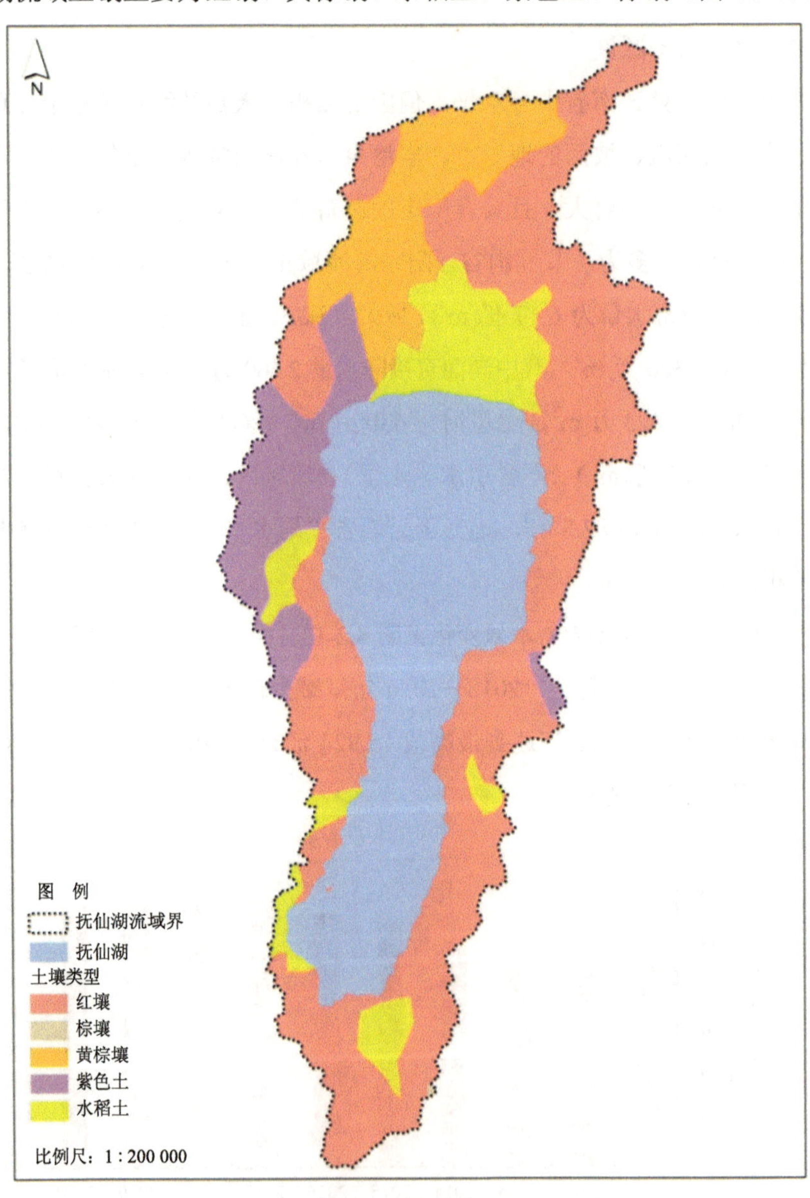

图 4.3-1 抚仙湖流域土壤分布

（1）抚仙湖流域地带性土壤

抚仙湖流域地带性土壤占流域面积的 48.51%，其中红壤占 38.92%、黄棕壤占 9.56%、棕壤占 0.03%。

（2）抚仙湖流域非地带性土壤（泛域土壤）

抚仙湖流域非地带性土壤占流域面积的 20.78%，其中水稻土占 11.24%，紫色土占 9.54%。

（3）抚仙湖流域土壤分布

红壤分布在抚仙湖流域的广大地区，面积 268.54 km^2，占全流域总面积的 38.92%。水稻土分布在湖滨平原及山前台地，面积 77.53 km^2，占全流域总面积的 11.24%。紫色土主要分布中生代地层出露地区，面积 65.82 km^2，占全流域总面积的 9.54%。棕壤主要分布在中山山地，海拔 2 600 m 以上地区，面积 0.22 km^2，占全流域总面积的 0.03%。

（4）抚仙湖流域土壤资源诊断

抚仙湖流域主要地带性土壤红壤约占抚仙湖流域面积的 38.92%，由于脱硅富铝化作用，土壤积累大量 Fe、Al，使得土壤对 P 有极强的吸附、固定能力，因此，水土流失造成的泥沙入湖，可使湖泊正磷酸盐吸附和固定化，从而使抚仙湖水体有极强的地球化学容量。

抚仙湖流域湖滨带和河流附近分布有约占抚仙湖流域面积 11.24%的水稻土，在长期的耕作中形成“犁底层”“潜育层”和“潴育层”，其可有效的减少 N、P、COD、农药进入浅层地下水，防止浅层地下水污染，但是，由于水稻种植减少，水稻土的“犁底层”“潜育层”和“潴育层”消失，使得 N、P、COD、农药大量进入浅层地下水，从而污染抚仙湖流域河流和抚仙湖水体。

4.3.2 土地利用变化趋势

4.3.2.1 现状

根据第三次全国国土调查、抚仙湖流域土地利用资料及现状调查，2020 年，抚仙湖流域土地利用以林地、水域及水利设施用地和耕地为主，其中林地面积为 254.21 km^2，占总面积的 37.68%，主要分布在流域北部与西部的面山区域；水域及水利设施用地面积为 221.49 km^2，占总面积的 32.83%；耕地面积为 114.87 km^2，占总面积的 17.03%，主要分布在北岸片区的凤麓街道、右所镇、龙街街道及路居片区的路居镇等区域；其他从大到小依次是城镇村及工矿用地、其他草地、园地、交通运输用地、裸地（图 4.3-2）。

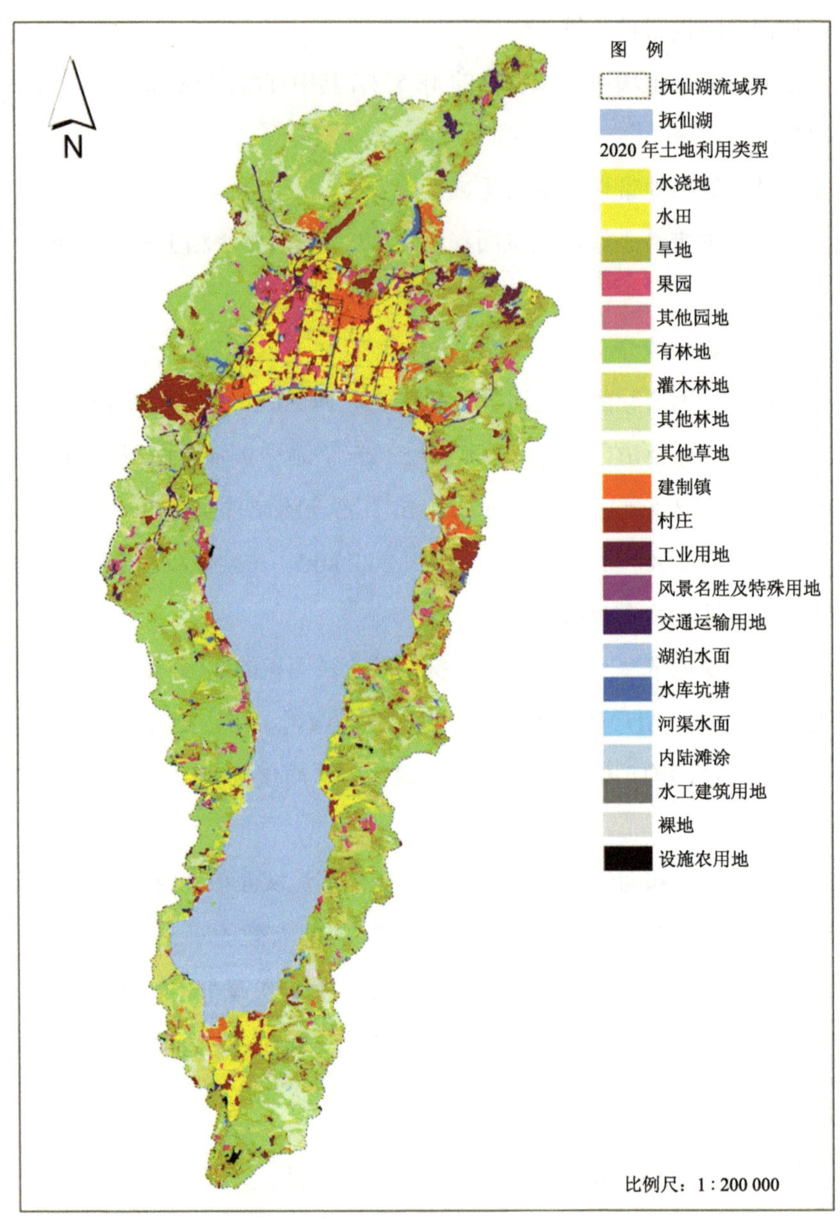

图 4.3-2　2020 年抚仙湖流域土地利用现状

耕地以水田、水浇地与旱地为主，分别占总耕地面积的 31.78%、1.29%和 66.94%。园地主要是果园，占园地面积的 90.60%。林地包括有林地、灌木林地和其他林地，分别占林地总面积的 75.74%、17.96%和 6.31%。城镇村及工矿用地主要为村庄，占城镇村及工矿用地面积的 54.25%，其次是建制镇，占 32.16%。水域及水利设施用地主要是湖泊水面，占水域及水利设施用地的 97.40%。

4.3.2.2 历史

根据抚仙湖流域“十二五”末土地利用资料，2015 年，抚仙湖流域土地利用以林地、耕地和水域及水利设施用地为主，其中水域及水利设施用地面积为 220.47 km²，占总面积的 32.68%；林地面积为 202.75 km²，占总面积的 30.05%；耕地面积为 151.53 km²，占总面积的 22.45%；其他土地利用类型面积从大到小依次是其他草地、城镇村及工矿用地、裸地、园地、交通运输用地（图 4.3-3）。

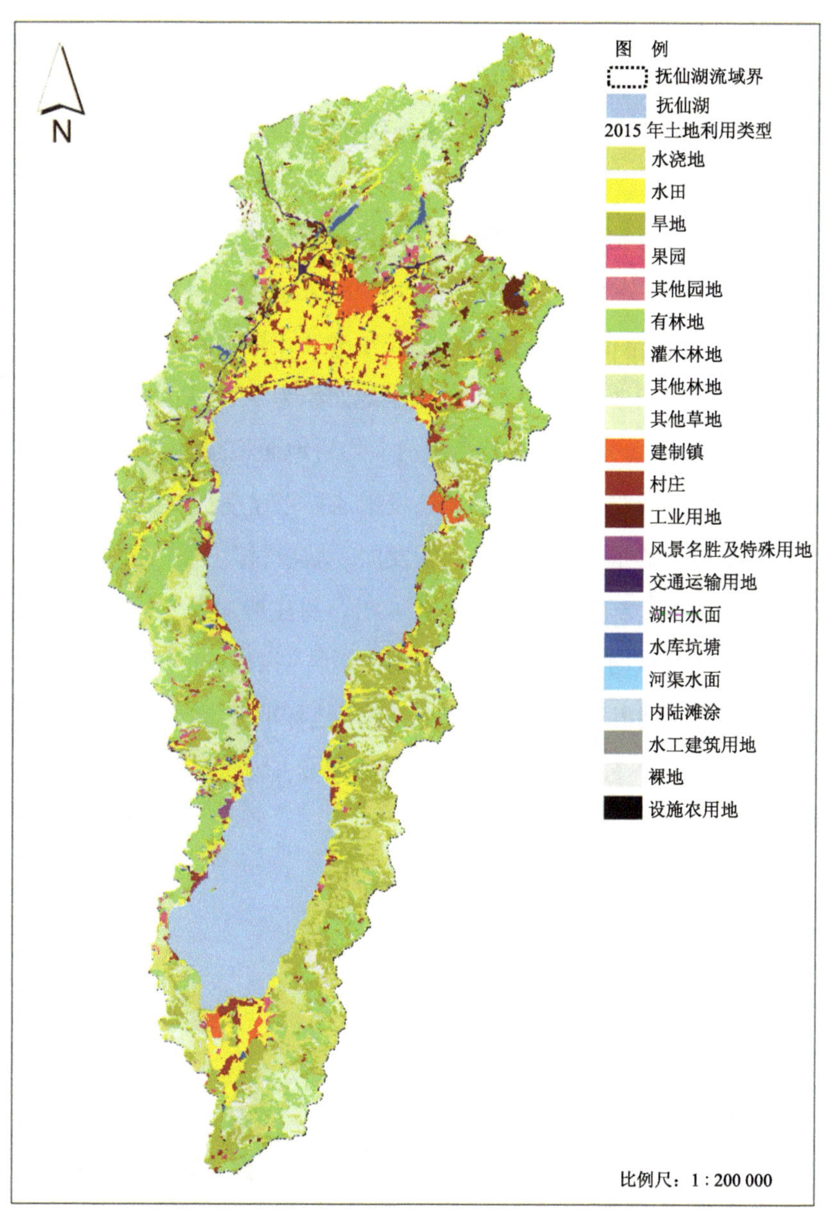

图 4.3-3 2015 年抚仙湖流域土地利用现状

耕地以水田、水浇地与旱地为主，分别占总耕地面积的 36.11%、0.55%和 63.34%。林地包括有林地、灌木林地和其他林地，分别占林地总面积的 67.72%、17.69%和 14.59%。城镇村及工矿用地主要为村庄，占城镇村及工矿用地面积的 53.42%，其次是建制镇，占城镇村及工矿用地面积的 28.28%。水域及水利设施用地主要是湖泊水面，占水域及水利设施用地的 98.20%。

4.3.2.3 趋势分析

从 2015 年与 2020 年抚仙湖流域的土地利用数据及空间分布情况上看，“十三五”期间，抚仙湖流域土地利用变化最大的是林地、耕地和建设用地，变化最小的是水域，其他的土地利用类型占比略有变化。抚仙湖流域森林覆盖率 39.25%，目前流域植被以半湿润常绿阔叶林、云南松林、华山松为主，2020 年较 2015 年有林地增加了 40.23%，灌木林地增加了 30.01%，而其他林地面积减少了 13.56 km^2，林地面积整体上呈增长趋势，但流域林地具有中幼林多（占林地分布面积的 70%），成熟林少（占林地分布面积的 30%）的基本特征，远低于玉溪全市的平均水平（全市为 57%）；耕地等种植业用地呈减少趋势，2015 年，抚仙湖流域水田面积为 54.71 km^2，旱地面积为 95.98 km^2，2020 年较 2015 年水田减少了 33.28%，旱地减少了 19.89%，农村人均耕地面积减少了 0.66 亩，主要是在抚仙湖北部湖盆平坝区域经济发展较快导致建设用地扩张速度加快，使得耕地转向建设用地；流域内由于城镇化的推进和旅游产业的发展，城镇村及工矿用地面积整体呈增加趋势，2020 年较 2015 年建制镇面积增加了 15.02%，村庄增加了 2.73%，建设用地变化总体呈现流域北部大于流域南部，湖滨区大于山区的特征；目前抚仙湖流域人均综合建设用地为 156 m^2，对照《城市用地分类与规划建设用地标准》，城市规划人均建设用地指标分为四级，最低为 60 m^2，最高为 120 m^2，抚仙湖流域人均综合用地指标超出规划建设用地的最高标准，如图 4.3-4 所示。

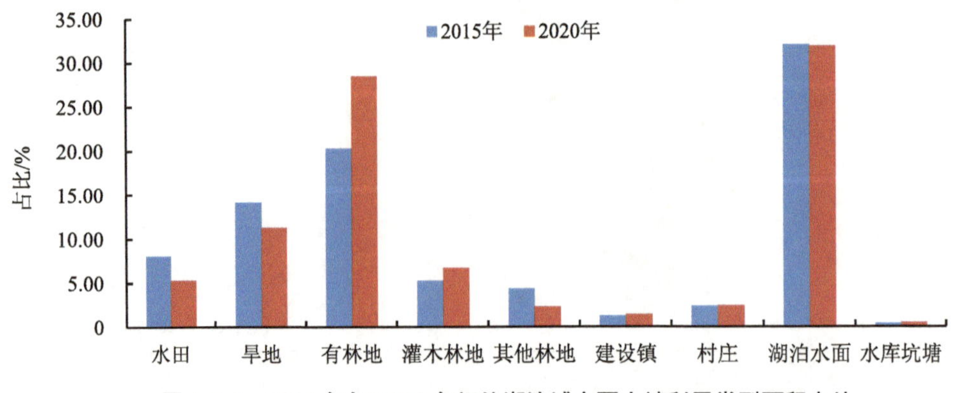

图 4.3-4 2015 年与 2020 年抚仙湖流域主要土地利用类型面积占比

4.3.3 植被变化趋势

根据澄江市林业资料及卫星影像解译，2020 年抚仙湖流域森林覆盖率为 39.25%，2015 年抚仙湖流域森林覆盖率为 31.68%，2020 年森林覆盖率较 2015 年增加 7.57%。流域森林植被主要为云南松林、华山松林及灌草丛。云南松林在抚仙湖流域分布广泛，以抚仙湖北部、东北部、西部分布较为集中，集中分布在 1 900～2 100 m 高度上，土壤以红壤为主。华山松林主要分布于抚仙湖流域北部、西部海拔 1 900～2 300 m 的地带。灌草丛是抚仙湖流域区面积最大的一类自然植被。灌草丛生态适应幅度较广，海拔 1 740～2 800 m 均有分布，多属喜阳耐旱种类，主要分布在阳坡和半阳坡。半湿润常绿灌丛在抚仙湖西部、北部分布较为集中，主要分布于海拔 1 900～2 300 m 的地带，在各高度上它的坡向分布首先受到山体坡向面积比例的影响，形成大体的坡向分布比例，有向阳分布的趋势。半湿润常绿阔叶林仅呈小斑块星散分布，是原生地带性植被遭受破坏后的残遗植被，比重小。由于遭受人类活动严重影响，表现出显著的次生性，该种植被类型零星分布于抚仙湖北部、西部、东南部等地海拔 1 900～2 100 m 的地带，在阴坡、半阴坡分布多（图 4.3-5、图 4.3-6）。

4.3.4 水土流失变化趋势

4.3.4.1 现状

根据抚仙湖流域水土流失调查结果，抚仙湖流域水土流失总面积为 152.66 km^2，占流域陆域面积的 22.63%。其中，轻度侵蚀水土流失面积为 112.58 km^2，中度侵蚀水土流失面积为 17.17 km^2，强烈侵蚀水土流失面积为 4.96 km^2，极强烈侵蚀水土流失面积为 11.21 km^2，剧烈侵蚀水土流失面积为 6.74 km^2，强度以上土壤侵蚀沿抚仙湖沿岸零散分布，剧烈侵蚀主要分布在流域的西北部和东北部区域，极强烈侵蚀主要分布在流域东南部区域（图 4.3-7）。

4.3.4.2 历史

根据抚仙湖流域 1999 年水土流失资料分析与统计结果，抚仙湖流域水土流失总面积为 234.56 km^2，占流域陆域面积的 34.77%。其中，轻度侵蚀水土流失面积为 169.17 km^2，中度侵蚀水土流失面积为 65.2 km^2，强度侵蚀水土流失面积为 0.19 km^2，中度以上水土流失主要分布在流域北部，东部区域也有零散分布（图 4.3-8）。

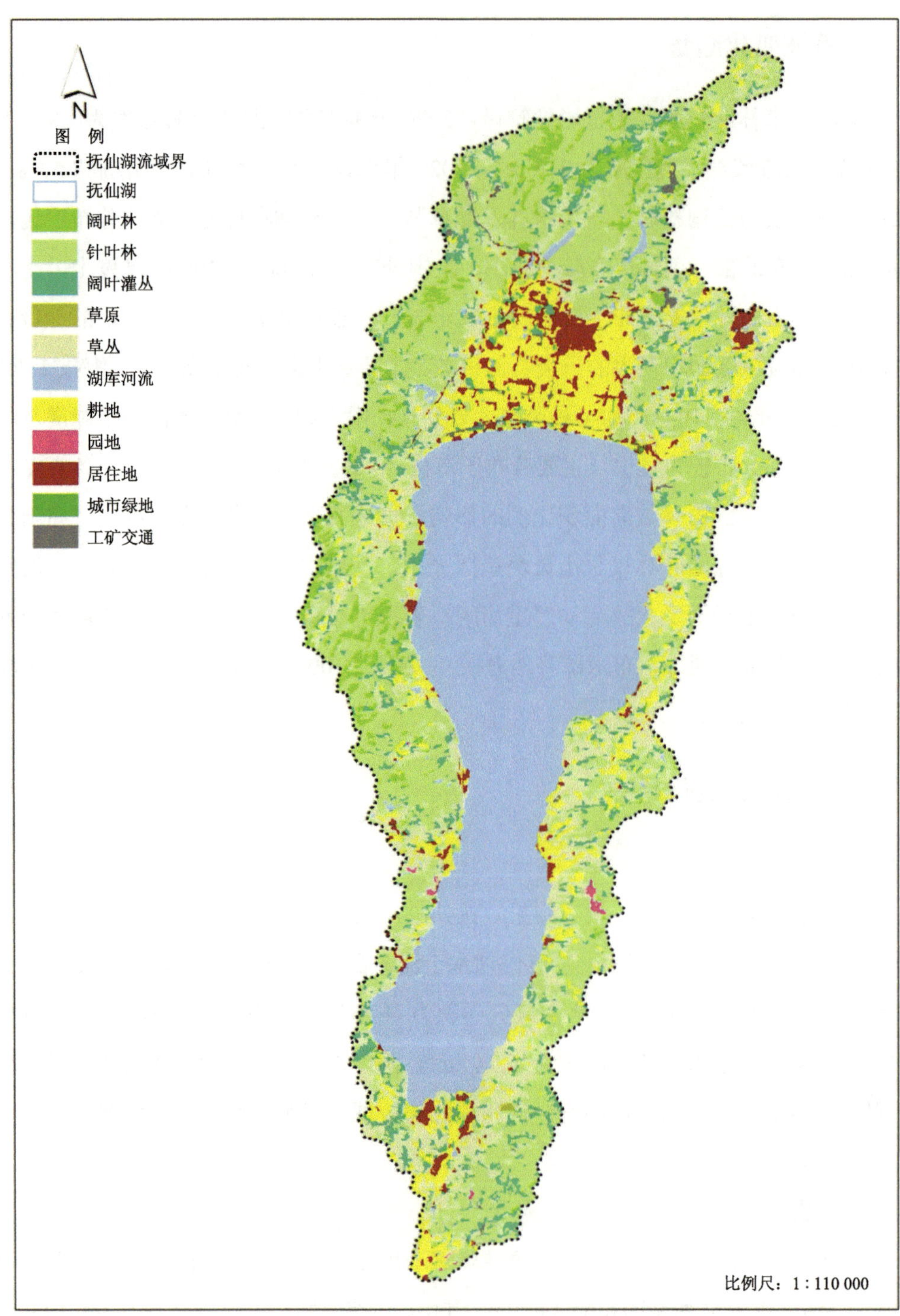

图 4.3-5 抚仙湖流域 2015 年植被分布状况

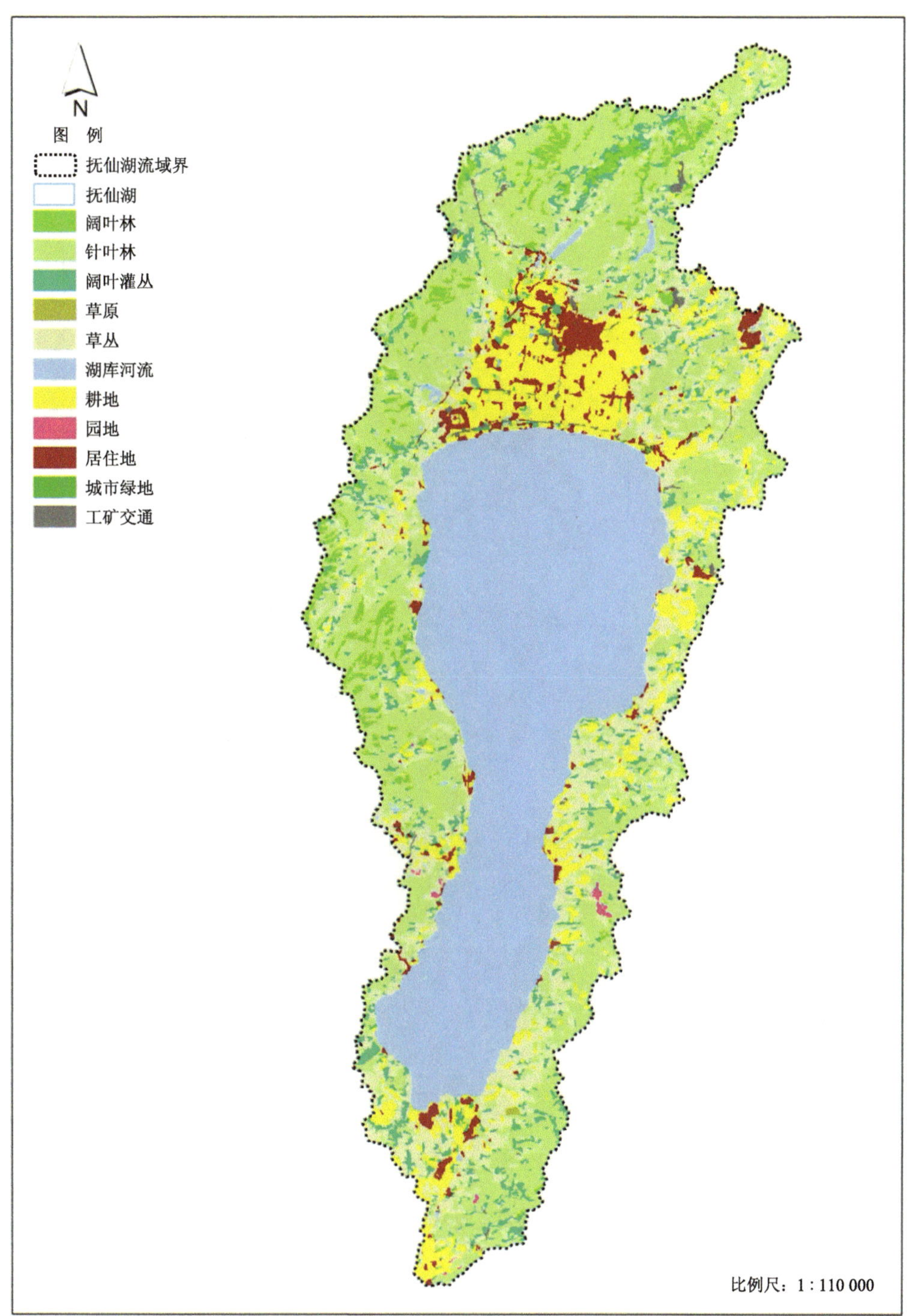

图 4.3-6 抚仙湖流域 2020 年植被分布状况

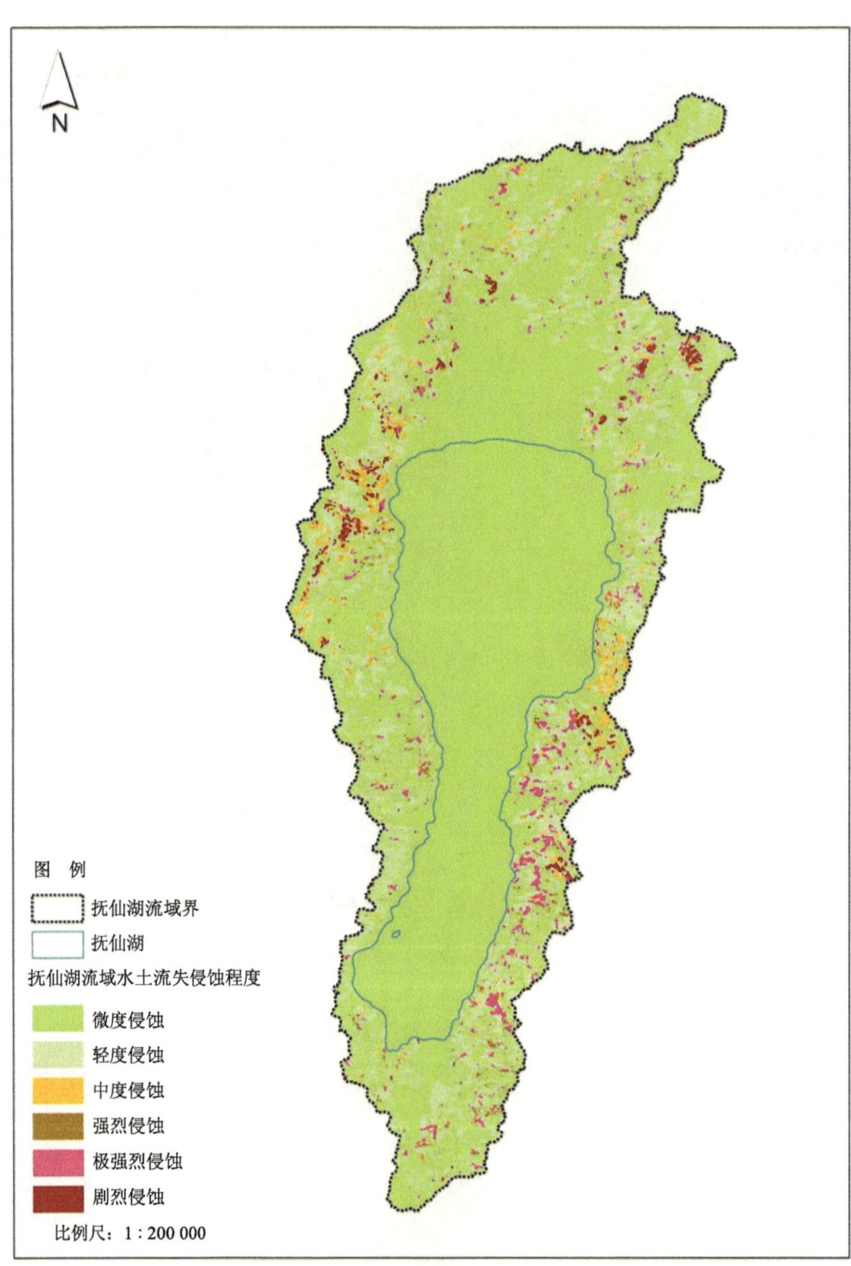

图 4.3-7 抚仙湖流域水土流失现状（2020 年）

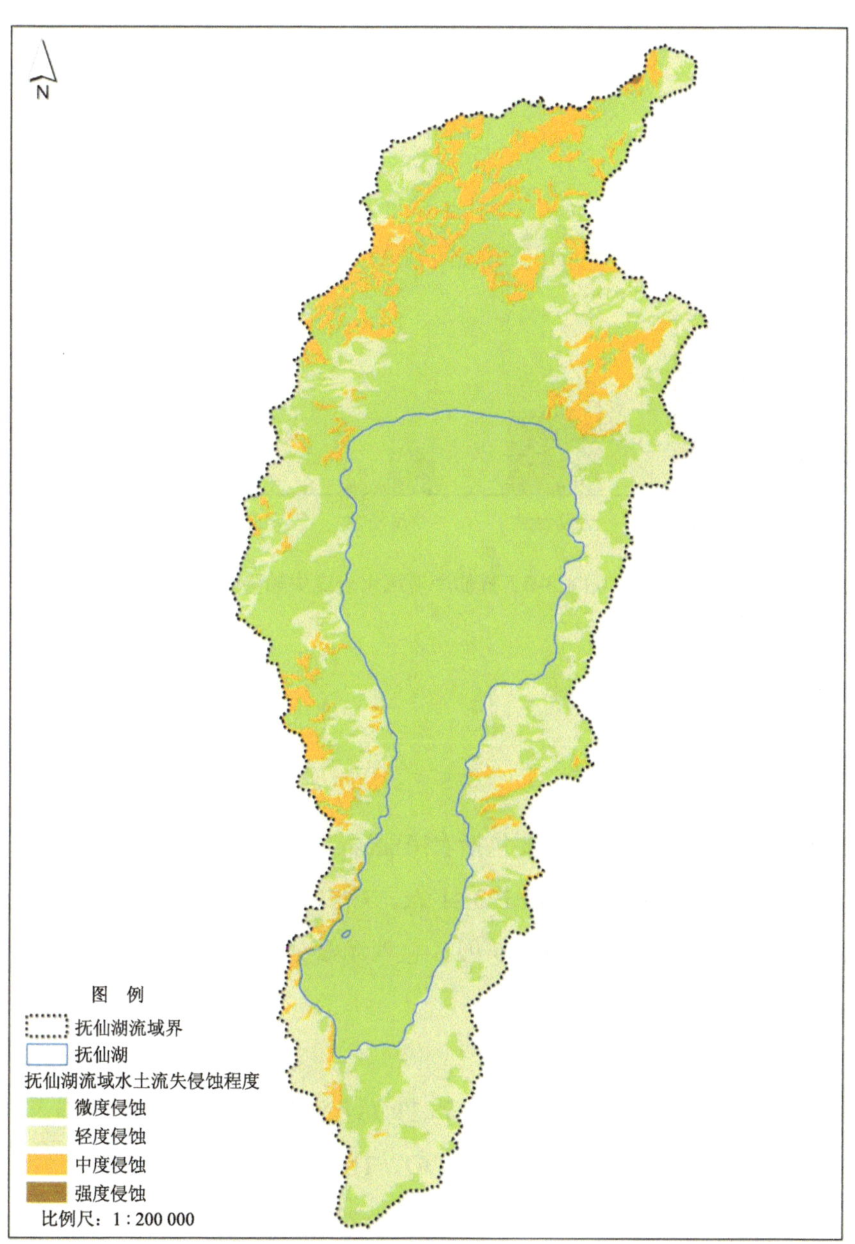

图 4.3-8 抚仙湖流域水土流失现状（1999 年）

4.3.4.3 趋势分析

从 1999 年与 2020 年抚仙湖流域的水土流失侵蚀数据及空间分布情况来看，2020 年水土流失面积较 1999 年减少了 81.90 km^2，减少了 34.92%；其中，轻度侵蚀减少了 56.59 km^2，中度侵蚀减少了 48.03 km^2，但强度以上水土流失面积增加了 22.72 km^2，主要原因为抚仙湖沿岸被开发利用，水土流失程度加剧（图 4.3-9）。

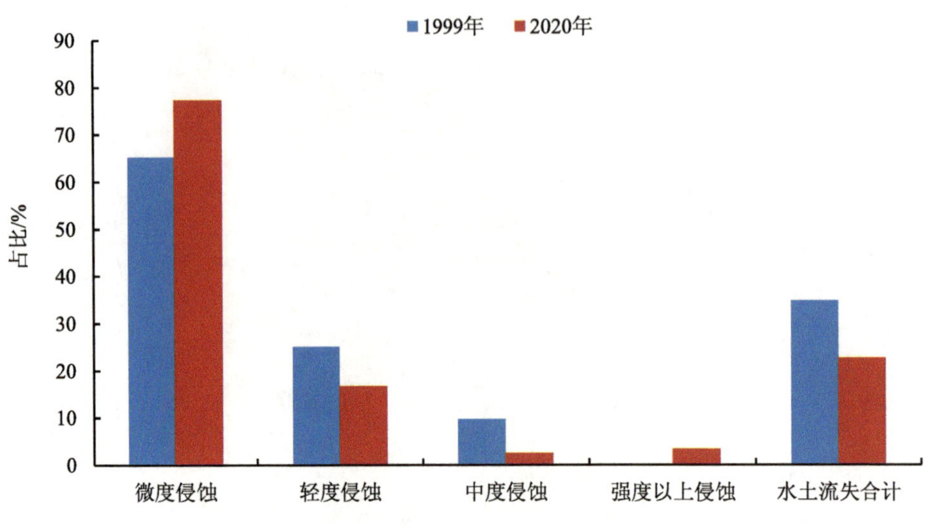

图 4.3-9　抚仙湖流域水土流失趋势分析

4.3.5　污染负荷变化

4.3.5.1　现状

2020 年，抚仙湖流域污染物主要包括农田面源、城镇生活、农村生活、畜禽等污染，COD、TN 和 TP 总产生量分别为 13 123.41 t/a、3 751.32 t/a 和 872.84 t/a；总排放量分别为 3 486.63 t/a、1 474.19 t/a 和 311.59 t/a；总入湖量分别为 2 887.32 t/a、724.48 t/a 和 68.69 t/a。

4.3.5.2　历史

2005 年抚仙湖流域污染物 COD、TN 和 TP 总入湖量分别为 4 565.81 t/a、1 043.27 t/a 和 126.15 t/a；2010 年抚仙湖流域污染物 COD、TN 和 TP 总入湖量分别为 4 372.91 t/a、1 186.35 t/a 和 159.27 t/a；2015 年抚仙湖流域污染物 COD、TN 和 TP 总入湖量分别为 2 841.30 t/a、1 536.11 t/a 和 84.70 t/a。

4.3.5.3　趋势分析

2005—2020 年，抚仙湖流域主要污染物 COD 总入湖量呈逐年下降，逐渐趋于平缓的趋势，2020 年 COD 总入湖量相较于 2005 年减少了 36.76%；TN 总入湖量呈先上升后下降的趋势，2015 年达到最大值，2020 年降至最低，2020 年 TN 总入湖量相对于 2015 年减少了 52.84%；TP 总入湖量呈先上升后下降的趋势，2010 年达到最大值，2020 年降至最低，2020 年 TP 总入湖量相较于 2010 年减少了 56.87%（图 4.3-10）。

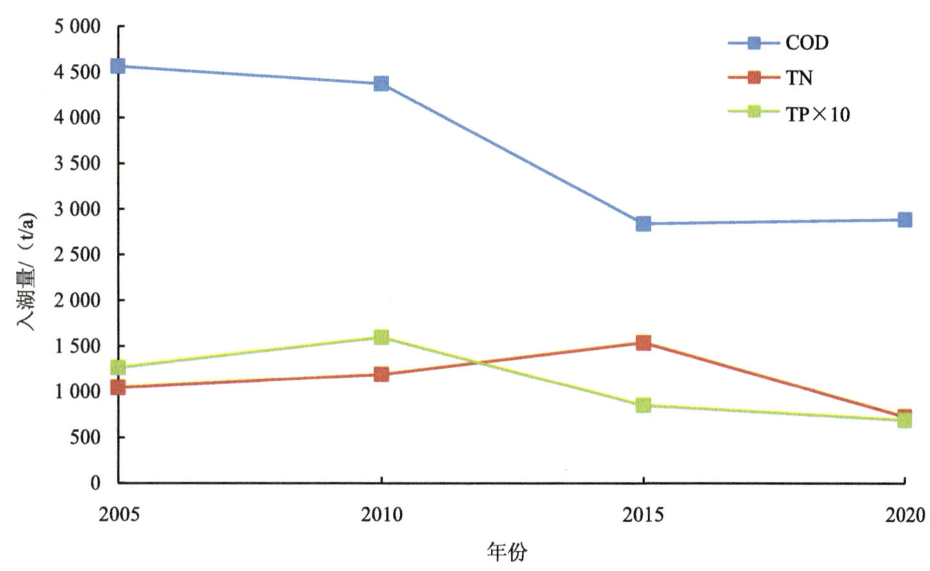

图 4.3-10　2005—2020 年抚仙湖流域总入湖量变化趋势

4.3.6 水环境变化趋势

4.3.6.1 湖体

根据抚仙湖流域水环境保护治理规划目标，2025 年抚仙湖水体水质应稳定达到 I 类水平。

2011 年以来，抚仙湖湖体各项水质指标均稳定达到 I 类水平，其中 TP（2012 年）和 TN（2018 年）分别存在部分时间接近 I 类标准限值的现象，二者年均值分别为 0.005～0.010 mg/L 和 0.15～0.20 mg/L。其中 2018—2020 年 TP 浓度相对高于 2013—2017 年，但近 3 年呈逐年下降的变化趋势；TN 则由 2013—2018 年整体呈逐年上升的变化特征，但与 TP 相似，近 3 年也呈逐年下降的变化趋势（图 4.3-11）。

2020 年，抚仙湖湖体 TP 和 TN 逐月浓度分别为 0.006～0.008 mg/L 和 0.14～0.22 mg/L。其中 TN 分别存在 2 个月超过 I 类标准限值，TP 各月均达到 I 类水平，二者周年变化特征存在明显波动现象，各项指标整体呈雨季高于旱季的周年变化特征，其中 TP 浓度雨季相对较高，TN 浓度则以春季 4 月和 5 月相对较高，达到全年最高值，秋季 10 月也出现了下半年的浓度波峰（图 4.3-12）。

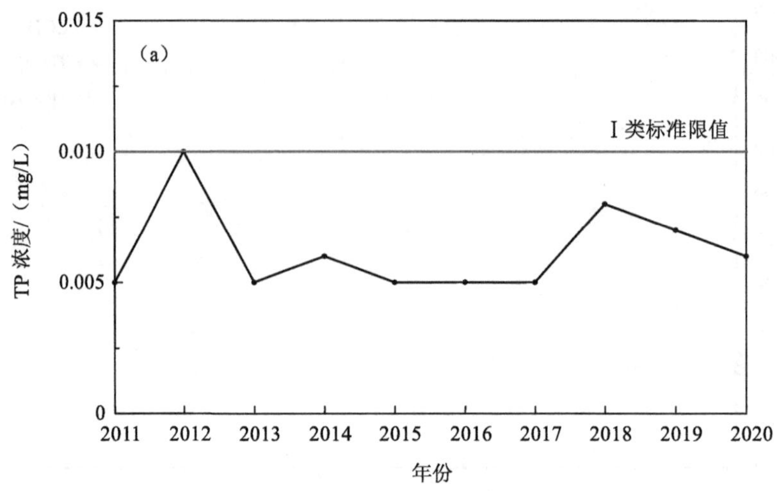

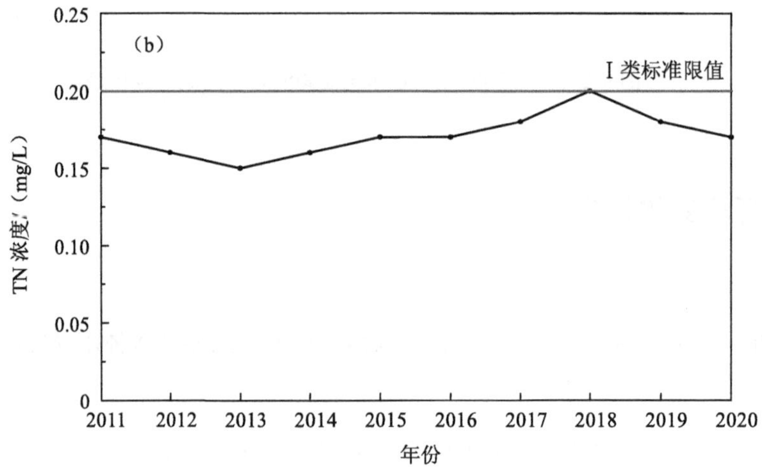

图 4.3-11 抚仙湖 TP 和 TN 变化情况（2011—2020 年）

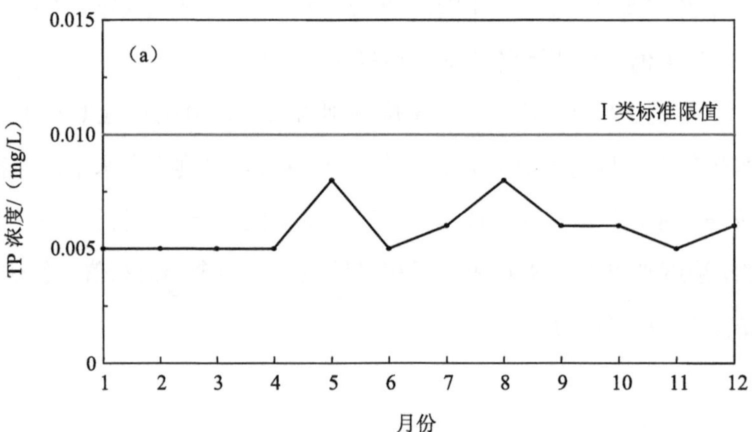

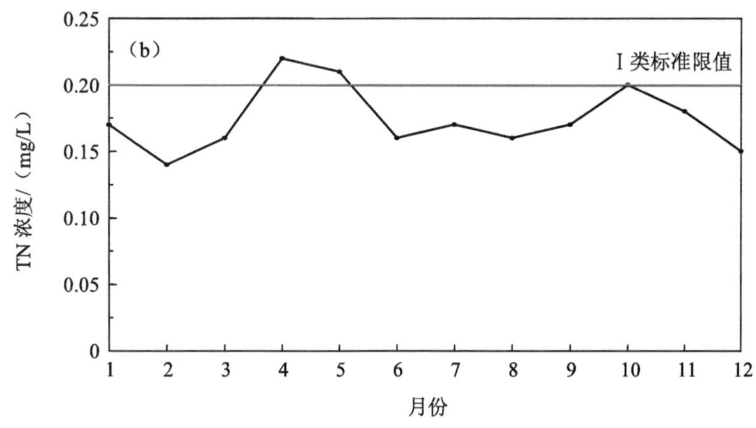

图 4.3-12　2020 年抚仙湖 TP 和 TN 变化情况

4.3.6.2　主要入湖河道

根据抚仙湖流域水环境保护治理规划目标，2025 年主要 44 条入湖河流水质实现优良率（Ⅲ类及Ⅲ类以上）达 70%以上，其余 30%的主要入湖河流稳定保持在Ⅳ类。

抚仙湖流域 44 条主要入湖河流中，2016 年有 5 条达到Ⅱ类水平，11 条达到Ⅲ类水平，6 条为Ⅳ类水平，3 条为Ⅴ类，11 条为劣Ⅴ类；2020 年有 9 条达到Ⅱ类水平，5 条达到Ⅲ类水平，6 条为Ⅳ类水平，3 条为Ⅴ类，11 条为劣Ⅴ类。其中 2020 年 44 条主要河流中优良率（Ⅲ类水平及以上）为 31.82%，处于Ⅳ类水平的河流占比为 13.64%；从有水河流来看，优良率为 51.85%，处于Ⅳ类水平的河流占比为 22.22%。2020 年有水状态下，劣于Ⅳ类水平的河流中超标因子主要为 TP、NH_3-N 和 COD 等指标，此外 TN 负荷也相对较为突出（表 4.3-1）。

表 4.3-1　抚仙湖流域 44 条主要河流水质类别

序号	名称	2016 年	2020 年	2020 年超Ⅳ类因子
1	抚澄河	Ⅳ类	劣Ⅴ类	NH_3-N、TP
2	东大河	Ⅲ类	Ⅲ类	—
3	代村河	Ⅲ类	Ⅳ类	—
4	路居河	Ⅳ类	Ⅳ类	—
5	隔河	Ⅱ类	Ⅱ类	—
6	牛摩河	劣Ⅴ类	Ⅲ类	—
7	尖山河	Ⅱ类	Ⅱ类	—
8	山冲河	Ⅴ类	Ⅱ类	—

序号	名称	2016 年	2020 年	2020 年超Ⅳ类因子
9	梁王河	Ⅱ类	Ⅱ类	—
10	洗菜沟	Ⅳ类	Ⅳ类	—
11	马房中沟	劣Ⅴ类	Ⅴ类	TP
12	马房西沟	劣Ⅴ类	全年无水	—
13	窑泥沟	劣Ⅴ类	劣Ⅴ类	NH_3-N、TP
14	大清沟	劣Ⅴ类	全年无水	—
15	居乐河	Ⅳ类	Ⅱ类	—
16	五车大河	Ⅲ类	全年无水	—
17	矣度河	Ⅱ类	Ⅱ类	—
18	巴西河	全年无水	全年无水	—
19	白沙地河	全年无水	全年无水	—
20	大摆沟	劣Ⅴ类	劣Ⅴ类	TP
21	大沟河	Ⅲ类	全年无水	—
22	地涧沟	全年无水	全年无水	—
23	东大深沟	劣Ⅴ类	Ⅲ类	—
24	独房大沟	劣Ⅴ类	劣Ⅴ类	COD
25	高低沟	Ⅲ类	Ⅴ类	NH_3-N
26	官井沟	Ⅲ类	Ⅲ类	—
27	海镜基沟	Ⅳ类	全年无水	—
28	红沙地河	全年无水	全年无水	—
29	茴香沟	Ⅴ类	全年无水	—
30	老仓沟	Ⅴ类	Ⅱ类	—
31	老李河沟	劣Ⅴ类	全年无水	—
32	路岐河	Ⅲ类	Ⅱ类	—
33	清水沟	Ⅲ类	Ⅳ类	—
34	沙亥河	Ⅲ类	Ⅲ类	—
35	世家大河	Ⅲ类	Ⅳ类	—
36	锁水桥沟	劣Ⅴ类	全年无水	—
37	塘子基沟	Ⅱ类	Ⅱ类	—
38	塘子小河	全年无水	全年无水	—
39	西大深沟	劣Ⅴ类	Ⅳ类	—
40	小湾河	全年无水	全年无水	—
41	野脚沟	劣Ⅴ类	Ⅴ类	NH_3-N
42	矣马谷大河	Ⅲ类	全年无水	—
43	矣马谷小河	全年无水	全年无水	—
44	直沟河	Ⅳ类	全年无水	—

4.3.7 水资源

（1）多年平均水资源量

抚仙湖流域 1961—2017 年多年平均降水量 914.1 mm，多年平均入湖水量 3.46 亿 m^3，其中湖面产水量（湖面降水）1.88 亿 m^3，陆面产水量 1.58 亿 m^3，扣除湖面蒸发量 2.81 亿 m^3 后的可利用水资源量为 0.65 亿 m^3。

抚仙湖法定最高蓄水位 1 723.35 m 对应蓄水量 206.2 亿 m^3，最低运行水位 1 721.65 m，多年平均蓄水量 203.2 亿 m^3。2014 年最低水位时蓄水量仅为 199.9 亿 m^3，比多年平均蓄水量少 3.3 亿 m^3。

抚仙湖流域用水以农业用水为主，随着城镇建设的不断发展，城镇生活用水增长幅度加快，城镇生活用水的占比增加。抚仙湖流域 2018 年水资源开发利用率已达 78%，远超过国际公认的 40%的水资源合理开发程度上限。

（2）近年抚仙湖蓄水量

抚仙湖 2010—2020 年年末蓄水量变化见图 4.3-13。由图 4.3-13 可以看出，年末最高蓄水量 203.20 亿 m^3（2018 年），年末最低蓄水量 187.90 亿 m^3（2012 年），2013—2020 年年末蓄水量波动较小，在 200.70 亿～203.20 亿 m^3 波动。

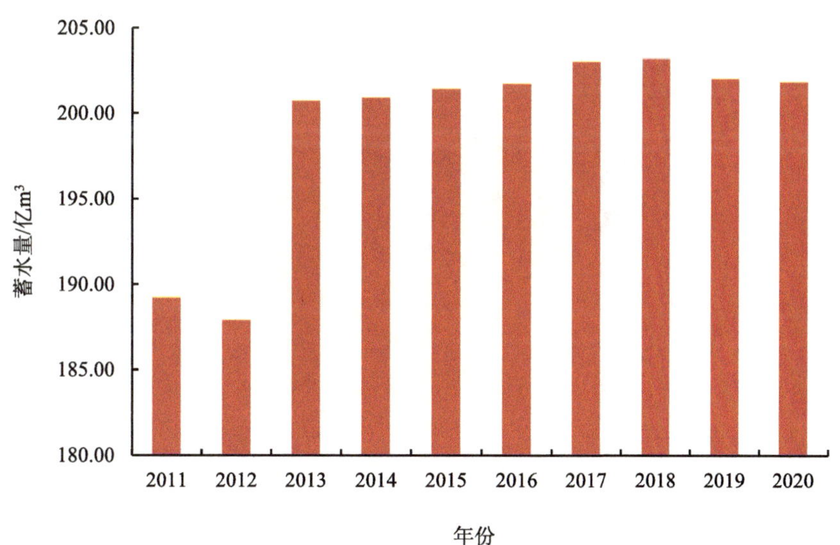

图 4.3-13 抚仙湖年末蓄水量（2011—2020 年）

4.4 星云湖

4.4.1 土壤

星云湖流域分布有红壤、水稻土和紫色土 3 个土类，其中红壤最多，其次是水稻土，最少的是紫色土（图 4.4-1）。

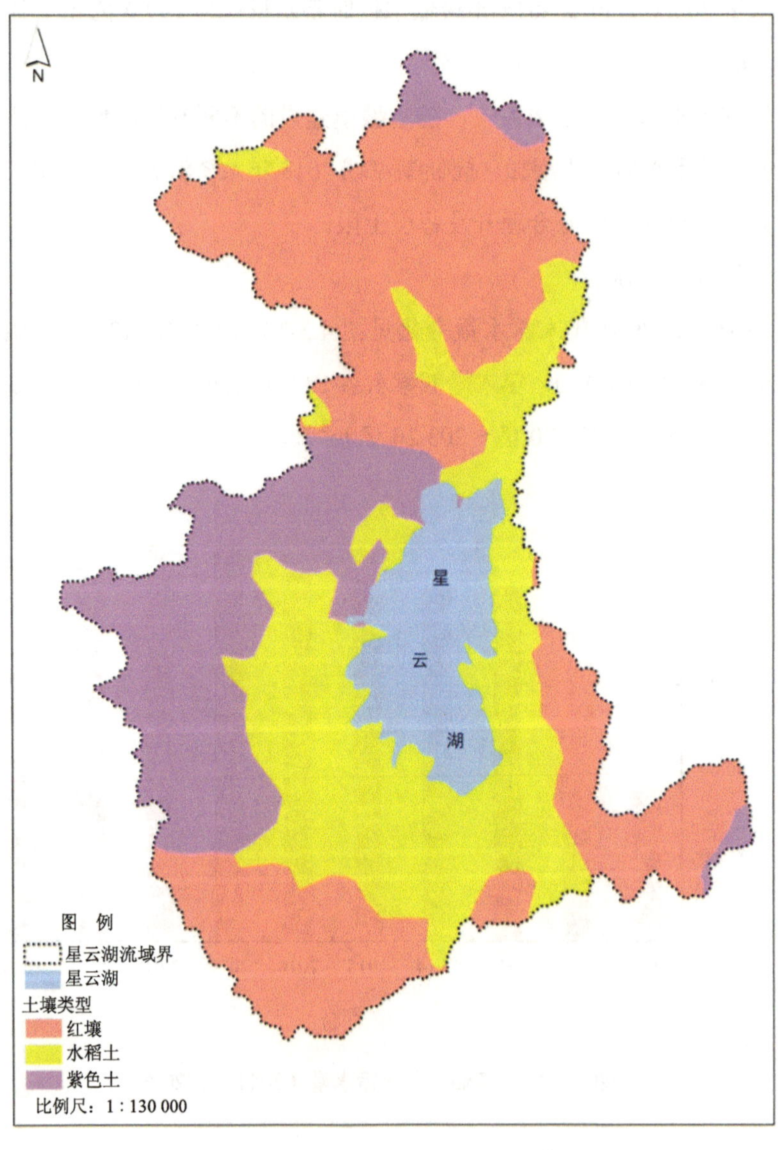

图 4.4-1 星云湖流域土壤分布

（1）星云湖流域地带性土壤

星云湖流域地带性土壤占流域面积的41.22%，全部是红壤。

（2）星云湖流域非地带性土壤（泛域土壤）

星云湖流域非地带性土壤占流域面积的50.88%，其中水稻土28.46%、紫色土22.42%。

（3）星云湖流域土壤分布

红壤分布在星云湖流域的广大地区，占全流域总面积的41.22%。水稻土分布在星云湖湖滨平原及山前台地，占全流域总面积的28.46%。紫色土主要分布在星云湖流域的中生代地层出露地区，占全流域总面积的22.42%。

（4）星云湖流域土壤资源诊断

红壤分布在星云湖流域的广大地区，由于脱硅富铝化作用，土壤积累大量Fe、Al，使得土壤对P有极强的吸附、固定能力，因此，水土流失造成的泥沙入湖，可使湖泊正磷酸盐吸附和固定化，从而使星云湖水体有极强的地球化学容量。

水稻土分布在星云湖湖滨平原及山前台地，在长期的耕作中形成“犁底层”“潜育层”和“潴育层”，其可有效的减少N、P、COD、农药进入浅层地下水，防止浅层地下水污染，但是，由于水稻种植减少，水稻土的“犁底层”“潜育层”和“潴育层”消失，使得N、P、COD、农药大量进入星云湖浅层地下水，从而污染星云湖流域河流和星云湖水体。

紫色土主要分布在星云湖流域中生代地层出露地区，由于土层薄、抗蚀性弱，极易水土流失造成泥沙大量入河、入湖。

4.4.2 土地利用变化趋势

4.4.2.1 现状

根据第三次全国国土调查、星云湖流域土地利用资料及现状调查，2020年，星云湖流域土地利用以林地与耕地为主，其中林地面积为155.21 km^2，占总面积的40.81%；耕地面积112.17 km^2，占总面积的29.49%；城镇村及工矿用地，面积36.02 km^2，占总面积的9.47%；其他从大到小依次是水域及水利设施用地、园地、交通运输用地、草地、其他土地，如图4.4-2所示。

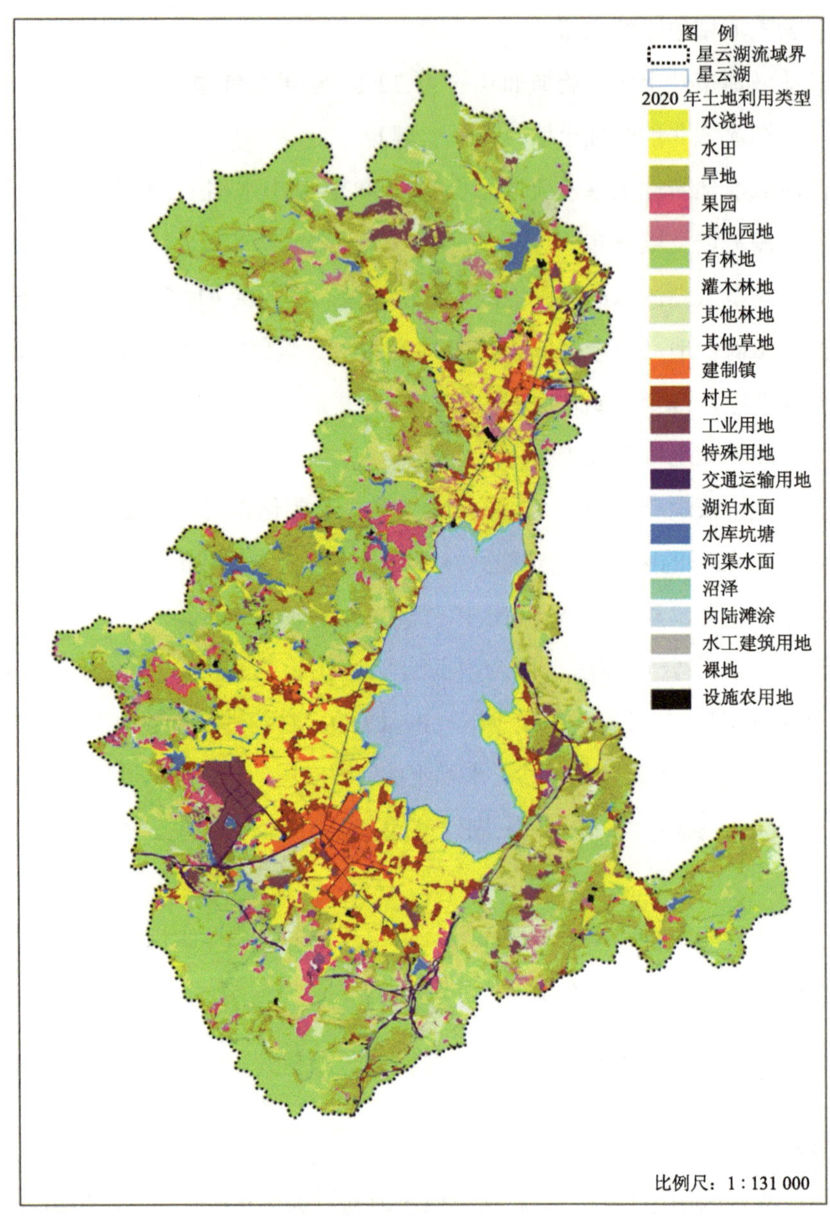

图 4.4-2 2020 年星云湖流域土地利用现状

耕地以水田、水浇地和旱地为主，分别占总耕地面积的 46.89%、2.55%和 50.56%。园地主要是果园，占园地面积的 59.37%。林地主要是有林地，占林地面积的 71.76%。城镇村及工矿用地主要为村庄用地，占城镇村及工矿用地面积的 48.06%，其次是工业用地，占城镇村及工矿用地面积的 29.18%，建制镇用地占 19.88%。水域及水利设施用地主要是湖泊、水库坑塘，分别占水域及水利设施用地的 77.11%、13.62%。

4.4.2.2 历史

根据星云湖流域“十二五”末土地利用资料，2015 年，星云湖流域土地利用以林地与耕地为主，其中林地面积为 142.39 km^2，占总面积的 37.44%；耕地面积 137.78 km^2，占总面积的 36.22%；城镇村及工矿用地面积 28.09 km^2，占总面积的 7.39%；其他从大到小依次是水域及水利设施用地、其他草地、裸地、园地、交通运输用地（图 4.4-3）。

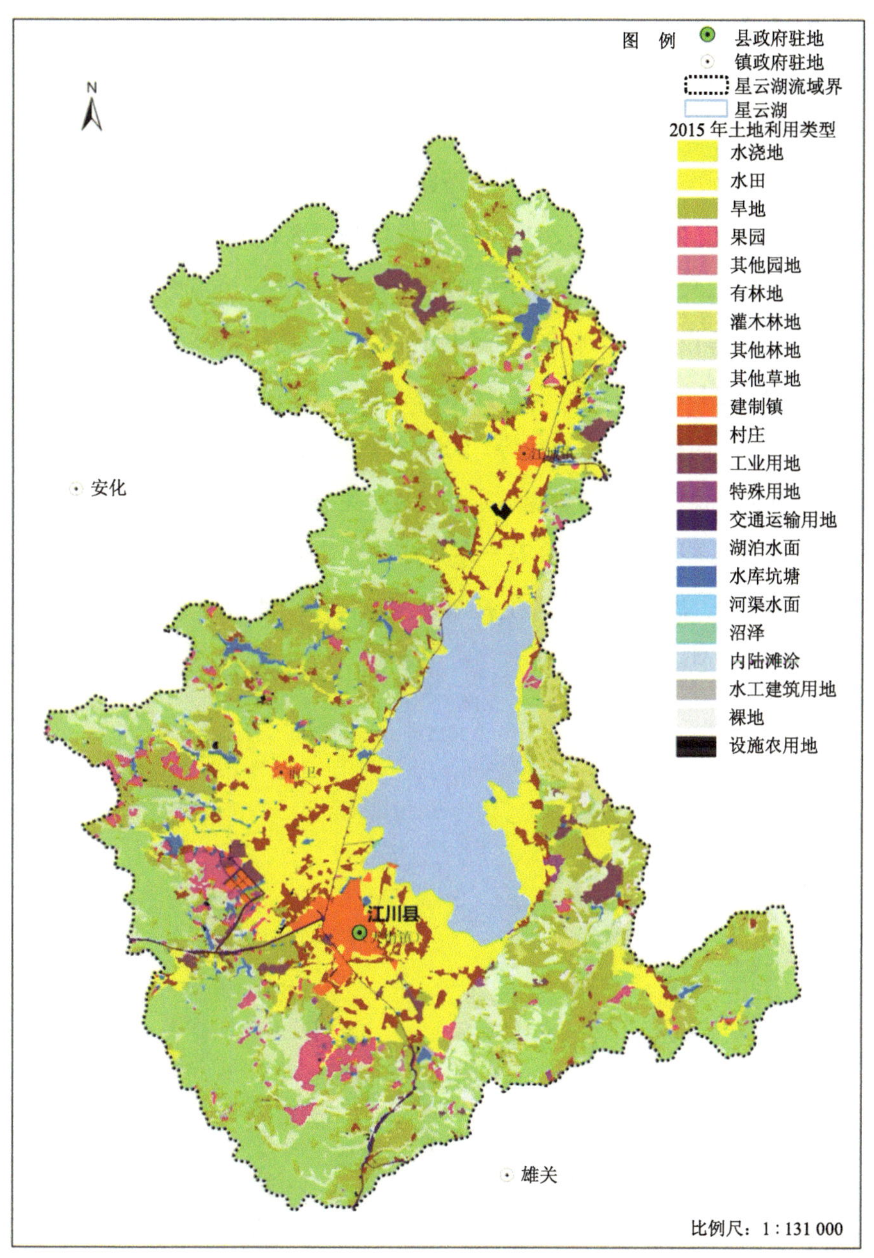

图 4.4-3 2015 年星云湖流域土地利用现状

耕地以水田、水浇地和旱地为主，分别占总耕地面积的 50.77%、0.04%和 49.19%。园地主要是果园，占园地面积的 98.62%。林地主要是有林地，占林地面积的 74.18%。城镇村及工矿用地主要为村庄用地，占城镇村及工矿用地面积的 55.76%;其次是采矿用地，占城镇村及工矿用地面积的 21.63%。水域及水利设施用地主要是湖泊、水库坑塘，分别占水域及水利设施用地的 85.20%、13.00%。

4.4.2.3 趋势分析

从 2015 年与 2020 年星云湖流域的土地利用数据及空间分布情况上看，星云湖流域土地利用变化最大的是林地、耕地和建设用地，其他的土地利用类型占比略有变化。“十三五”期间，通过对星云湖流域 18 座矿山生态修复及星云湖林业生态建设等工程，流域林地面积整体呈增长趋势，2020 年较 2015 年有林地增加了 5.46%，灌木林地增加了 2.83 倍，而其他林地减少了 82.98%，林地总面积增加了 9.00%。由于流域统筹考虑了一级保护区“四退三还”等生态建设要求，加快土地流转速度，耕地面积整体呈减少趋势，2020 年较 2015 年水田减少了 24.80%，旱地减少 16.33%，农村人均耕地面积减少了 0.22 亩。农村居民用地和城镇用地面积均呈上升趋势，2020 年较 2015 年建制镇面积增加了 1.27%，村庄面积增加了 10.46%。江川区通过退塘退田还湖、生态修复、人工湿地建设、河道净化、退耕还林、人居生态环境综合整治等一系列配套生态项目工程建设，完成星云湖沿岸总面积 4 687 亩湿地、湖滨带提质改造，湿地生态环境功能得到进一步提升，如图 4.4-4 所示。

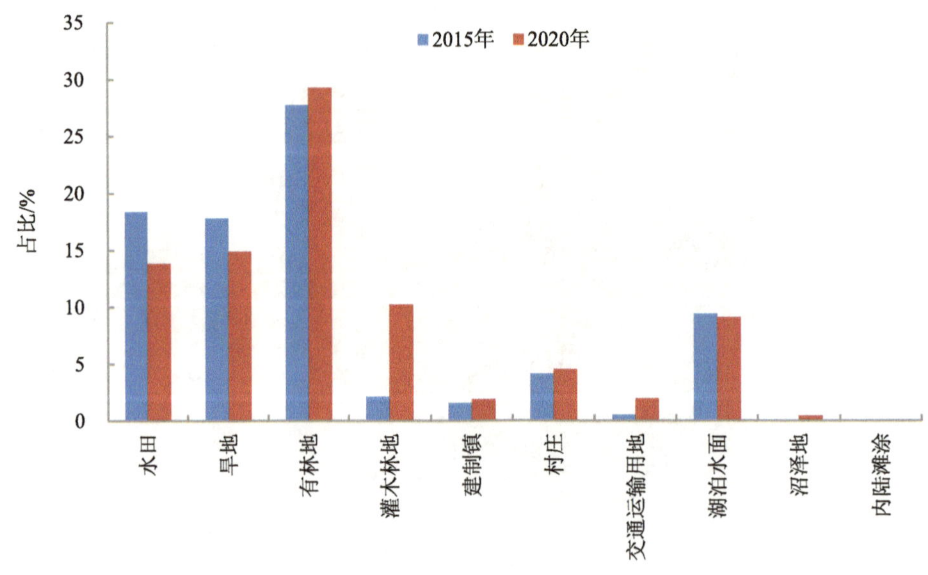

图 4.4-4 2015 年与 2020 年星云湖流域主要土地利用类型占比变化

4.4.3 植被变化趋势

根据江川区林业资料及卫星影像解译，2020 年星云湖流域森林覆盖率为 42.6%，2015 年星云湖流域森林覆盖率为 40.6%，2020 年森林覆盖率较 2015 年高出 2.00%。星云湖流域植被主要有半湿润常绿阔叶林，包括栲类、青冈林、高山栲林；暖温性针叶林包括云南松林、滇油杉林；干热性稀树灌木草丛包括坡柳灌草丛；寒温性灌丛包括圆柏灌丛；暖性石灰岩灌丛包括小石积灌丛。松林是星云湖流域内最主要的植被类型，主要分布于流域北部与南部，云南松林由于其耐干旱、耐贫瘠的特性，所占面积比例高于华山松林。另外，华山松林破碎度略低于云南松林，分布也相对更为集中。半湿润常绿阔叶林零星地散生于云南松林和华山松林之内，形成针阔混交林；半湿润常绿阔叶灌丛较零碎地分布于流域各处；灌草丛零散地分布于湖盆区以外的流域内（表 4.4-1、图 4.4-5、图 4.4-6）。

表 4.4-1 星云湖流域植被分类系统

星云湖流域植被分类系统
I. 常绿阔叶林
（I）半湿润常绿阔叶林
一、栲类、青冈林
（一）高山栲林
II. 暖性针叶林
（I）暖温性针叶林
（一）云南松林
（二）滇油杉林
III. 稀树灌木草丛
（I）干热性稀树灌木草丛
（一）坡柳灌草丛
IV. 灌丛
（I）寒温性灌丛
一、圆柏灌丛
（II）暖性石灰岩灌丛
（一）小石积灌丛

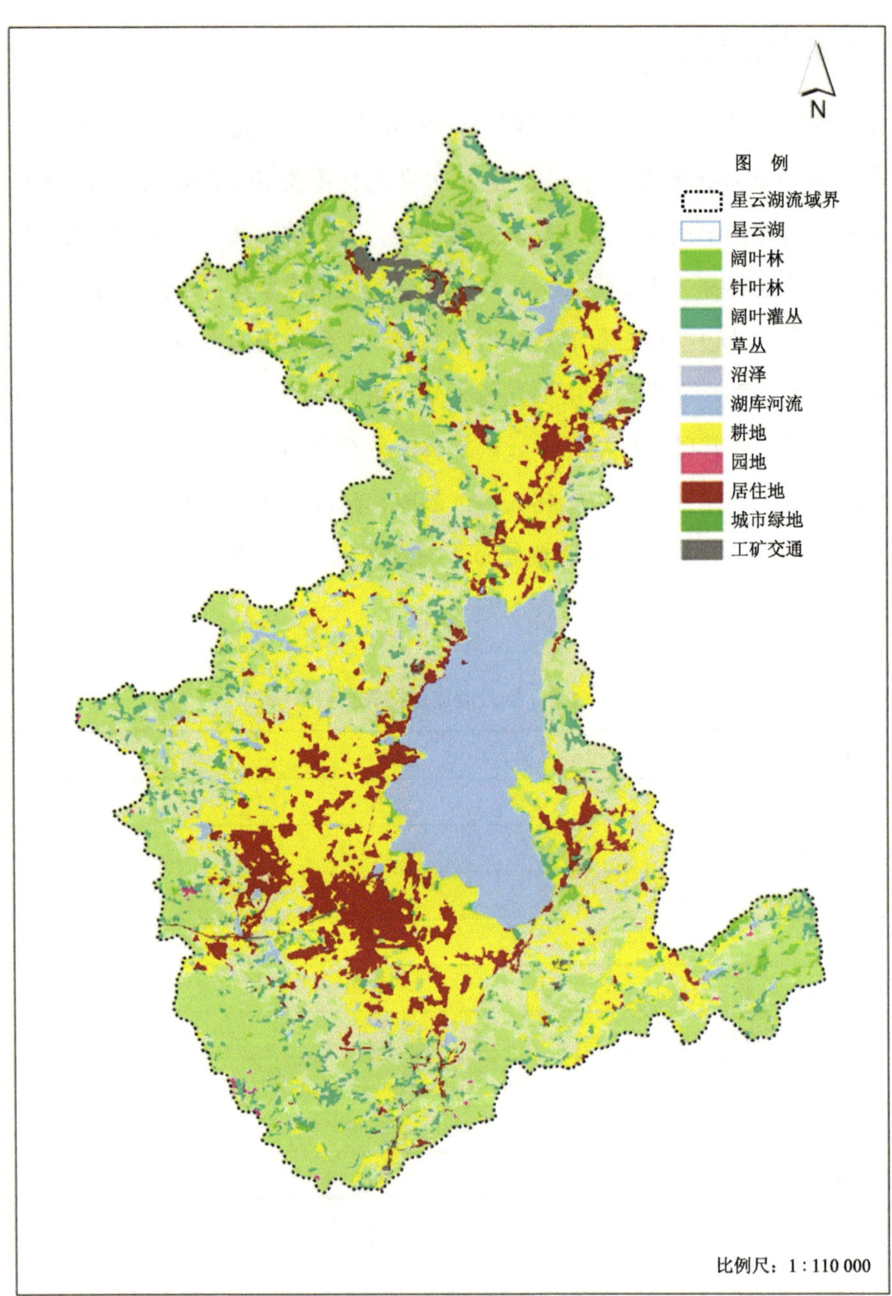

图 4.4-5 星云湖流域 2015 年植被分布状况

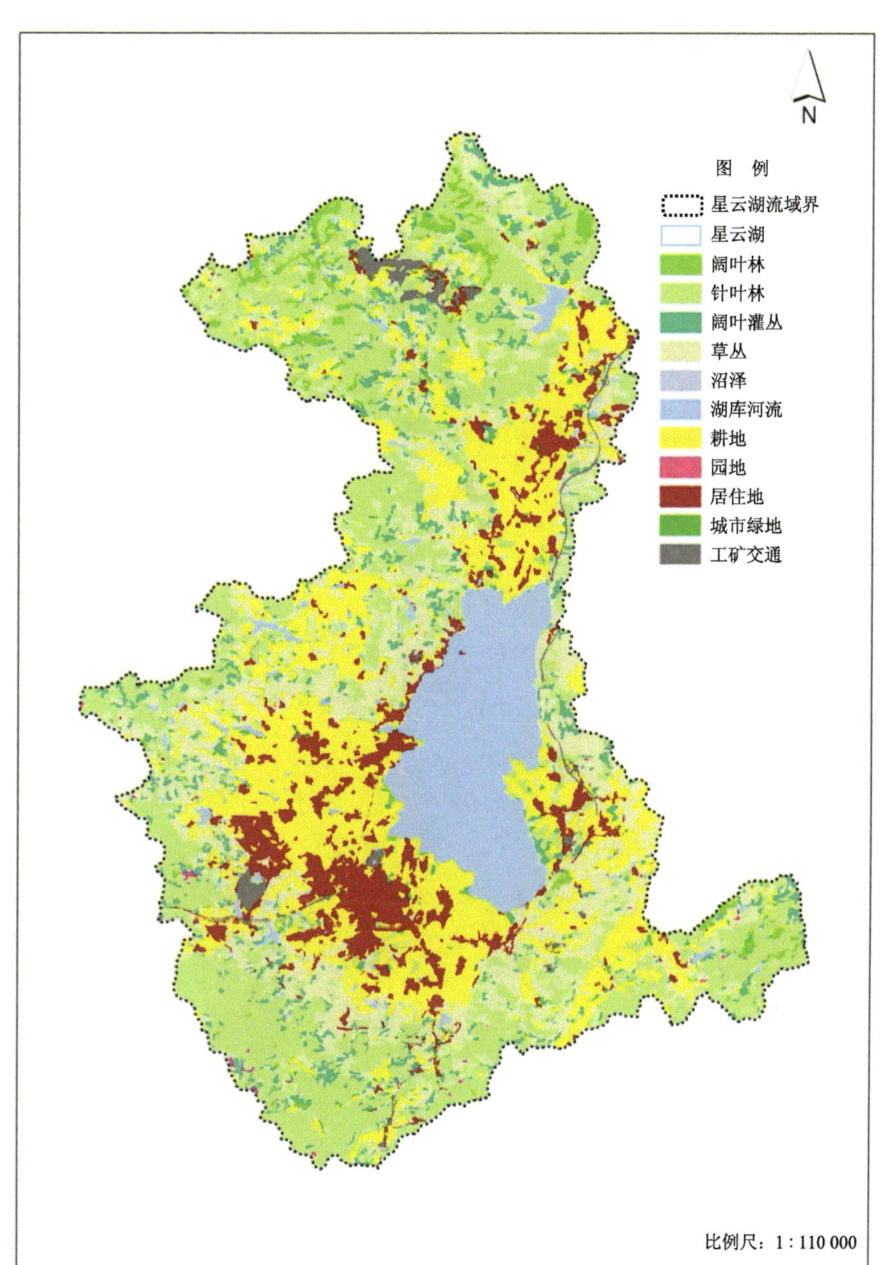

图 4.4-6 星云湖流域 2020 年植被分布状况

4.4.4 水土流失变化趋势

4.4.4.1 现状

根据星云湖流域水土流失调查结果，2020 年，星云湖流域水土流失总面积为 103.03 km^2，占流域陆域面积的 27.09%。其中，轻度侵蚀水土流失面积为 77.06 km^2，主要集中在流域内坡耕地区域，呈散状分布；中度侵蚀水土流失面积为 14.64 km²，集中于梁王山以东、大山顶周边、白马山以南区域，分别属于东西大河、渔村河、周官河小流域；强烈侵蚀水土流失面积为 2.87 km²，极强烈侵蚀水土流失面积为 5.30 km²，强烈、极强烈侵蚀主要分布在流域北部大关山、梁王山周边磷矿区域及流域南部石灰岩矿山集中区区域；剧烈侵蚀水土流失面积为 3.16 km²，主要分布在清水沟、杨柳坝等磷矿周边区域（图 4.4-7）。

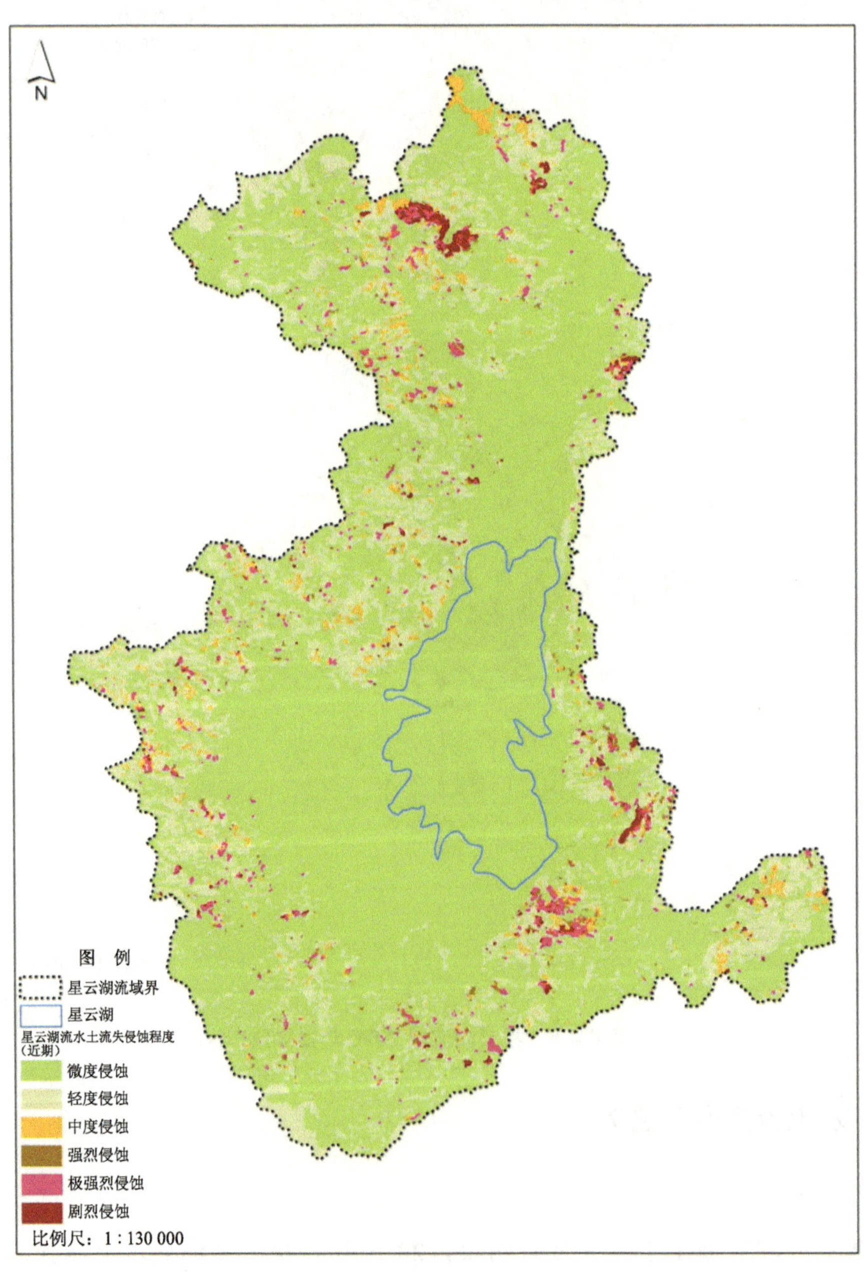

图 4.4-7 星云湖流域水土流失现状（2020 年）

4.4.4.2 历史

根据星云湖流域 1999 年水土流失资料分析与统计结果，星云湖流域水土流失总面积为 177.71 km^2，占流域陆域面积的 46.72%。其中，轻度侵蚀水土流失面积为 128.73 km^2，中度侵蚀水土流失面积为 48.19 km^2，强度侵蚀水土流失面积为 0.79 km^2，中度以上土壤侵蚀主要分布在流域北部与西部（图 4.4-8）。

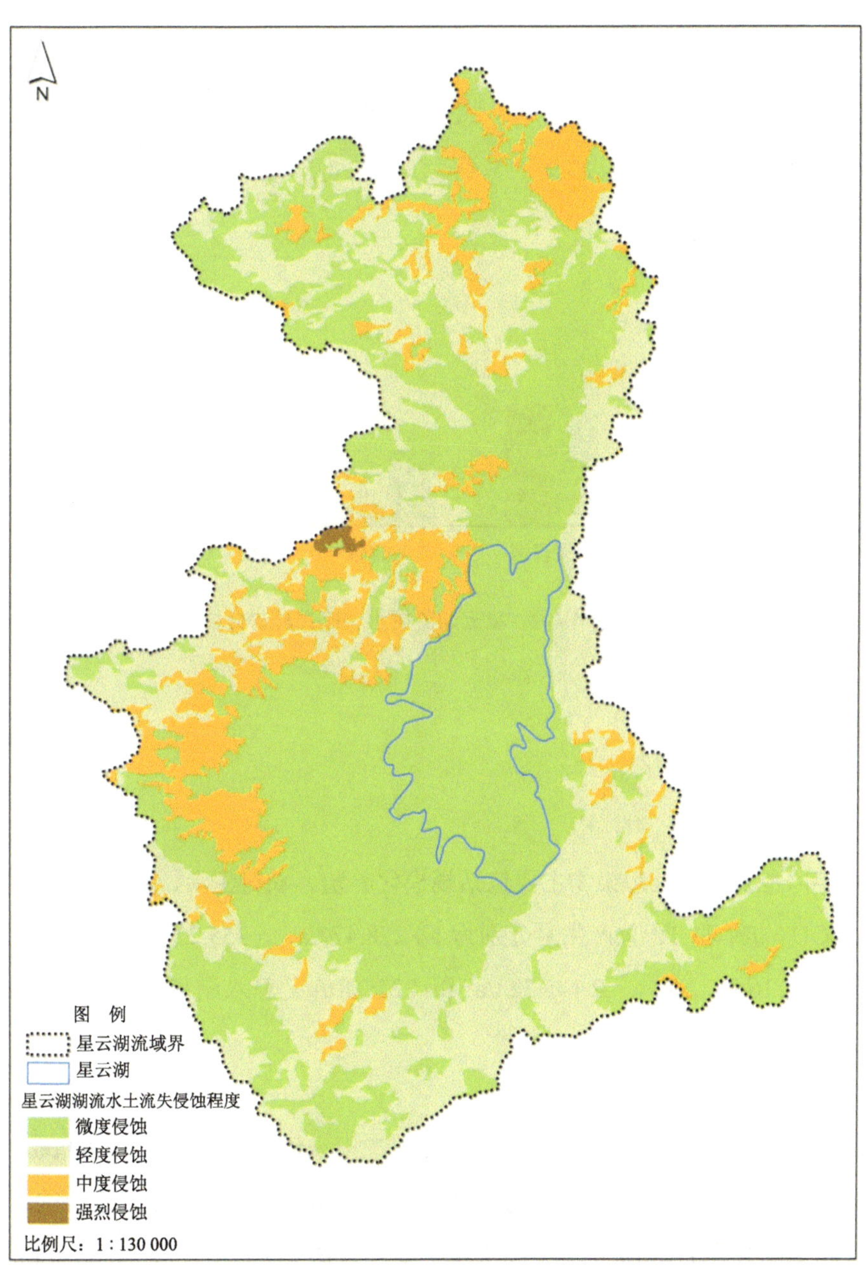

图 4.4-8 星云湖流域水土流失分布（1999 年）

4.4.4.3 趋势分析

从 1999 年与 2020 年星云湖流域的水土流失侵蚀数据及空间分布情况来看，2020 年水土流失面积较 1999 年减少了 74.68 km^2，减幅 42.02%；其中，轻度侵蚀减少了 51.67 km^2，中度侵蚀减少了 33.55 km^2，但强度以上侵蚀面积增加了 10.54 km^2，主要原因为近年来东西大河及螺蛳铺河子流域磷矿造成的水土流失，如图 4.4-9 所示。

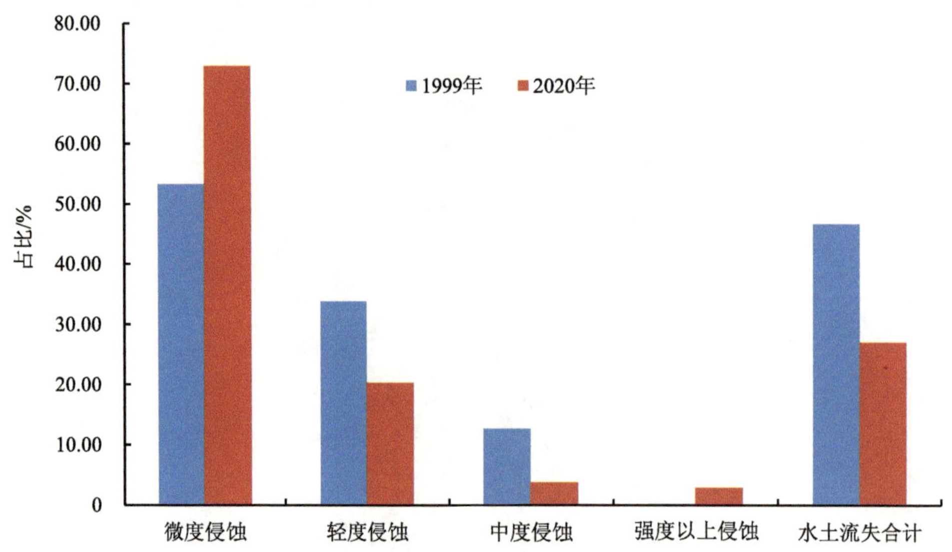

图 4.4-9 星云湖流域水土流失趋势分析

4.4.5 污染负荷变化

4.4.5.1 现状

2020 年，星云湖流域污染物主要包括规模化养殖、农村生活、农田面源、散养畜禽等污染，COD、TN 和 TP 总产生量分别为 54 278.47 t/a、5 355.22 t/a 和 1 007.51 t/a；总排放量分别为 16 082.58 t/a、2 145.32 t/a 和 225.31 t/a；总入湖量分别为 4 043.95 t/a、1 006.70 t/a 和 95.93 t/a。

4.4.5.2 历史

2005 年星云湖流域主要污染物 COD、TN 和 TP 总入湖量分别为 3 125.60 t/a、698.80 t/a 和 144.80 t/a；2010 年星云湖流域主要污染物 COD、TN 和 TP 总入湖量分别为 5 250.95 t/a、946.38 t/a 和 202.39 t/a；2015 年星云湖流域主要污染物 COD、TN 和 TP 总入湖量分别为 5 050.15 t/a、1 264.50 t/a 和 273.68 t/a。

4.4.5.3 趋势分析

2005—2020 年星云湖流域主要污染物 COD、TN、TP 总入湖量呈先上升后下降的趋势，COD 在 2010 年达到最大值，TN 和 TP 在 2015 年达到最大值，2020 年 COD 总入湖量相较于 2010 年减少了 22.99%，2020 年 TN 和 TP 总入湖量相较于 2015 年分别减少了 20.39%和 64.95%，如图 4.4-10 所示。

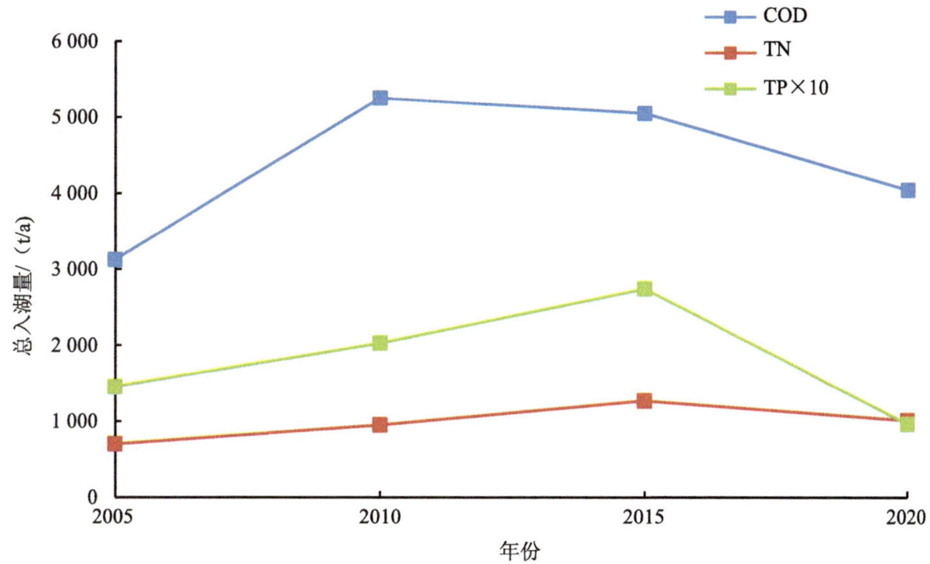

图 4.4-10　2005—2020 年星云湖流域总入湖量变化趋势

4.4.6 水环境变化趋势

4.4.6.1 湖体

根据星云湖流域水环境保护治理规划目标，2025 年星云湖水体水质应稳定达到Ⅴ类水平。

2011 年以来，星云湖水质主要污染指标为 pH、COD 和 TP，年均值分别为 8.9～9.5、31.2～41.8 mg/L 和 0.168～0.522 mg/L。2020 年，星云湖湖体水质为Ⅴ类水平，pH、COD 和 TP 等部分年份存在超标现象的指标年均值分别为 8.9、38.6 mg/L 和 0.168 mg/L。在变化特征方面，上述各项指标整体上超标主要集中在“十二五”时期，自 2016 年起整体呈向好趋势，如图 4.4-11 所示。

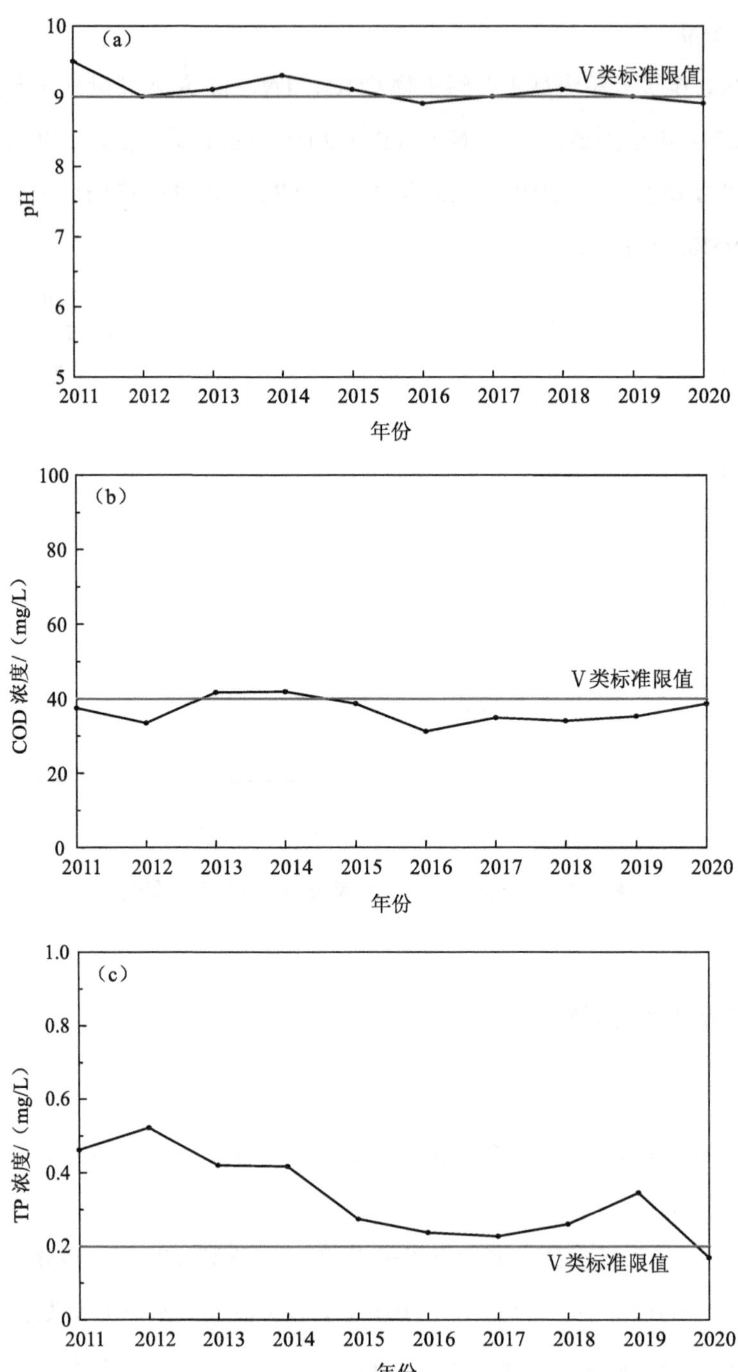

图 4.4-11　星云湖主要污染指标变化情况（2011—2020 年）

2020 年，星云湖 pH 逐月值为 8.6～9.1，COD 和 TP 逐月浓度分别为 30.5～47.7 mg/L 和 0.070～0.252 mg/L。pH、COD 和 TP 分别存在 3 个月、5 个月和 5 个月超过Ⅴ类标准

限值，且均集中在 6—9 月，各项指标整体呈雨季高于旱季的周年变化特征，如图 4.4-12 所示。

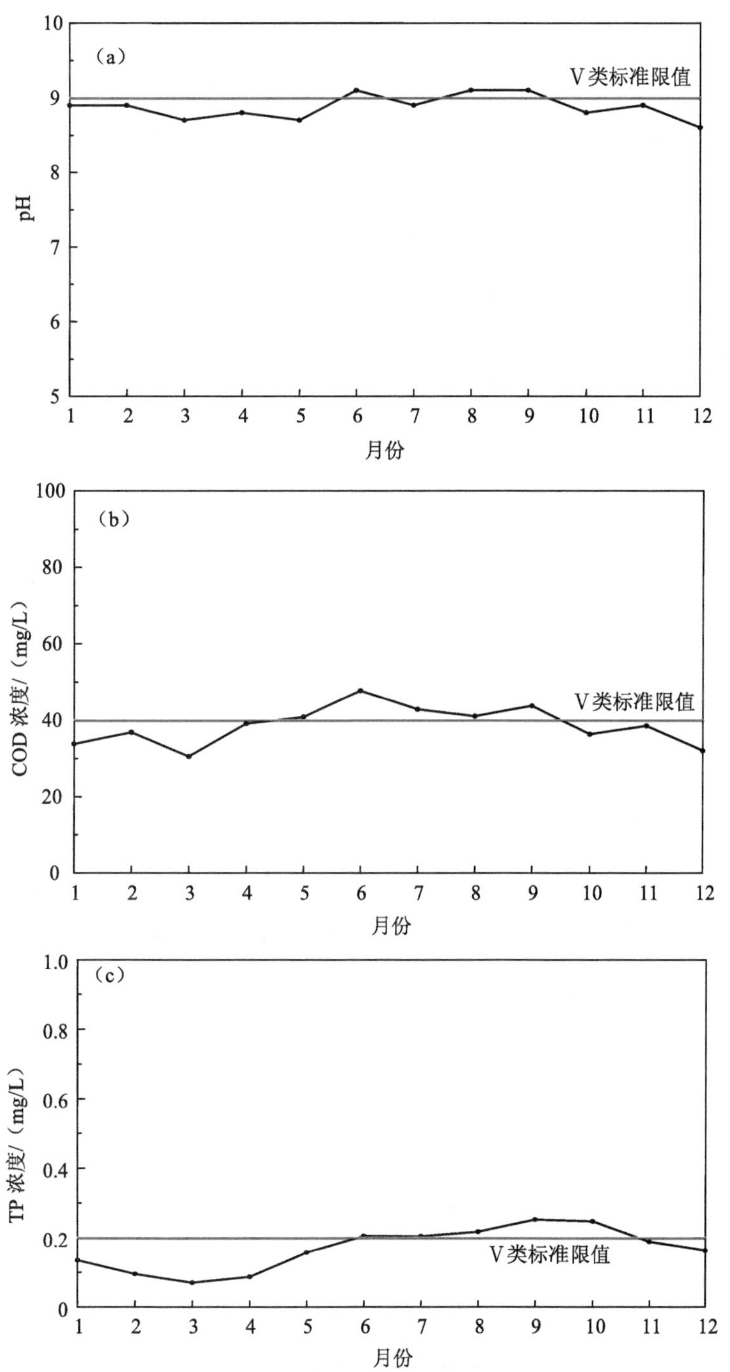

图 4.4-12　2020 年星云湖水质变化趋势

4.4.6.2 主要入湖河道

根据星云湖流域水环境保护治理规划目标，2025 年星云湖流域主要入湖河流达到Ⅴ类水平。

星云湖流域设有国控和省控断面的 3 条主要入湖河流中，2016 年均为劣Ⅴ类水平，2020 年大街河和渔村河已达Ⅴ类水平，东西大河仍为劣Ⅴ类水平。其中大街河和渔村河各项指标均有不同程度的好转，除 COD 尚处于Ⅴ类外，其他各项指标均达到Ⅳ类及以上水平；东西大河主要超标指标与 2016 年相同，为 TP，并且 BOD_5 和 NH_3-N 指标也为Ⅴ类。此外，星云湖流域 3 条主要入湖河流 TN 负荷相对较高，以东西大河最为突出，如表 4.4-2 所示。

表 4.4-2 星云湖流域 3 条主要河流水质类别

	大街河	东西大河	渔村河
2016 年	劣Ⅴ类	劣Ⅴ类	劣Ⅴ类
2020 年	Ⅴ类	劣Ⅴ类	Ⅴ类
2020 年超标因子	—	TP	—

4.4.7 水资源

（1）多年平均水资源量

根据《云南省水资源综合利用规划 水资源调查评价专题报告》（水资源四级区），江川区土地总面积 811.7 km^2，地表水资源总量为 0.998 5 亿 m^3，折合径流深 123.6 mm，地下水资源总量 0.736 3 亿 m^3。星云湖流域面积 371.10 km^2，占江川区土地总面积的 46.6%，如果不考虑径流的空间分布不均问题，则粗略估计星云湖流域多年平均水资源量约为 4 653 万 m^3。如果采用降水径流系数法估算，星云湖流域 1958—2018 年多年平均降水量为 852 mm，根据《云南省地表水资源》（1984）中年径流系数等值线图，径流系数为 0.2～0.25，则多年平均径流量 6 441 万～8 051 万 m^3。考虑到山区和坝区降水量、径流量有一定的差别，而径流系数等值线图使用的资料系列较短（1956—1979 年），计算成果误差仍然较大。星云湖流域水资源量估算采用径流深等值线图法，根据云南省 1956—2000 年径流深等值线图及其年径流 C_v 等值线图可知，星云湖流域径流深为 150～400 mm，江城镇东西大河上游山区径流深为 300～400 mm，坝区径流深为 150～300 mm；西部及南部的入湖河流径流深为 150～200 mm。结合各入湖河流所处的乡镇及其径流面积、径流深、年际

变化 C_v 值和偏态系数 C_s 值（取 2.0 倍 C_v 值）可以计算出整个星云湖流域多年平均水资源总量 7 575 万 m^3，偏枯年（p =75%）水资源总量为 5 488 万 m^3。

（2）近年星云湖蓄水量

星云湖 2010—2020 年年末蓄水量变化见图 4.4-13。由图 4.4-13 可看出，2011—2015 年星云湖年末蓄水量呈增加趋势，2015—2019 年呈减少趋势，2012 年年末蓄水量为近 10 年最低值（1.53 亿 m^3），2015 年达到最高值（2.05 亿 m^3），2019 年降低为 1.81 亿 m^3，2020 年有所回升（1.947 亿 m^3）。

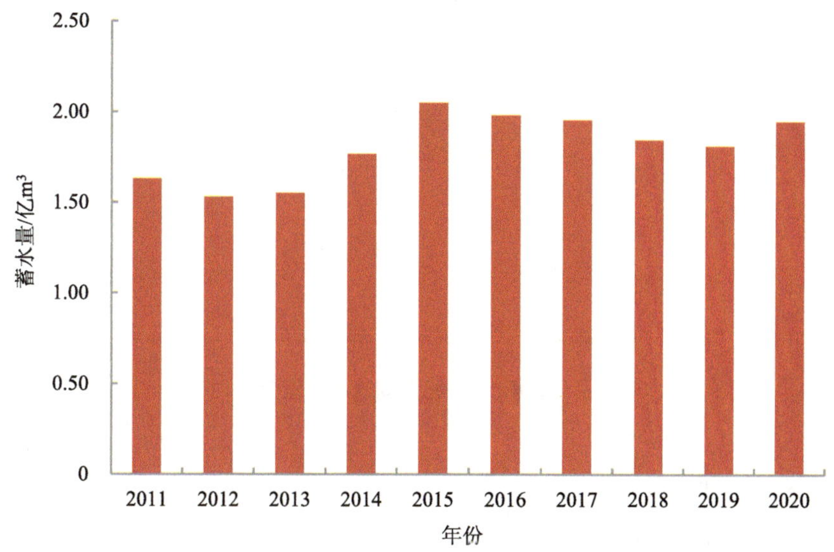

图 4.4-13　星云湖年末蓄水量（2011—2020 年）

4.5　杞麓湖

4.5.1　土壤

杞麓湖流域土壤分为红壤、紫色土、水稻土 3 个土类，如图 4.5-1 所示。

（1）杞麓湖流域地带性土壤

杞麓湖流域地带性土壤为红壤，占流域面积的 55.99%。

（2）杞麓湖流域非地带性土壤（泛域土壤）

杞麓湖流域非地带性土壤占流域面积的 32.41%，其中水稻土 29.40%、紫色土 3.01%。

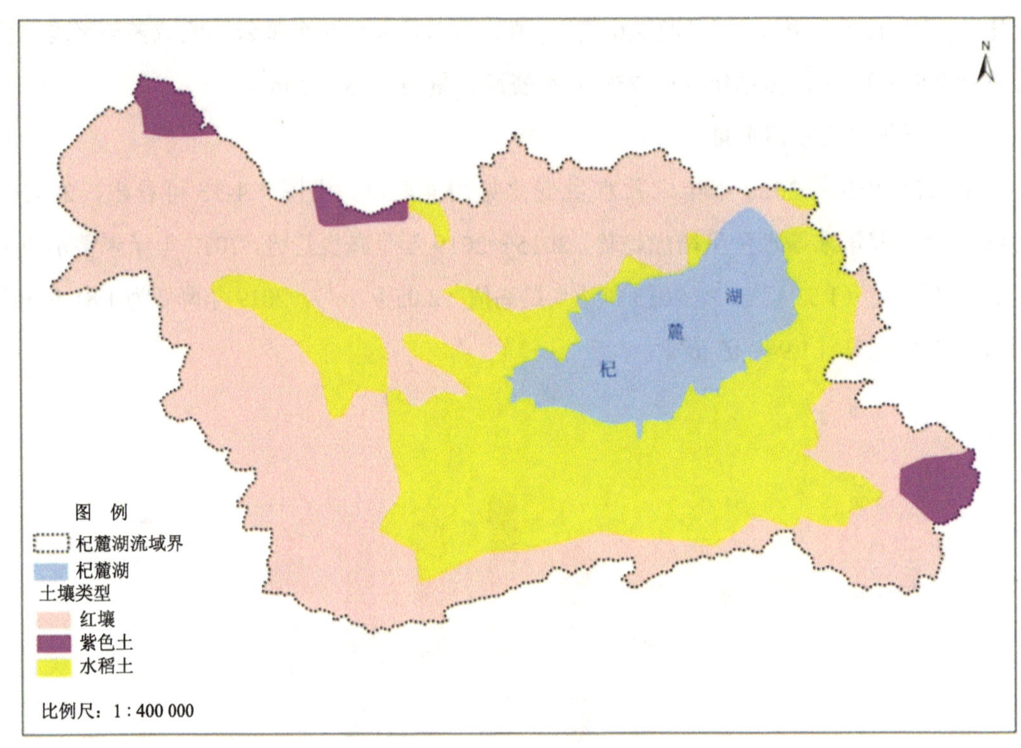

图 4.5-1　杞麓湖流域土壤分布

（3）杞麓湖流域土壤分布

红壤分布在杞麓湖流域的广大地区，占全流域总面积的 55.99%。

水稻土分布在杞麓湖湖滨平原及山前台地，占全流域总面积的 29.40%。

紫色土主要分布在杞麓湖流域中生代地层出露地区，占全流域总面积的 3.01%。

（4）杞麓湖流域土壤资源诊断

红壤分布在杞麓湖流域的广大地区，由于脱硅富铝化作用，土壤积累大量 Fe、Al，使得土壤对 P 有极强的吸附、固定能力，因此，水土流失造成的泥沙入湖，可使湖泊正磷酸盐吸附和固定化，从而使杞麓湖水体有极强的地球化学容量。

水稻土分布在杞麓湖湖滨平原及山前台地，在长期的耕作中形成“犁底层”“潜育层”和“潴育层”，其可有效地减少 N、P、COD、农药进入浅层地下水，防止浅层地下水污染，但是，由于水稻种植减少，水稻土的“犁底层”“潜育层”和“潴育层”消失，使得 N、P、COD、农药大量进入杞麓湖浅层地下水，从而污染杞麓湖流域河流和杞麓湖水体。

紫色土主要分布在杞麓湖流域中生代地层出露地区，由于土层薄、抗蚀性弱，极易水土流失造成泥沙大量入河、入湖。

4.5.2 土地利用变化趋势

4.5.2.1 现状

根据第三次全国国土调查、杞麓湖流域土地利用资料及现状调查，2020 年，杞麓湖流域土地利用以林地与耕地为主，其中林地面积为 127.61 km^2，占总面积的 36.03%，主要分布在流域的西南、东北部及北部，云南松和华山松为主要树种，现有森林主要分布在秀山等远山，而近山分布甚少，对湖泊沿岸防护效能差；耕地面积 121.11 km^2，占总面积的 34.19%；水域及水利设施用地面积为 42.13 km^2，占总面积的 11.89%；其他从大到小依次是城镇村及工矿用地、交通运输用地、园地、其他土地、草地（图 4.5-2）。

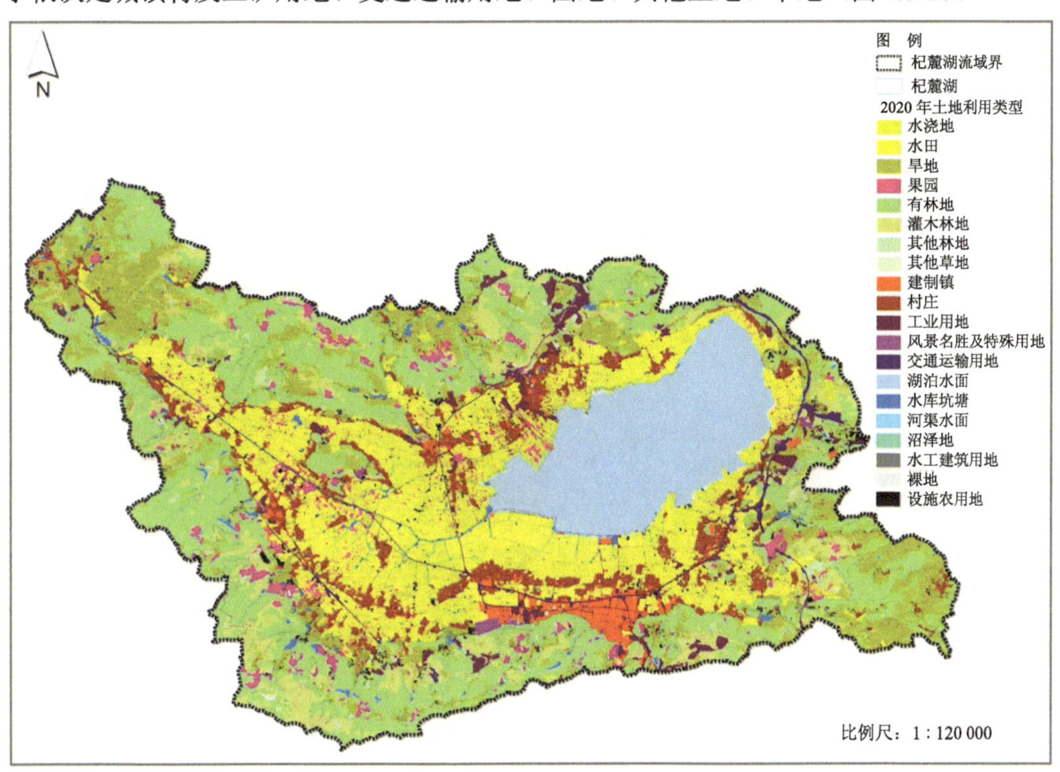

图 4.5-2 2020 年杞麓湖流域土地利用现状

耕地以水田、水浇地与旱地为主，分别占总耕地面积的 48.82%、14.42%和 36.77%。林地主要是有林地，占林地面积的 71.76%。林地包括有林地、灌木林地和其他林地，分别占林地总面积的 76.72%、21.57%和 1.72%。城镇村及工矿用地主要为村庄用地，占城镇村及工矿用地面积的 52.53%，其次是建制镇，占城镇村及工矿用地面积的 20.06%。水域及水利设施用地主要是湖泊，占水域及水利设施用地的 87.25%。

4.5.2.2 历史

根据杞麓湖流域“十二五”末土地利用资料，2015 年，杞麓湖流域土地利用以林地和耕地为主，其中林地面积为 116.67 km^2，占总面积的 32.94%，耕地面积 147.42 km^2，占总面积的 41.60%；水域及水利设施用地面积为 40.84 km^2，占总面积的 11.53%；其他从大到小依次是城镇村及工矿用地、草地、园地、其他土地、交通运输用地，如图 4.5-3 所示。

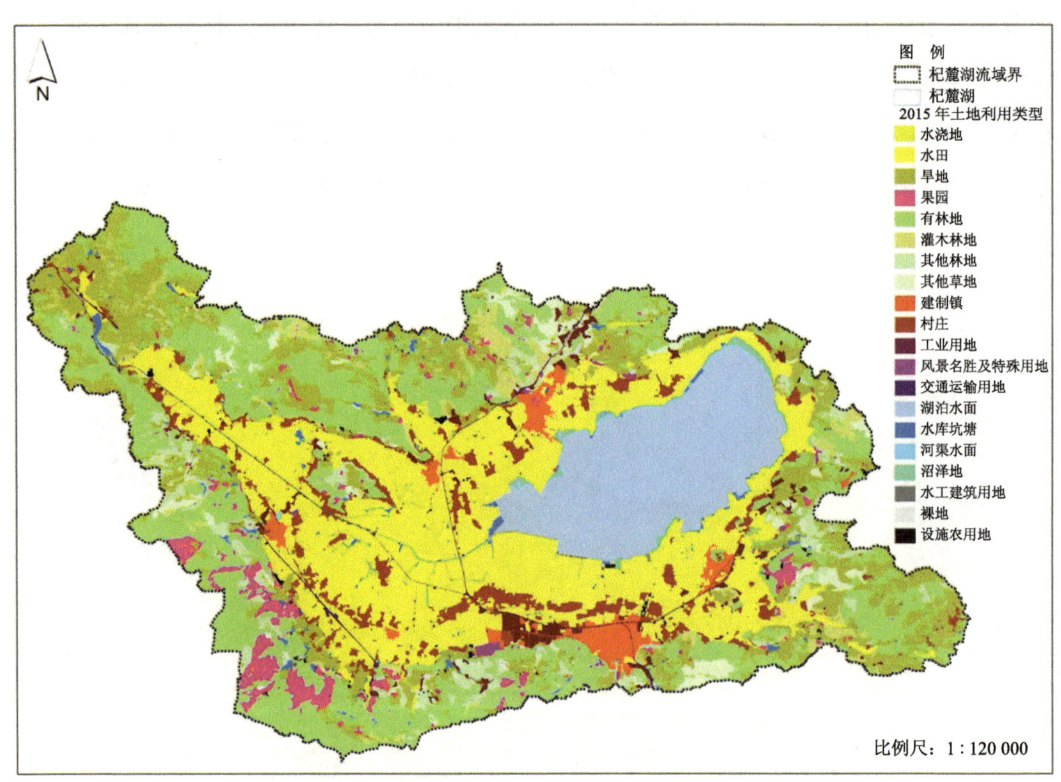

图 4.5-3 2015 年杞麓湖流域土地利用现状

耕地以水田、水浇地与旱地为主，分别占总耕地面积的 59.48%、0.41%和 40.12%。林地包括有林地、灌木林地和其他林地，分别占林地总面积的 80.91%、8.88%和 10.21%。城镇村及工矿用地主要为村庄用地，占城镇村及工矿用地面积的 55. 49%，其次是建制镇，占城镇村及工矿用地面积的 23.02%。水域及水利设施用地主要是湖泊，占水域及水利设施用地的 87.15%。

4.5.2.3 趋势分析

杞麓湖盆坝区是通海县面积最大的坝区，包括兴蒙乡的全部和纳古镇、四街镇、河西镇、九街镇、秀山镇、杨广镇的平坝区范围。从 2015 年与 2020 年杞麓湖流域的土地利用数据及空间分布情况上看，“十三五”期间，杞麓湖流域占优势的两种土地利用类型仍是林地和耕地，分别占流域面积的 36.03%和 34.19%，近年来，随着杞麓湖流域生态建设力度的加大，2020 年较 2015 年有林地增加了 3.7%，灌木林地增加了 62.35%，而其他林地面积减少了 9.72 km^2，流域内宜林荒山面积有所降低，整体上林地面积呈增加趋势。耕地面积整体上呈减少趋势，其中水田和旱地减少了 43.17 km^2，而水浇地面积增加了 28.1 倍，农村人均耕地面积减少了 0.66 亩。2020 年较 2015 年建制镇面积增加了 5.62%，村庄面积增加了 13.20%，城镇村及工矿用地面积整体呈增加趋势（图 4.5-4）。

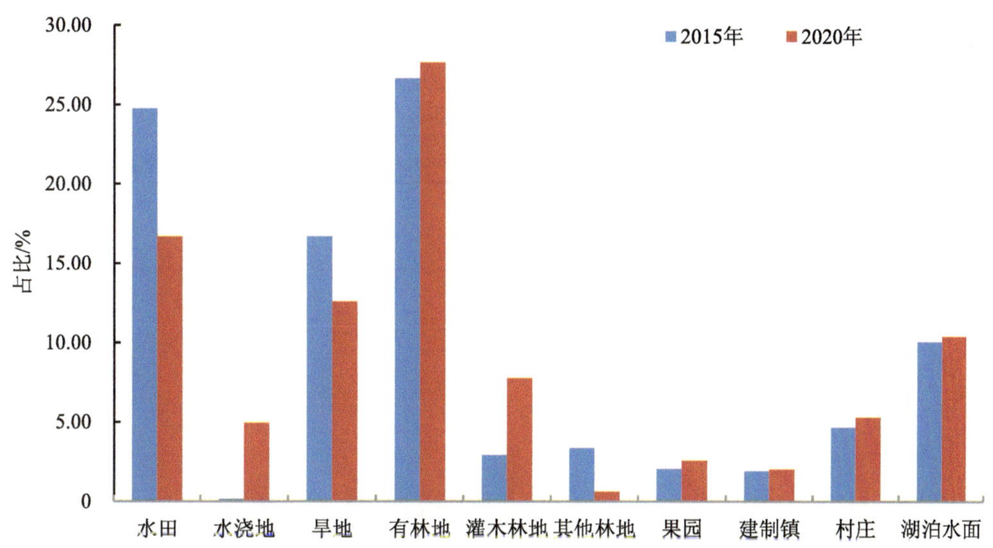

图 4.5-4　2015 年与 2020 年杞麓湖流域主要土地利用类型面积占比

4.5.3　植被变化趋势

根据通海县林业资料及卫星影像解译，2020 年杞麓湖流域森林覆盖率为 36.03%，2015 年杞麓湖流域森林覆盖率为 32.93%，2020 年森林覆盖率比 2015 年高出 3.10%。流域主要植被类型有半湿润常绿阔叶林，如滇青冈林；暖温性针叶林，包括云南松林、墨西哥柏林；暖性石灰岩灌丛，包括坡柳-香茅灌木草丛、清香木、华西小石积灌丛，共 3 个植被型、3 个植被亚型和 5 个群系（表 4.5-1、图 4.5-5、图 4.5-6）。

表 4.5-1 杞麓湖流域植被类型

I. 常绿阔叶林
（I）半湿润常绿阔叶林
一、滇青冈林（Form. *Cyclobalanopsisa glaucoides*）
II. 暖性针叶林
（I）暖温性针叶林
二、云南松林（Form. *Pinus yunnanensis*）
三、墨西哥柏林（Form. *Cupressus lusitanica*）
III. 灌丛
（I）暖性石灰岩灌丛
四、坡柳-香茅灌木草丛（Form. *Didinaea angustifolia - Cymbopogon tortilis*）
五、清香木、华西小石积灌丛（Form. *Pistacia weinmannifolia*，*Cyclobalanopsis glaucoides*）

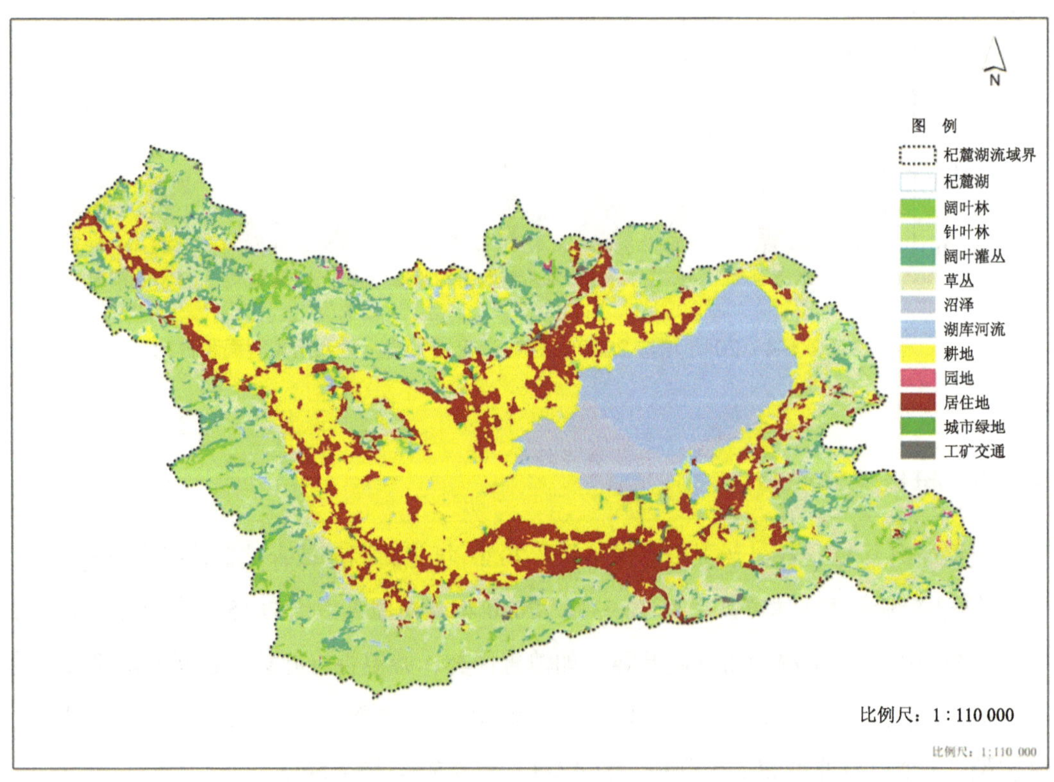

图 4.5-5 杞麓湖流域 2015 年植被分布状况

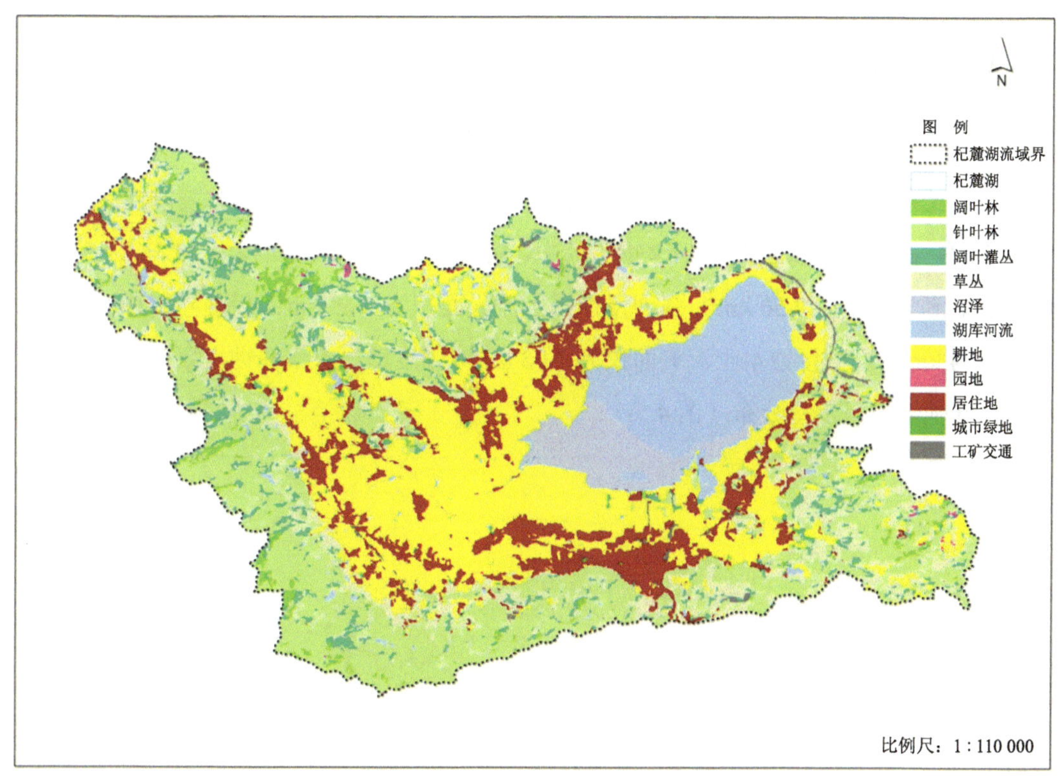

图 4.5-6　杞麓湖流域 2020 年植被分布状况

杞麓湖流域开发历史悠久，流域内现存的林地面积很小，多为旱地所取代，加上当地居民长期砍伐硬栎木以获取薪炭，半湿润常绿阔叶林作为地带性植被类型在流域内更为稀少，现仅余小片呈斑块状分散在部分山体上部或作为“风水林”被保存下来。流域内的半湿润常绿阔叶林的代表类型为滇青冈林，现存最好的滇青冈林位于通海县的秀山，山中滇青冈（*Cyclobalanopsisa glaucoides*）高近 20 m，茎粗 1 m 有余，林中尚有高 13 m、茎粗 112 cm 的元江栲（*Castanopsis orthacantha*）及胸径 46 cm 的银木荷（*Schima argentea*）。另外，涌金寺前的一株清香木（*Pistacia weinmannifolia*）高 15 m，茎粗 63 cm，标示牌显示树龄已逾千年；林下时见附生榕多种。但由于秀山历来作为景点开放，滇青冈林林下受强烈人为影响，已非原始林貌。

流域内自然植被以暖温性针叶林（云南松林、墨西哥柏林）、半湿润常绿阔叶林、灌草丛为主，云南松林在流域山地区域均有分布，分布较为破碎，墨西哥柏林则主要分布在流域南部河西、九街、杨广的山区地带；半湿润常绿阔叶林则分布破碎，这也是由于流域受人为干扰频繁的结果；灌草丛主要分布在流域北部面山上，半湿润常绿阔叶灌丛多与半湿润常绿阔叶林交错分布。

4.5.4 水土流失变化趋势

4.5.4.1 现状

根据杞麓湖流域最新水土流失调查结果，2020 年，杞麓湖流域土壤侵蚀总面积为 52.89 km^2，占流域陆域面积的 14.93%。其中，轻度侵蚀水土流失面积为 39.34 km^2，中度侵蚀水土流失面积为 7.56 km^2，强烈侵蚀水土流失面积为 2.69 km^2，极强烈侵蚀水土流失面积 2.24 km^2，剧烈侵蚀水土流失面积为 1.06 km^2，强度以上土壤侵蚀主要分布在流域东南部，其他区域呈零星分布（图 4.5-7）。

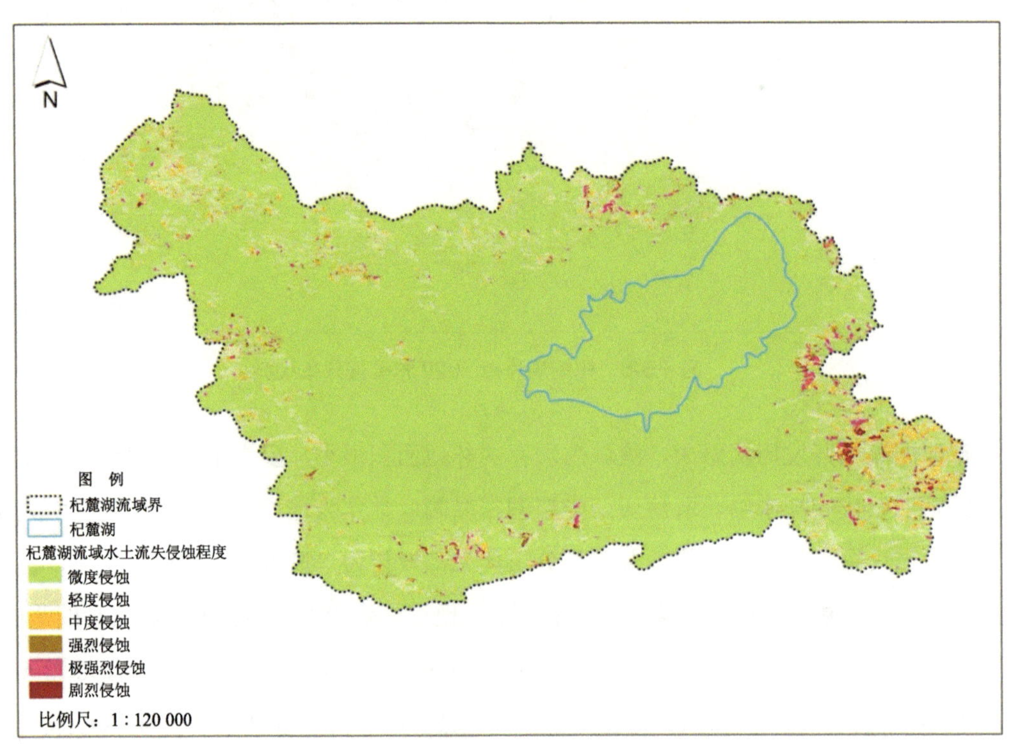

图 4.5-7 杞麓湖流域 2020 年水土流失现状

4.5.4.2 历史

根据杞麓湖流域 1999 年水土流失资料分析与统计结果，杞麓湖流域土壤侵蚀总面积为 122.09 km^2，占流域陆域面积的 34.47%。其中，轻度侵蚀水土流失面积为 94.57 km^2，中度侵蚀水土流失面积为 26.89 km^2，强度以上侵蚀水土流失面积为 0.63 km^2，中度侵蚀土壤主要分布在流域北部、西北部及东南部（图 4.5-8）。

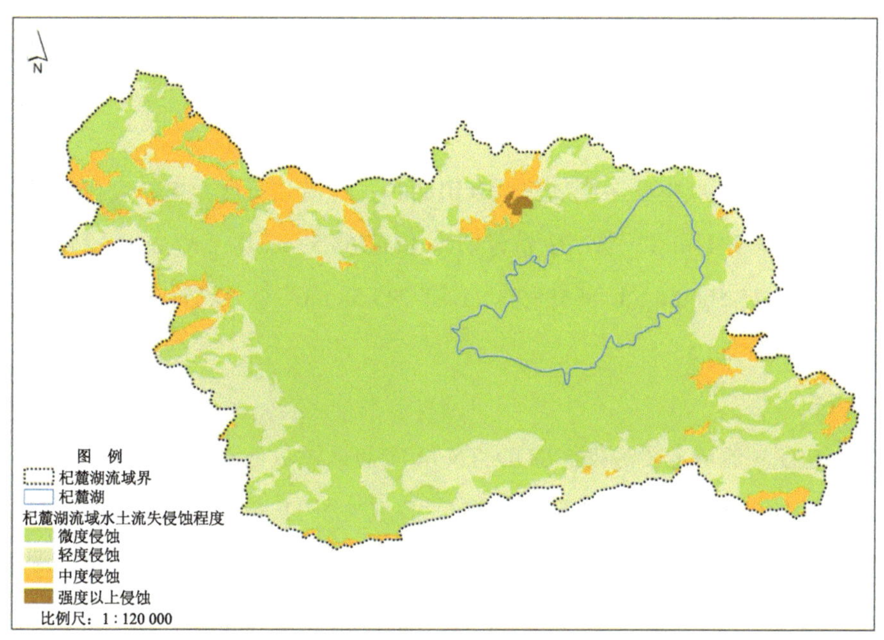

图 4.5-8 杞麓湖流域 1999 年水土流失现状

4.5.4.3 趋势分析

杞麓湖流域水土流失较为严重的区域集中在杞麓湖西岸的大沙河、者湾河、琉璃河、五街冲、窑冲河、长沙河等小流域。局部区域水土流失较严重。湖周半山区旱地较集中，坡耕地垦殖、植被破坏等人为干扰活动较大的区域，水土流失问题依然较为突出。从 1999 年与 2020 年杞麓湖流域的水土流失侵蚀数据及空间分布情况来看，2020 年水土流失面积较 1999 年减少了 69.20 km^2，减幅 56.68%；其中，轻度侵蚀减少了 55.23 km^2，中度侵蚀减少了 19.33 km^2，但强度以上侵蚀面积增加了 5.36 km^2（图 4.5-9）。

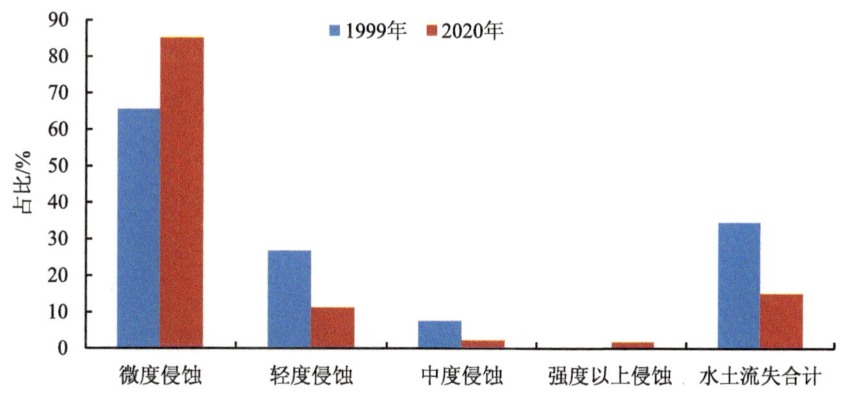

图 4.5-9 杞麓湖流域水土流失趋势分析

4.5.5 污染负荷变化

4.5.5.1 现状

2020 年杞麓湖流域主要污染物包括农田面源、规模化畜禽养殖、农村生活和城镇生活等污染，COD、TN 和 TP 总产生量分别为 121 768.5 t/a、21 867.29 t/a 和 6 160.96 t/a；总排放量分别为 15 506.86 t/a、4 508.73 t/a 和 795.58 t/a；总入湖量分别为 9 651.46 t/a、3 226.88 t/a 和 602.15 t/a。

4.5.5.2 历史

2005 年杞麓湖流域主要污染物 COD、TN 和 TP 总入湖量分别为 3 595.30 t/a、1 178.80 t/a 和 85.24 t/a；2010 年杞麓湖流域主要污染物 COD、TN 和 TP 总入湖量分别为 5 095.90 t/a、1 056.60 t/a 和 98.90 t/a；2015 年杞麓湖流域主要污染物 COD、TN 和 TP 总入湖量分别为 5 106.93 t/a、2 181.80 t/a 和 107.70 t/a。

4.5.5.3 趋势分析

2005—2020 年杞麓湖流域主要污染物 COD 和 TP 总入湖量呈逐年上升的趋势，2020 年 COD 和 TP 总入湖量相较于 2005 年分别增加了 168.45%和 606.42%；TN 总入湖量呈先下降后上升的趋势，2010 年最低，2020 年达到最大值，2020 年 TN 总入湖量相较于 2005 年增加了 173.74%（图 4.5-10）。

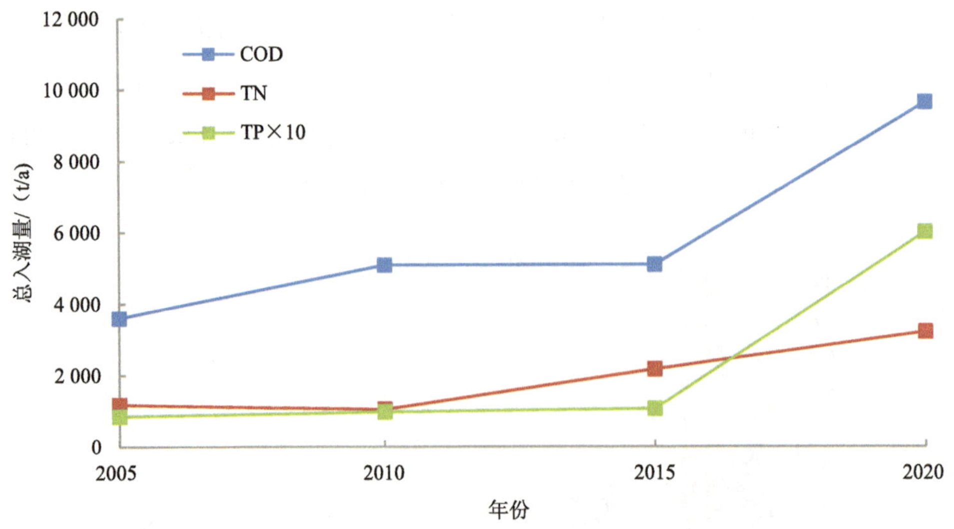

图 4.5-10　2005—2020 年杞麓湖流域总入湖量变化趋势

4.5.6 水环境变化趋势

4.5.6.1 湖体

根据杞麓湖流域水环境保护治理规划目标，2025 年杞麓湖水体水质应稳定达到Ⅴ类水平。

2011 年以来，杞麓湖水质主要污染指标为 COD 和 TN，年均值分别为 32.6～57.0 mg/L、1.98～4.98 mg/L。2020 年，杞麓湖湖体水质为劣Ⅴ类水平，主要超规划水质目标指标为 COD，年均值为 49.4 mg/L，同时 TN 浓度达 3.23 mg/L。在变化特征方面，杞麓湖水体水质整体上由“十二五”前中期的劣Ⅴ类水平，2013—2017 年整体呈逐年好转趋势，达到Ⅴ类水平，自 2017 年起，湖体水质出现反弹，截至 2020 年，COD 和 TN 均超过Ⅴ类标准限值（图 4.5-11）。

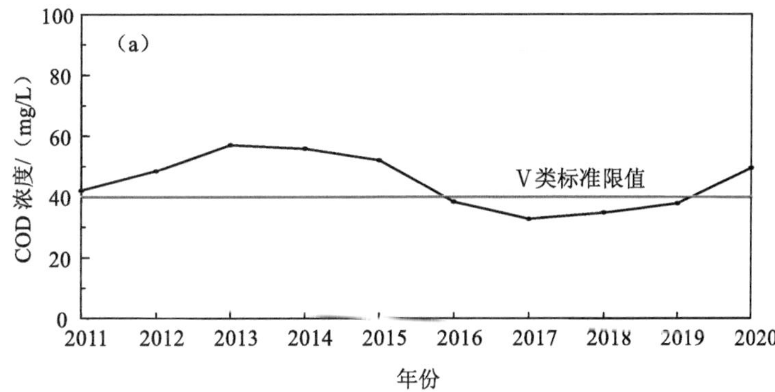

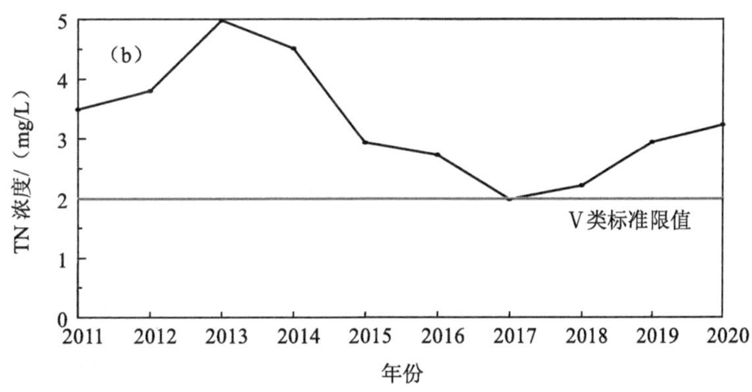

图 4.5-11 杞麓湖主要污染指标变化情况（2011—2020 年）

2020 年，杞麓湖 COD 和 TN 逐月浓度分别为 35～61.3 mg/L 和 2.85～3.65 mg/L。其中 COD 仅 12 月未超过Ⅴ类标准限值，整体呈 1—5 月逐月上升，5 月起逐月下降的趋势，整体呈雨季高于旱季的周年变化特征；TN 逐月浓度均高于Ⅴ类标准限值，各月份之间整体无显著变化特征（图 4.5-12）。

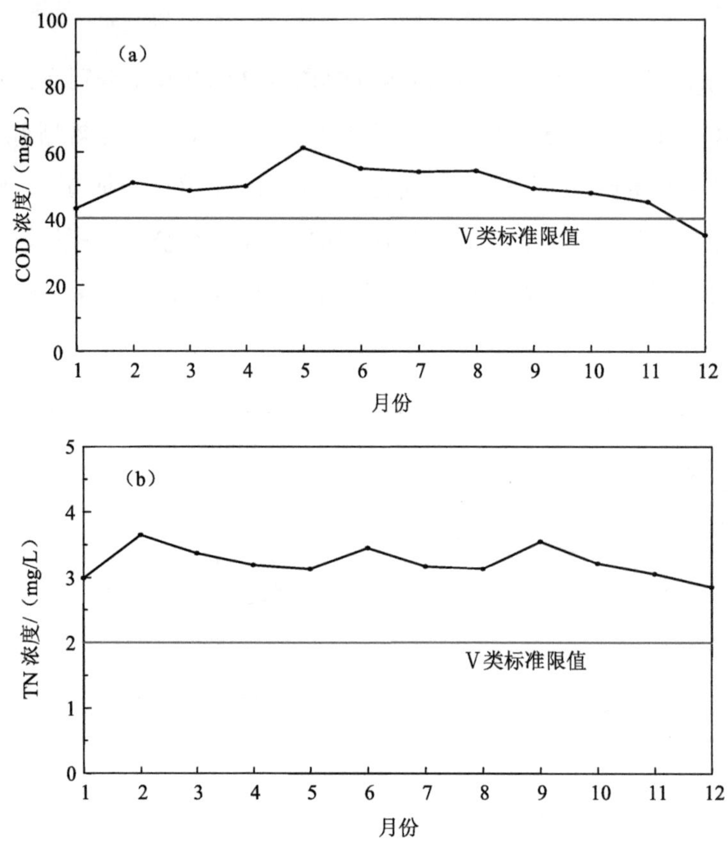

图 4.5-12　2020 年杞麓湖主要污染指标变化情况

4.5.6.2　主要入湖河道

根据杞麓湖流域水环境保护治理规划目标，2025 年杞麓湖流域 4 条主要入湖河流及 11 条入湖河道水质力争脱劣，除劣Ⅴ类比例达到 90%。

杞麓湖流域设有国控和省控断面的主要入湖河流为红旗河，2016 年为劣Ⅴ类水平，2020 年已实现脱劣，为Ⅴ类水平。2016 年红旗河相对污染水平较高的 NH_3-N（劣Ⅴ类）和 TP（Ⅴ类）指标，于 2020 年浓度均有不同程度降低，但其他主要指标均呈不同程度劣化，其中 BOD_5 和 COD 均已上升至Ⅴ类水平，同时水体 TN 浓度也较为突出。

4.5.7 水资源

多年平均水资源量：杞麓湖多年平均降水量 877.0 mm，多年平均水资源量 0.391 亿 m^3。湖面多年平均降水量 846.5 mm，折合水量为 0.320 亿 m^3；多年平均水面蒸发量为 1 278.8 mm，折合水量 0.477 亿 m^3。由于多年平均湖面蒸发量大于多年平均陆面入湖量，湖面产水量为–0.157 亿 m^3，流域水资源量为 0.391 亿 m^3，人均水资源量为 142 m^3。2019 年年末蓄水量为 1.266 4 亿 m^3；2020 年年末蓄水量为 1.273 6 亿 m^3。

近年杞麓湖蓄水量：杞麓湖 2010—2020 年年末蓄水量变化见图 4.5-13。由图 4.5-13 可以看出，2012—2017 年杞麓湖年末蓄水量呈增加趋势，2017—2020 年呈减少趋势，2012 年年末蓄水量为近 10 年最低值（0.66 亿 m^3），2017 年达到最高值（1.513 亿 m^3），2020 年降低为 1.281 亿 m^3，年际变化较大。

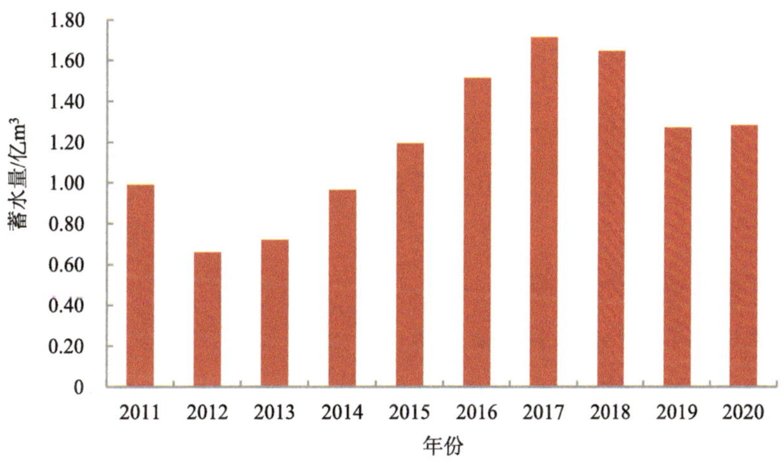

图 4.5-13 杞麓湖年末蓄水量（2011—2020 年）

4.6 异龙湖

4.6.1 土壤

异龙湖流域土壤有红壤、水稻土、紫色土 3 个土类。其中红壤是地带性土壤，水稻土和紫色土是非地带性土壤（图 4.6-1）。

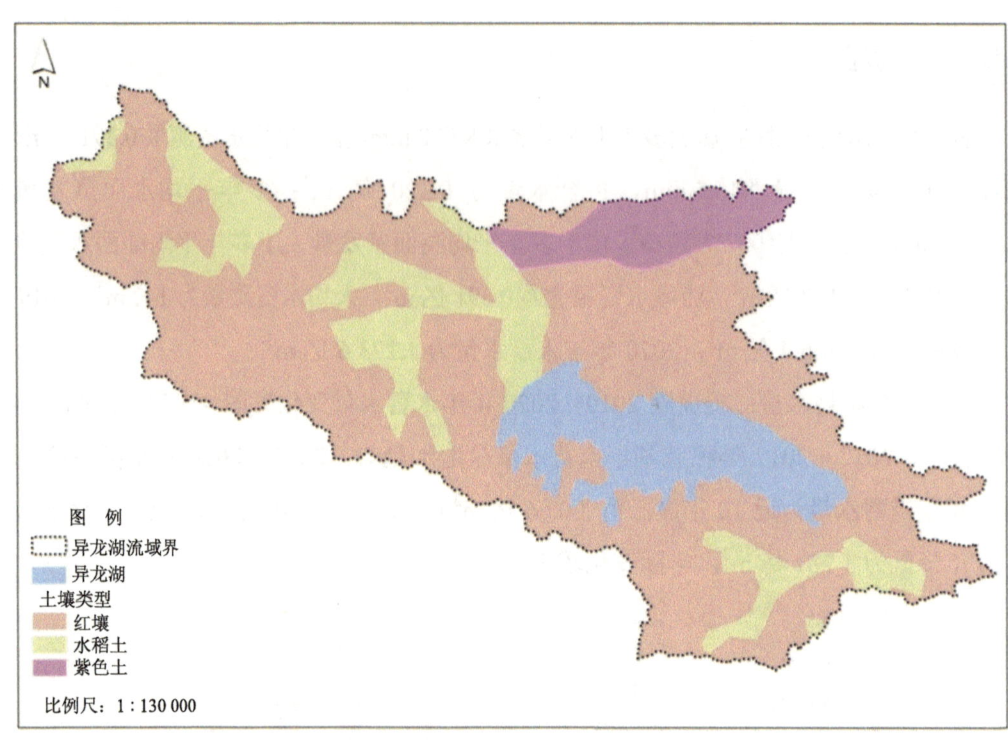

图 4.6-1 异龙湖流域土壤类型分布

（1）异龙湖流域地带性土壤

异龙湖流域地带性土壤只有红壤。

（2）异龙湖流域非地带性土壤（泛域土壤）

异龙湖流域非地带性土壤有水稻土和紫色土。

（3）异龙湖流域土壤分布

红壤分布在异龙湖流域的广大地区，占全流域总面积的 66.82%。水稻土分布在异龙湖湖滨平原及山前台地，占全流域总面积的 16.45%。紫色土主要分布在异龙湖流域的中生代地层出露地区，占全流域总面积的 5.83%。

（4）异龙湖流域土壤资源诊断

红壤分布在异龙湖流域的广大地区，由于脱硅富铝化作用，土壤积累大量 Fe、Al，使得土壤对 P 有极强的吸附、固定能力，因此，水土流失造成的泥沙入湖，可使异龙湖湖水正磷酸盐吸附和固定化，从而使异龙湖水体有极强的地球化学容量。

水稻土分布在异龙湖流域湖滨平原及山前台地，在长期的耕作中形成“犁底层”“潜育层”和“潴育层”，其可有效地减少 N、P、COD、农药进入异龙湖流域浅层地下水，防止浅层地下水污染，但是，由于水稻种植减少，水稻土的“犁底层”“潜育层”和“潴育层”消失，使得 N、P、COD、农药大量进入浅层地下水，从而污染异龙湖流域河流和异龙湖水体。

紫色土主要分布在异龙湖流域的中生代地层出露地区，由于土层薄、抗蚀性弱，极易水土流失造成泥沙大量入河、入湖。

4.6.2 土地利用变化趋势

4.6.2.1 现状

根据第三次全国国土调查、异龙湖流域土地利用资料及现状调查，2020 年，异龙湖流域土地利用以林地、耕地和园地为主，其中林地面积为 175.23 km^2，占总面积的 48.62%；耕地面积为 69.1 km^2，占总面积的 19.17%；园地面积为 35.63 km^2，占总面积的 9.89%；其他从大到小依次是水域及水利设施用地、城镇用地、村庄用地、交通运输用地、其他土地、草地。湖盆区和近湖面山区域有林地基本以经济林和灌丛为主，陆生生态系统比较脆弱，生态服务功能不强（图 4.6-2）。

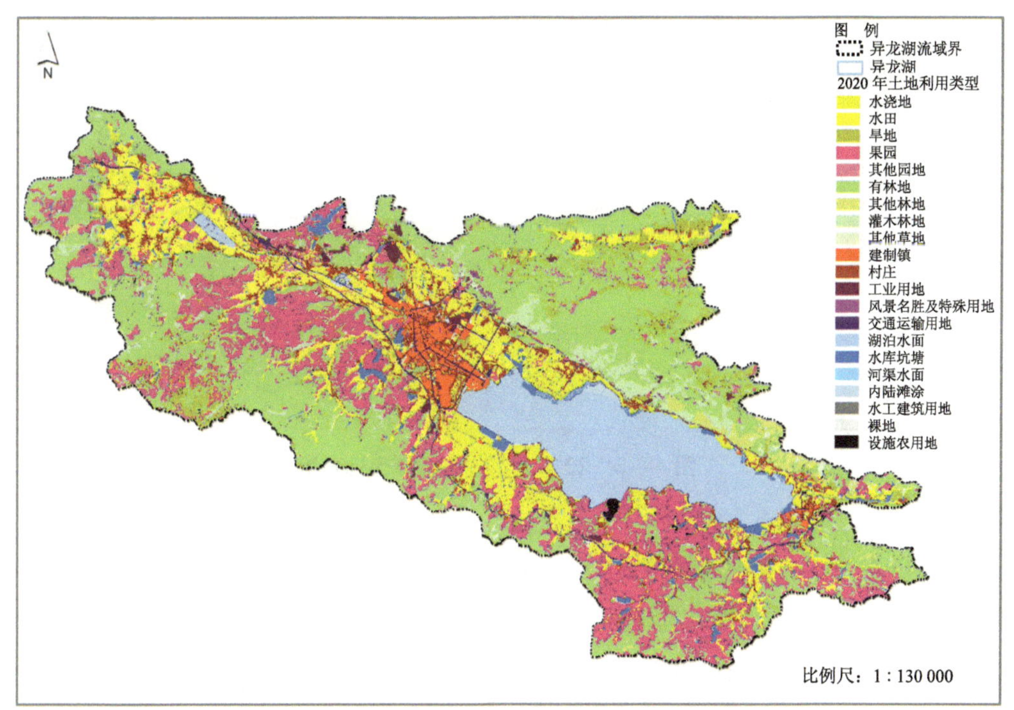

图 4.6-2 2020 年异龙湖流域土地利用现状

耕地以水田、水浇地与旱地为主，分别占总耕地面积的 29.97%、47.12%和 22.91%。园地主要是果园，占园地面积的 96.22%。林地包括有林地、灌木林地和其他林地，分别占林地总面积的 94.90%、7.69%和 17.42%。城镇用地占流域总面积的 4.09%，村庄用地占 3.71%。水域及水利设施用地主要是湖泊，占水域及水利设施用地的 78.48%。

4.6.2.2 历史

根据异龙湖流域“十二五”末土地利用资料，2015 年，异龙湖流域土地利用以林地、耕地和水域及水利设施用地为主，其中林地面积为 151.14 km^2，占总面积的 41.94%；耕地面积 88.23 km^2，占总面积的 24.48%；水域及水利设施用地面积为 41.70 km^2，占总面积的 11.57%；其他从大到小依次是园地、城镇村及工矿用地、草地、其他土地、交通运输用地（图 4.6-3）。

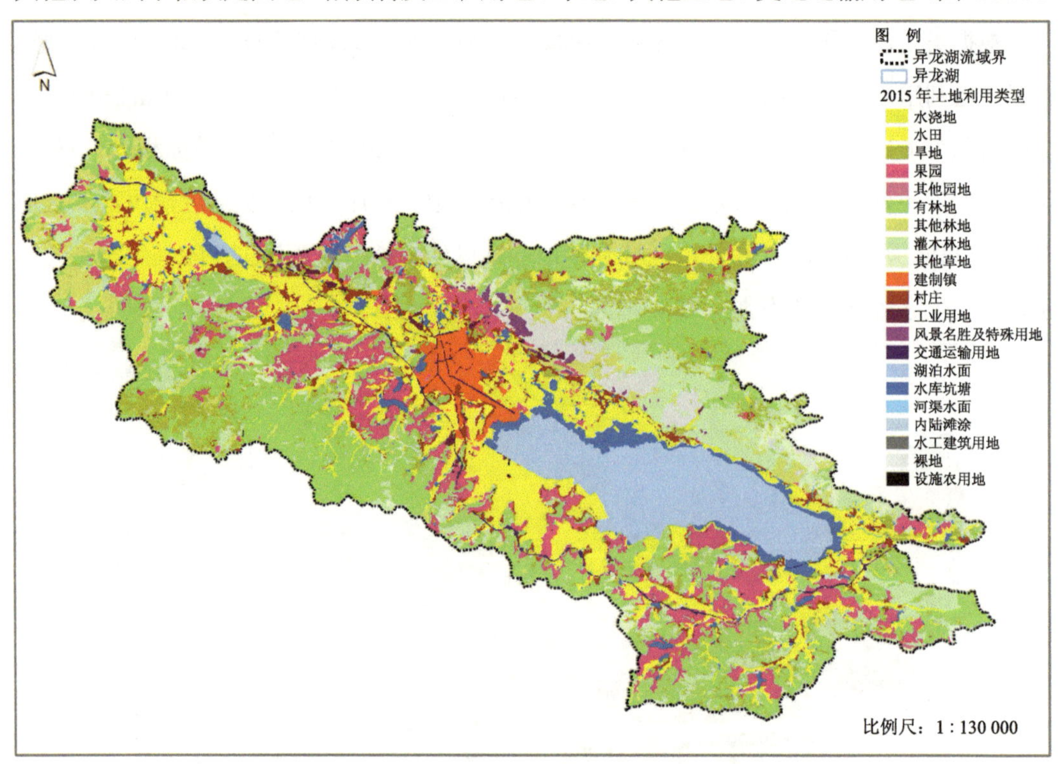

图 4.6-3 2015 年异龙湖流域土地利用现状

耕地以水田、水浇地与旱地为主，分别占总耕地面积的 59.63%、9.71%和 30.66%。林地包括有林地、灌木林地和其他林地，分别占林地总面积的 63.78%、11.80%和 24.43%。城镇村及工矿用地主要为村庄用地，占城镇村及工矿用地面积的 50.30%，其次是建制镇，占城镇村及工矿用地面积的 38.07%。水域及水利设施用地主要是湖泊，占水域及水利设施用地的 69.21%。

4.6.2.3 趋势分析

从 2015 年与 2020 年异龙湖流域的土地利用数据及空间分布情况来看，“十三五”期间，异龙湖流域土地利用变化最大的是耕地、园地和建设用地，其他的土地利用类型占比略有变化。2020 年较 2015 年有林地增加了 36.16%，灌木林地减少了 2.45%，而其他林地面积减少了 6.4 km^2，2020 年整体上林地面积增加了 24.09 km^2。2015 年，异龙湖流域果园面积为 33.71 km^2，2020 年增加到 36.63 km^2。2020 年较 2015 年水田减少了 12.93%，旱地减少了 41.48%，农村人均耕地面积减少了 0.30 亩，耕地整体呈减少趋势。2020 年比 2015 年建制镇增加了 51.92%，村庄增加了 0.96 km^2，城镇村及工矿用地面积整体呈增加趋势（图 4.6-4）。

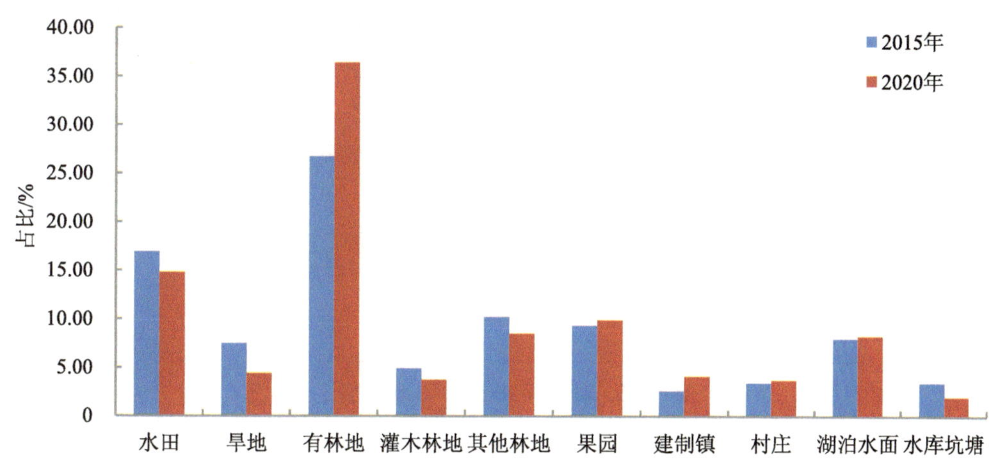

图 4.6-4 2015 年与 2020 年异龙湖流域主要土地利用类型面积占比变化

4.6.3 植被变化趋势

根据石屏县林业资料及卫星影像解译，2020 年异龙湖流域森林覆盖率为 54.62%，2015 年星云湖流域森林覆盖率为 49.11%，2020 年森林覆盖率比 2015 年高出 5.51%。

异龙湖径流区内植被复杂、类型多样，有乔木树种 101 科，800 余种。主要乔木树种有云南松、栎类、柏树、木荷、西南桦、油杉等。主要灌木有车桑子、萌生栎、小石积等。主要草木有扭黄茅、紫茎泽兰等。主要森林植被群落 15 个，常见的有云南松纯林和松栎、松阔混交林、栎类及车桑子灌木纯林等。由于交通便利、人类活动等因素，异龙湖流域原生植被基本被破坏，现有植被系统多为次生植被和人工植被系统，林种和森林质量发生了变化，涵养水源、保持水土功能的常绿阔叶林在流域内零星分布，面积小；云南松林以及灌草丛植被层简单，涵水和保持水土功能不强，从而使流域内的水土流失加剧，特别是随着近年石屏经济果林的发展，流域面山区域成规模地新开垦了很多经济林地，不仅使流域的生物多样性受到了影响，同时使流域的生态环境遭到破坏，危及流域的生态安全（图 4.6-5、图 4.6-6）。

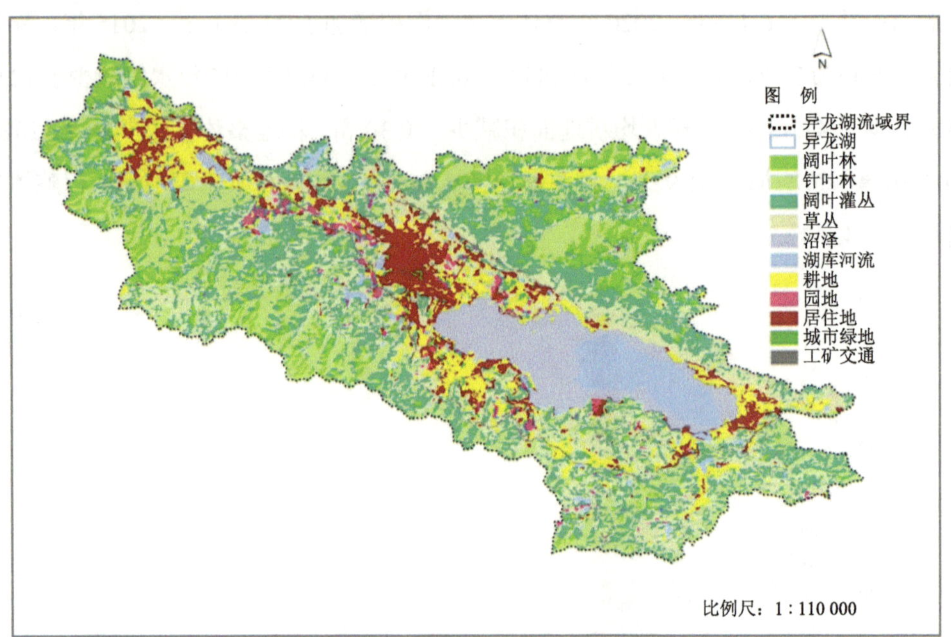

图 4.6-5　异龙湖流域 2015 年植被分布状况

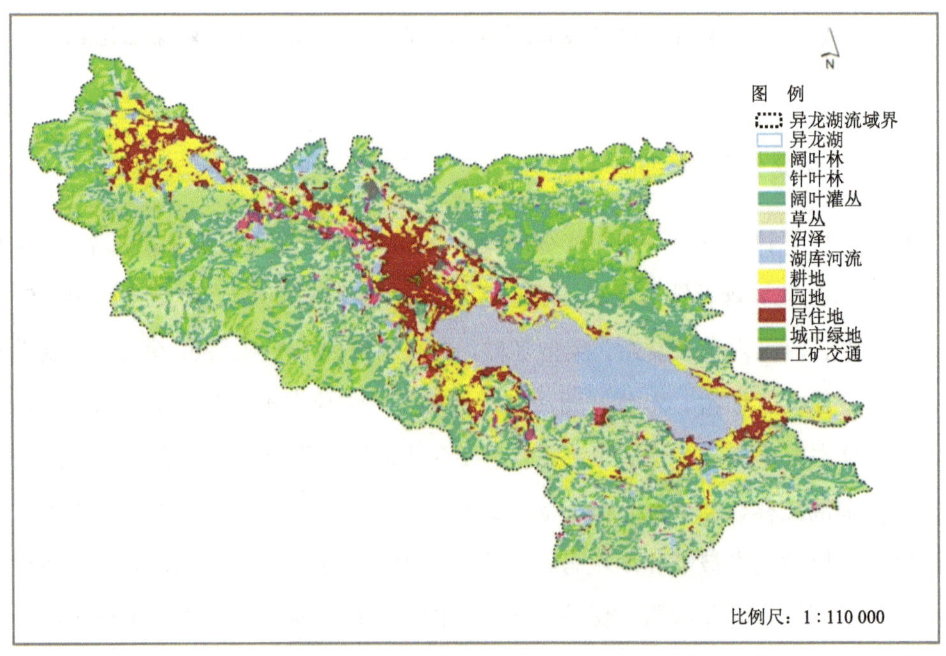

图 4.6-6　异龙湖流域 2020 年植被分布状况

4.6.4 水土流失变化趋势

4.6.4.1 现状

根据异龙湖流域水土流失调查结果，2020 年，异龙湖流域土壤侵蚀总面积为 83.89 km^2，占流域陆域面积的 23.28%。其中，轻度侵蚀水土流失面积为 63.23 km^2，主要分布在流域的东北部及西南部；中度侵蚀水土流失面积为 6.86 km^2，主要分布在流域北部；强烈侵蚀水土流失面积为 1.90 km^2，主要分布在流域北部、西南部；极强烈侵蚀水土流失面积 8.27 km^2，剧烈侵蚀水土流失面积为 4.23 km^2（图 4.6-7）。

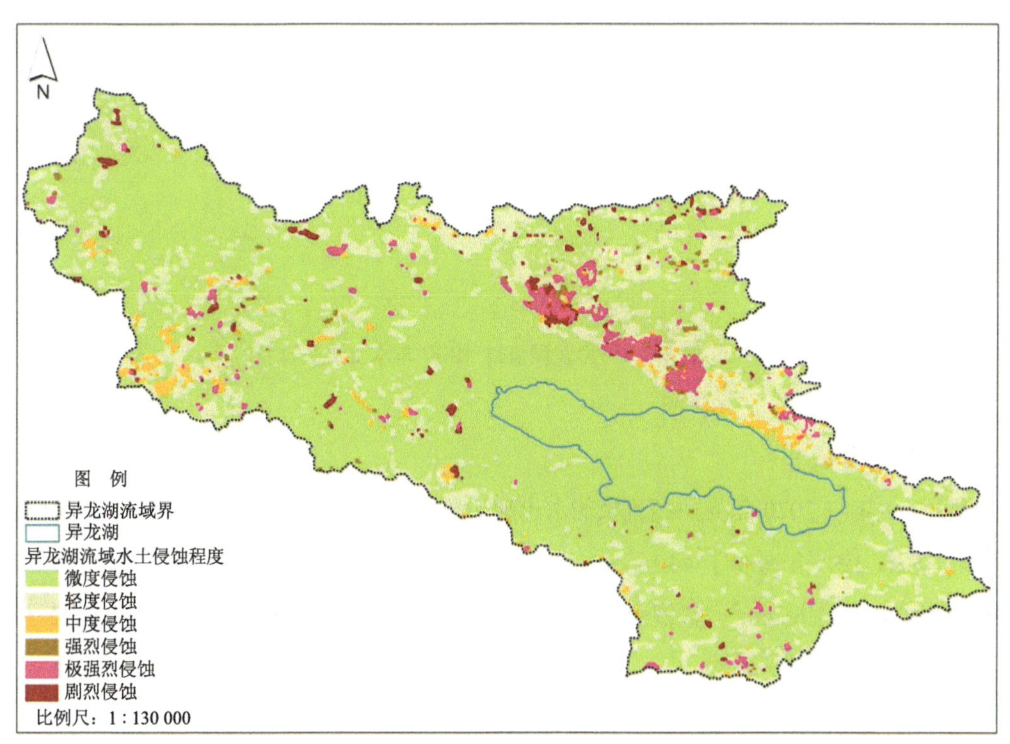

图 4.6-7 异龙湖流域 2020 年水土流失现状

4.6.4.2 历史

根据异龙湖流域 1999 年水土流失资料分析与统计结果，异龙湖流域土壤侵蚀总面积为 128.07 km^2，占流域陆域面积的 35.54%。其中，轻度侵蚀水土流失面积为 85.15 km^2，中度侵蚀水土流失面积为 42.92 km^2，中度土壤侵蚀主要分布在流域东南角和西南部分区域（图 4.6-8）。

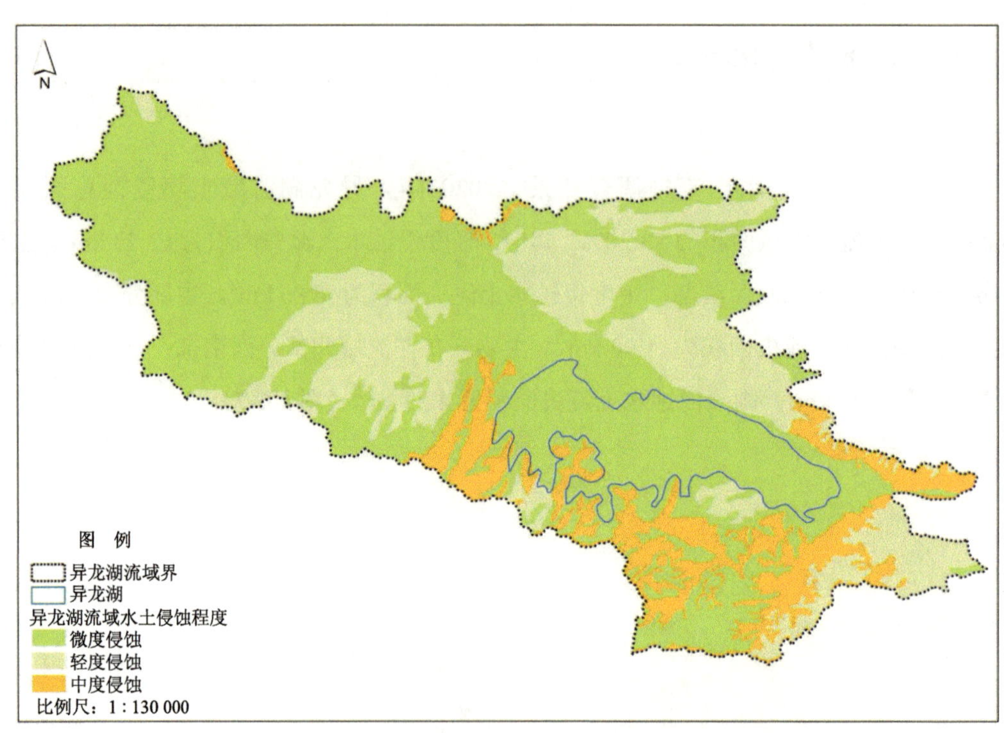

图 4.6-8 异龙湖流域 1999 年水土流失现状

4.6.4.3 趋势分析

从 1999 年与 2020 年异龙湖流域的水土流失侵蚀数据及空间分布情况来看，2020 年水土流失面积较 1999 年减少了 44.18 km^2，减少了 34.50%；其中，轻度侵蚀减少了 22.52 km^2，中度侵蚀减少了 21.66 km^2，整体上异龙湖流域水土流失侵蚀程度有所减轻（图 4.6-9）。

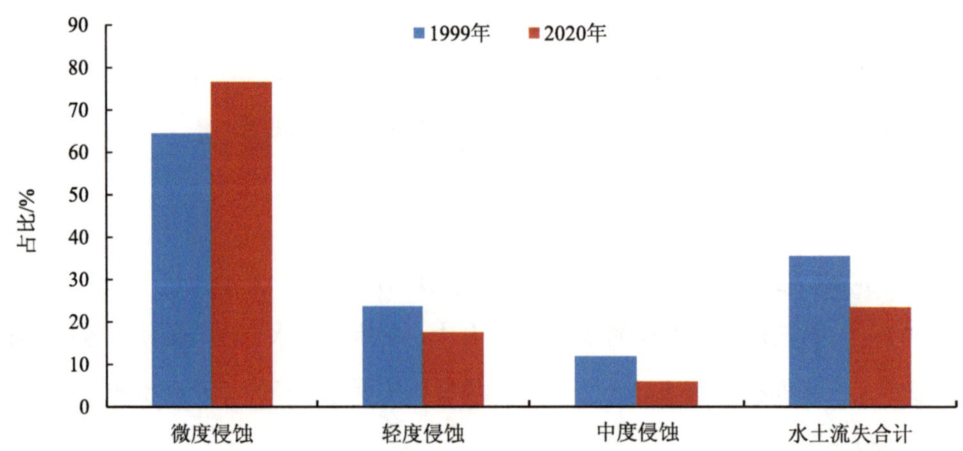

图 4.6-9 异龙湖流域水土流失趋势分析

4.6.5 污染负荷变化

4.6.5.1 现状

2020 年异龙湖流域污染物主要包括农田面源、农村生活污染、点源、农村散养畜禽等污染，COD、TN 和 TP 总产生量分别为 37 195.11 t/a、3 927.56 t/a 和 684.60 t/a；总排放量分别为 17 376.27 t/a、1 741.12 t/a 和 198.60 t/a；总入湖量分别为 3 796.40 t/a、375.50 t/a 和 27.30 t/a。

4.6.5.2 历史

2005 年异龙湖流域主要污染物 COD、TN 和 TP 总入湖量分别为 2 816.81 t/a、2 035.86 t/a 和 111.45 t/a；2010 年异龙湖流域主要污染物 COD、TN 和 TP 总入湖量分别为 23.4 t/a、371 t/a 和 39 t/a；2015 年异龙湖流域主要污染物 COD、TN 和 TP 总入湖量分别为 2 885.02 t/a、501.35 t/a 和 54.26 t/a。

4.6.5.3 趋势分析

2005—2020 年异龙湖流域主要污染物 COD 总入湖量呈先下降后上升的趋势，2010 年最低，2020 年达到最大，2020 年 COD 总入湖量相较于 2010 年增加了 64.77%；TN 和 TP 总入湖量呈先下降、后逐渐趋于平缓的趋势，2020 年 TN 和 TP 总入湖量相较于 2005 年分别减少了 81.56%和 75.50%，如图 4.6-10 所示。

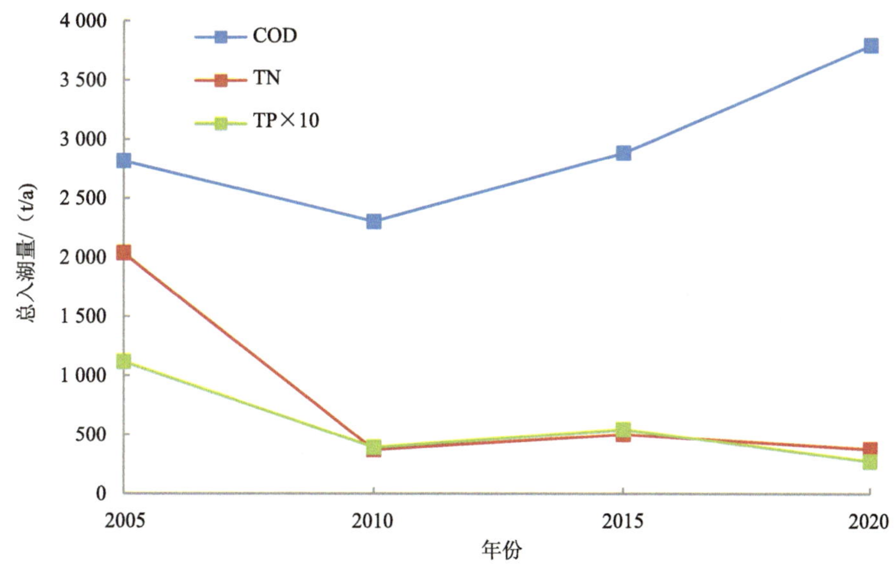

图 4.6-10 2005—2020 年异龙湖流域总入湖量变化趋势

4.6.6 水环境变化趋势

4.6.6.1 湖体

根据异龙湖流域水环境保护治理规划目标，2025 年异龙湖水体水质应稳定达到Ⅳ类水平。

2011 年以来，异龙湖水质主要污染指标为 COD_{Mn}、COD 和 TN，年均值分别为 8.3～26.9 mg/L、37.2～160.4 mg/L 和 1.82～6.23 mg/L。2020 年，异龙湖湖体水质为Ⅴ类水平，超规划水质目标的指标为 COD，年均值为 37.2 mg/L，此外 TN 浓度年均值为 2.02 mg/L。在变化特征方面，异龙湖整体上由“十二五”前中期的劣Ⅴ类水平，自 2013 年起整体呈逐年向好趋势，截至 2020 年，COD_{Mn} 浓度年均值已达到Ⅳ类水平，COD 和 TN 尽管仍超过Ⅳ类标准限值，但均处于近 10 年来相对较低水平（图 4.6-11）。

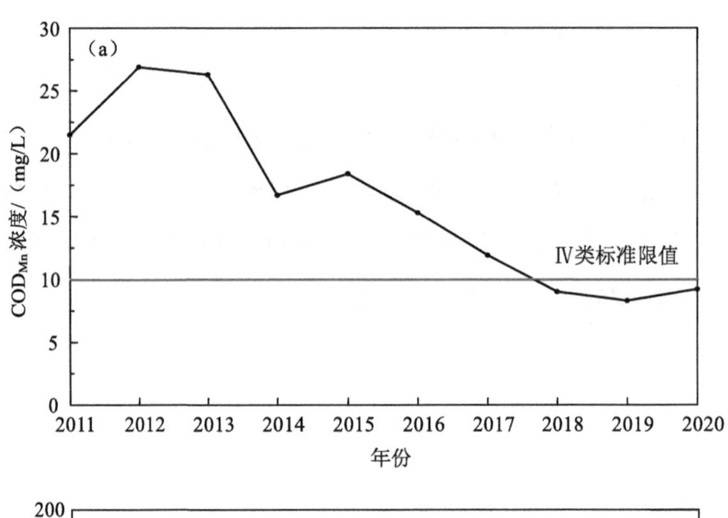

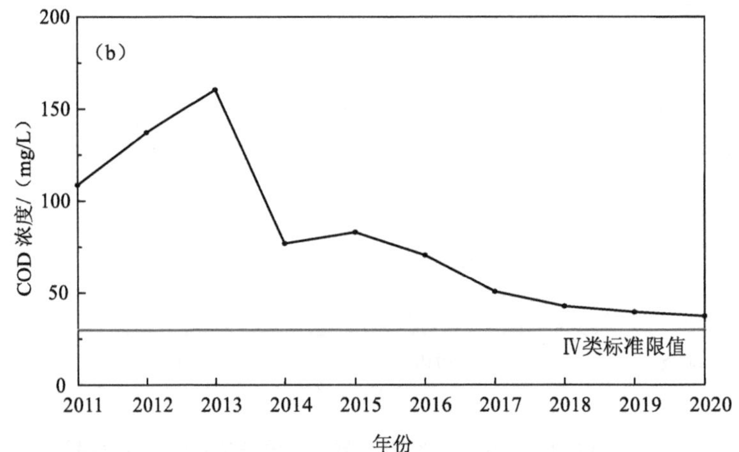

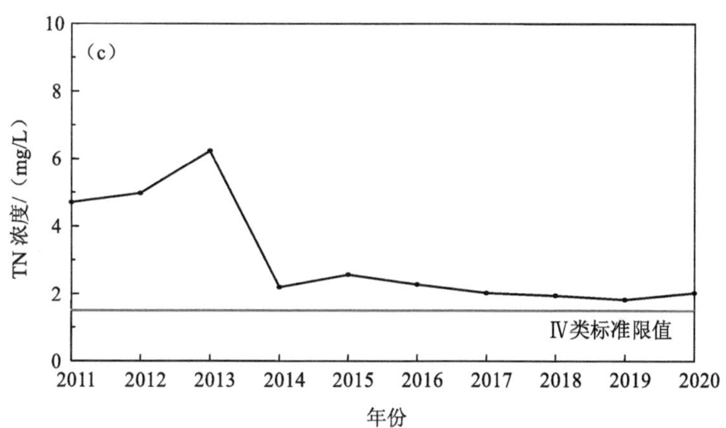

图 4.6-11 异龙湖主要污染指标变化情况(2011—2020 年)

2020 年，异龙湖 COD_{Mn}、COD 和 TN 逐月浓度分别为 6.7～16.6 mg/L、28.3～50.2 mg/L 和 1.1～3.23 mg/L。其中 COD 仅 1 月和 3 月未超过Ⅳ类标准限值，TN 和 COD_{Mn} 分别存在 8 个月和 2 个月超过Ⅳ类标准限值。各项指标变化呈现夏、秋季浓度高于春、冬季的特征，如图 4.6-12。

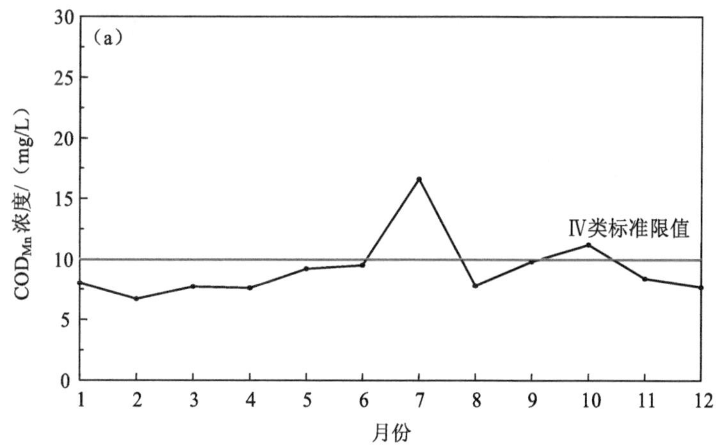

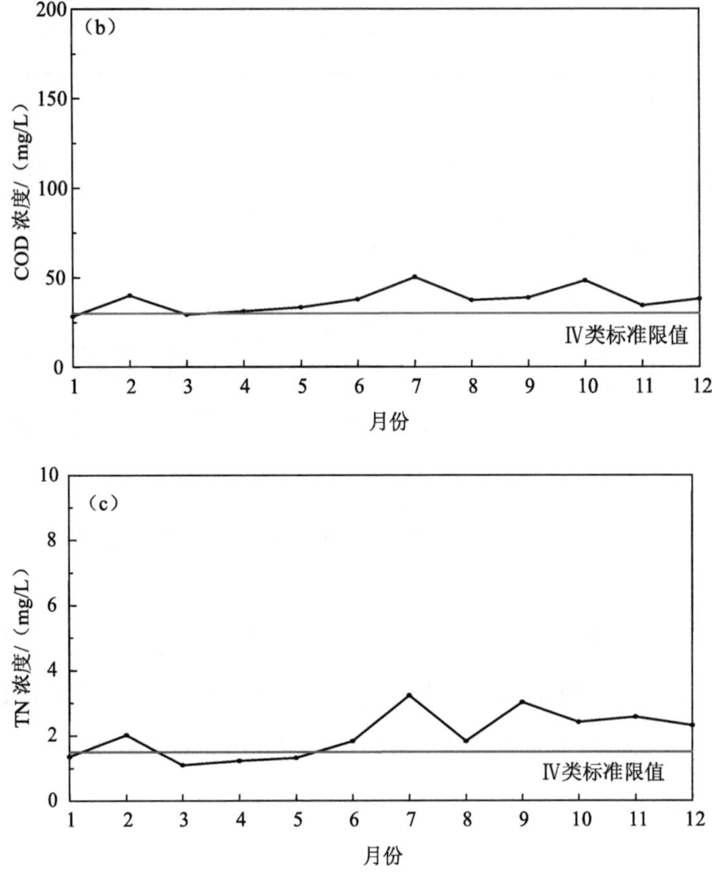

图 4.6-12　2020 年异龙湖主要污染指标变化情况

4.6.6.2　主要入湖河道

根据异龙湖流域水环境保护治理规划目标，2025 年异龙湖流域主要入湖河流水质将稳定达到Ⅳ类水平。

异龙湖流域设有国控和省控断面的主要入湖河流为城河，2016 年和 2020 年均为Ⅳ类水平。2020 年城河 COD_{Mn}、BOD_5、COD、TN 和粪大肠菌群等指标相较 2016 年均呈不同程度劣化，其中 COD_{Mn} 和 COD 已接近Ⅳ类标准限值，并且 TN 和粪大肠菌群污染水平也相对较高。

4.6.7　水资源

（1）多年平均水资源量

异龙湖流域属于极度缺水区域，流域多年自产平均水资源量为 4 690 万 m^3，2019 年人均水资源量仅 276.4 m^3，低于极度缺水警戒线。随着流域人口的不断增长，人均水资源占有量呈下降趋势。相较于 1990 年，流域人均水资源量下降了 28.3%。为解决流域水资源短缺问题，异龙湖实施了多项跨流域调水工程，有效地缓解了流域水资源供需不均衡问题。

在九湖中，异龙湖的湖容相对较小，湖容受来水量影响较大，表现出极强的年际波动特征。2004—2019 年，异龙湖的湖容经历了急剧下降、迅速恢复后降低几个变化阶段受干旱等因素影响，2012 年异龙湖湖容仅 0.3 亿 m^3，严重威胁了流域水生态健康，在外流域调水和降水增加的驱动下，2013 年 7 月以后湖泊水位逐步恢复，到 2019 年达 0.848 亿 m^3。

（2）近年异龙湖蓄水量

异龙湖 2010—2020 年年末蓄水量变化见图 4.6-13。由图 4.6-13 可以看出，2012 年和 2013 年年末蓄水量 0.30 亿 m^3，2016 年和 2018 年年末蓄水量 0.93 亿 m^3 左右，其余年份为 0.53 亿～0.75 亿 m^3。异龙湖年末蓄水量年际变化大。

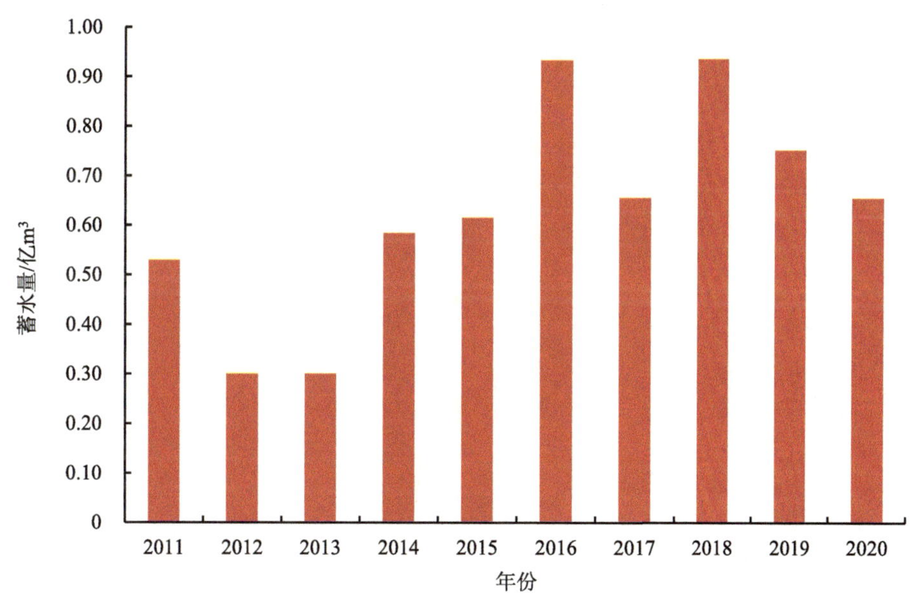

图 4.6-13 异龙湖年末蓄水量（2011—2020 年）

4.7 洱海

4.7.1 土壤

洱海流域地带性土壤类型为红壤、黄棕壤、棕壤、暗棕壤、棕色针叶林土、亚高山草甸土，非地带性土壤类型为石灰（岩）土、冲积土、水稻土和紫色土（图 4.7-1）。

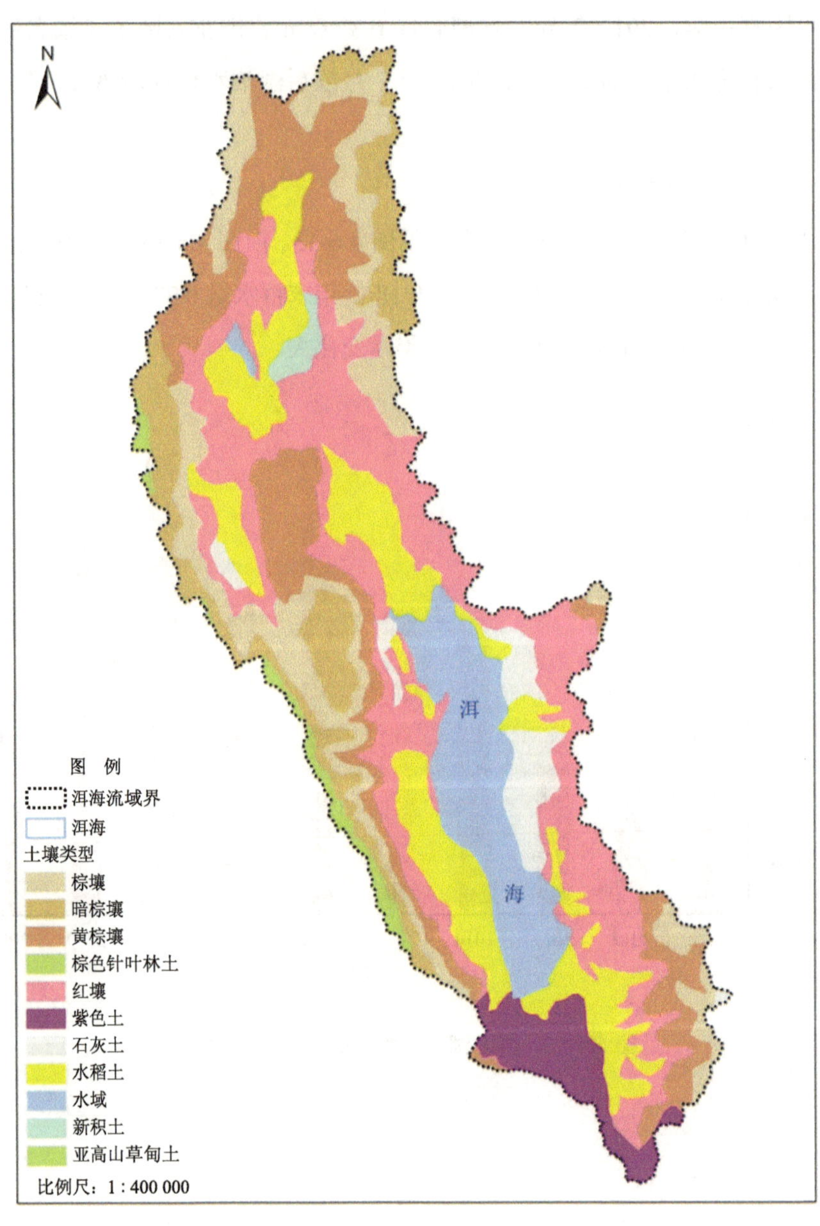

图 4.7-1 洱海流域土壤分布

（1）洱海流域地带性土壤

洱海流域地带性土壤占流域面积的65.48%，分别为红壤25.7%、黄棕壤16.03%、棕壤12.87%、暗棕壤9.30%、棕色针叶林土1.34%和亚高山草甸土0.24%；红壤主要分布在山脚，黄棕壤主要分布在山腰，暗棕壤、棕色针叶林土和亚高山草甸土主要分布在山顶。

（2）洱海流域非地带性土壤（泛域土壤）

洱海流域非地带性土壤占流域面积的34.52%，分别为石灰（岩）土3.58%、冲积土0.81%、水稻土16.22%和紫色土4.22%，其主要分布在石灰岩出露地区、河流附近、紫色母岩地区。

（3）洱海流域土壤资源诊断

洱海流域主要地带性土壤红壤约占洱海流域面积的25.7%，由于脱硅富铝化作用，土壤积累大量Fe、Al，使得土壤对P有极强的吸附、固定能力，因此，水土流失造成的泥沙入湖，可使湖泊正磷酸盐吸附和固定化，从而使洱海水体有极强的地球化学容量。

洱海流域湖滨带和河流附近分布约流域面积16.2%的水稻土，在长期的耕作中形成“犁底层”“潜育层”和“潴育层”，其可有效地减少N、P、COD、农药进入浅层地下水，防止浅层地下水污染，从而防止洱海水体富营养化发展。

4.7.2 土地利用变化趋势

4.7.2.1 现状

根据第三次全国国土调查、洱海流域土地利用资料及现状调查，2020年，洱海流域土地利用以林地、耕地和水域及水利设施用地为主，其中林地面积为1 338.27 km^2，占总面积的52.18%；耕地面积为433.06 km^2，占总面积的16.88%；水域及水利设施用地面积为282.89 km^2，占总面积的11.03%；其他从大到小依次是其他土地、建设用地、园地、交通运输用地及草地（图4.7-2）。

耕地以水田、旱地与水浇地为主，分别占总耕地面积的49.94%、47.95%和2.10%。水域及水利设施用地主要是湖泊，占水域及水利设施用地的90.37%。

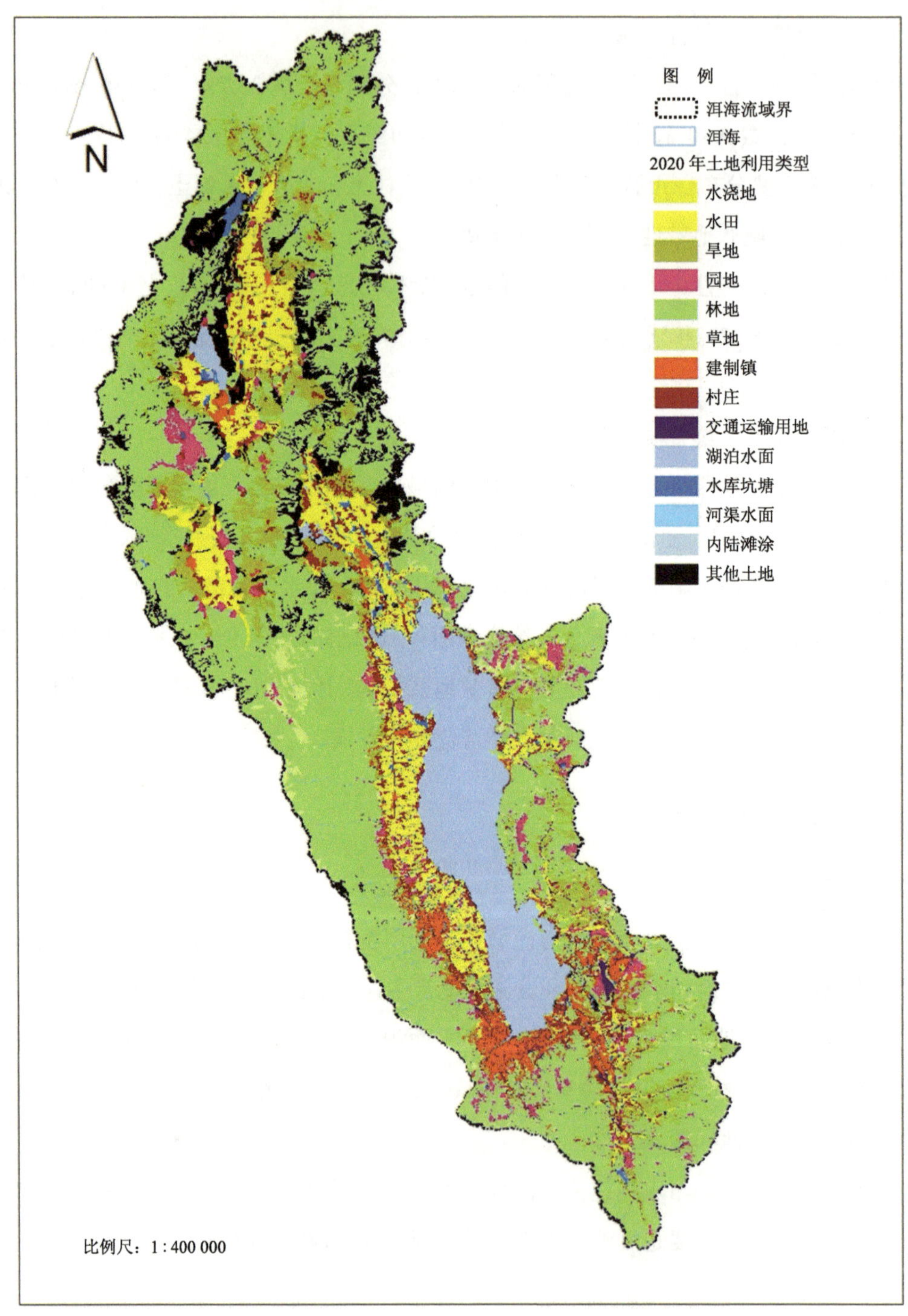

图 4.7-2　2020 年洱海流域土地利用现状

4.7.2.2　历史

根据洱海流域“十二五”末土地利用资料，2015 年，洱海流域土地利用以林地、耕地、其他土地和水域及水利设施用地为主，其中林地面积为 1 270.02 km^2，占总面积的 49.51%；耕地面积为 514.01 km^2，占总面积的 20.04%；其他土地面积为 307.99 km^2，占总面积的 12.01%，水域及水利设施用地面积为 274.24 km^2，占总面积的 10.69%；其他从大到小依次是建设用地、园地、交通运输用地及草地（图 4.7-3）。

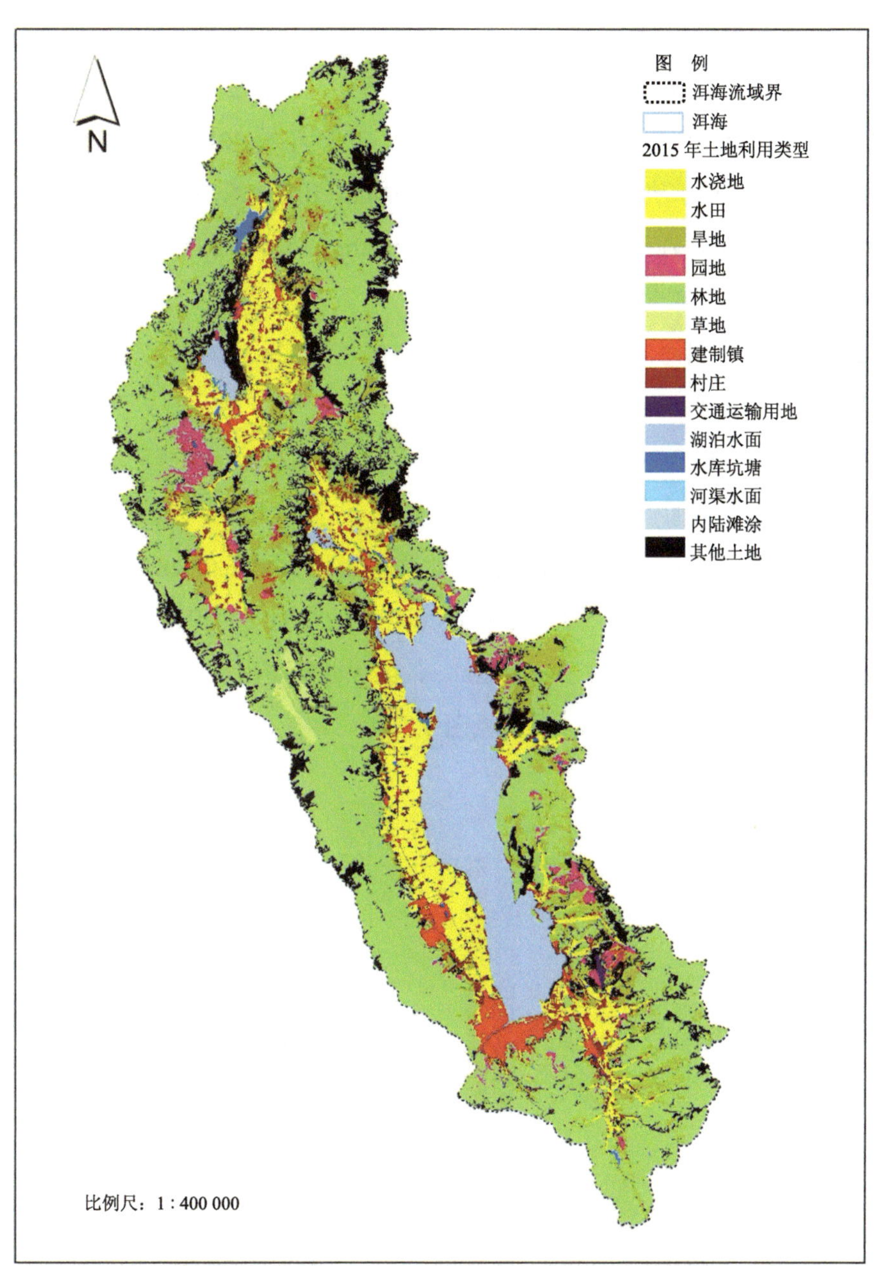

图 4.7-3　2015 年洱海流域土地利用现状

耕地以水田、旱地与水浇地为主，分别占总耕地面积的 54.45%、44.61%和 0.93%。水域及水利设施用地主要是湖泊水面，占水域及水利设施用地的 93.38%。

4.7.2.3 趋势分析

对比分析 2015 年与 2020 年洱海流域的土地利用数据及空间分布情况，从土地利用结构与数据上看，两个年份均以林地、耕地为主，其他的土地利用类型占比略有变化。

耕地：2015 年，洱海流域水田面积为 279.89 km^2，旱地面积为 229.33 km^2；2020 年水田面积为 216.31 km^2，旱地面积为 207.65 km^2。2020 年较 2015 年水田减少了 22.71%，旱地减少了 9.45%，而水浇地面积从 4.79 km^2 增加到 9.01 km^2，耕地整体呈减少趋势。

林地：2015 年，洱海流域林地面积为 1 270.02 km^2，2020 年林地面积为 1 338.37 km^2，整体上林地面积呈增加趋势。

园地：2015 年，洱海流域园地面积为 49.26 km^2，2020 年增加到 75.86 km^2，整体上园地面积增加了 54.00%。

建设用地：2015 年，洱海流域建设用地总面积为 125.62 km^2，2020 年增加到 169.41 km^2，整体上建设用地面积增加了 34.86%。

水域及水利设施用地：2015 年，湖泊水面的面积为 256.08 km^2，水库坑塘面积为 12.58 km^2，河渠水面的面积为 5.58 km^2；2020 年湖泊水面的面积为 255.67 km^2，湖泊面积变化较小，水库坑塘面积增加了 6.52 km^2，河渠水面的面积增加了 2.58 km^2，水域及水利设施用地面积有较一定的增加。具体见图 4.7-4。

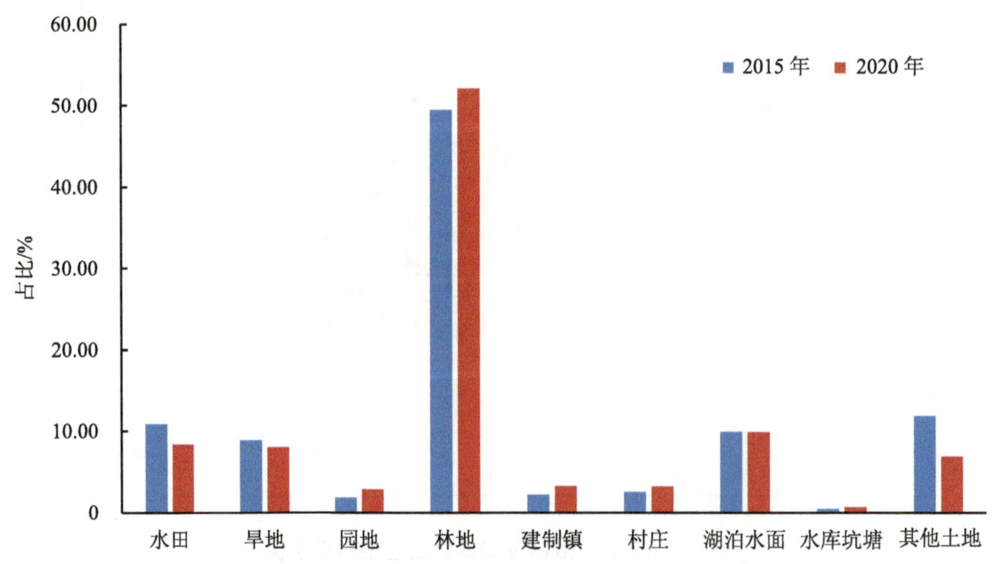

图 4.7-4 2015 年与 2020 年洱海流域主要土地利用类型占比

4.7.3 植被变化趋势

洱海流域复杂多样的地形和典型的山地立体气候，形成了区域内丰富多样的生态系统类型，包括森林生态系统、草甸生态系统、湿地生态系统和高原湖泊态系统（表 4.7-1），分布主要植被类型有暖温性针叶林，包括云南松林、旱冬瓜、滇山杨林、华山松林；温凉性针叶林包括云南铁杉、白穗石栎、杜鹃群落；寒温性针叶林包括苍山冷杉-杜鹃群落；苍山冷杉-箭竹群落；干热性稀树灌木草丛包括坡柳石山灌草丛；暖湿性稀树灌木草丛包括云南松稀树灌木草丛、寒温性灌丛包括杜鹃灌丛；草甸为亚高山草甸（图 4.7-5、图 4.7-6）。

表 4.7-1　洱海流域主要植被类型

植被类型
Ⅰ. 暖性针叶林
（Ⅰ）暖温性针叶林
（一）云南松林
（二）云南松、旱冬瓜、滇山杨林
（三）华山松林
Ⅱ. 温性针叶林
（Ⅰ）温凉性针叶林
（一）云南铁杉、白穗石栎、杜鹃群落
（Ⅱ）寒温性针叶林
（一）苍山冷杉-杜鹃群落
（二）苍山冷杉-箭竹群落
Ⅲ. 稀树灌木草丛
（Ⅰ）干热性稀树灌木草丛
（一）坡柳石山灌草丛
（Ⅱ）暖湿性稀树灌木草丛
（一）云南松稀树灌木草丛
Ⅳ. 灌丛
（Ⅰ）寒温性灌丛
一、杜鹃灌丛
Ⅴ. 草甸
（Ⅰ）亚高山草甸

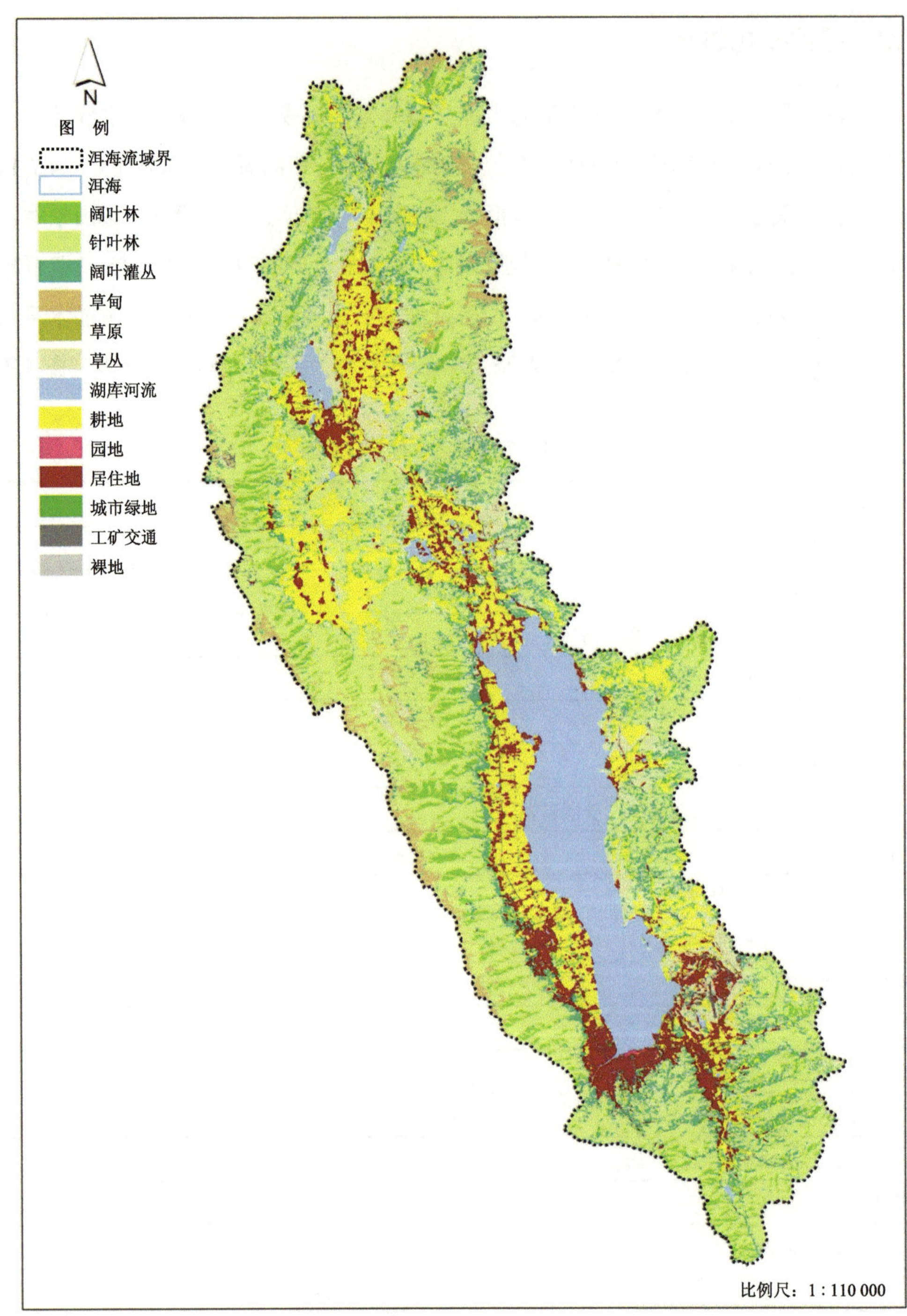

图 4.7-5　洱海流域 2015 年植被分布状况

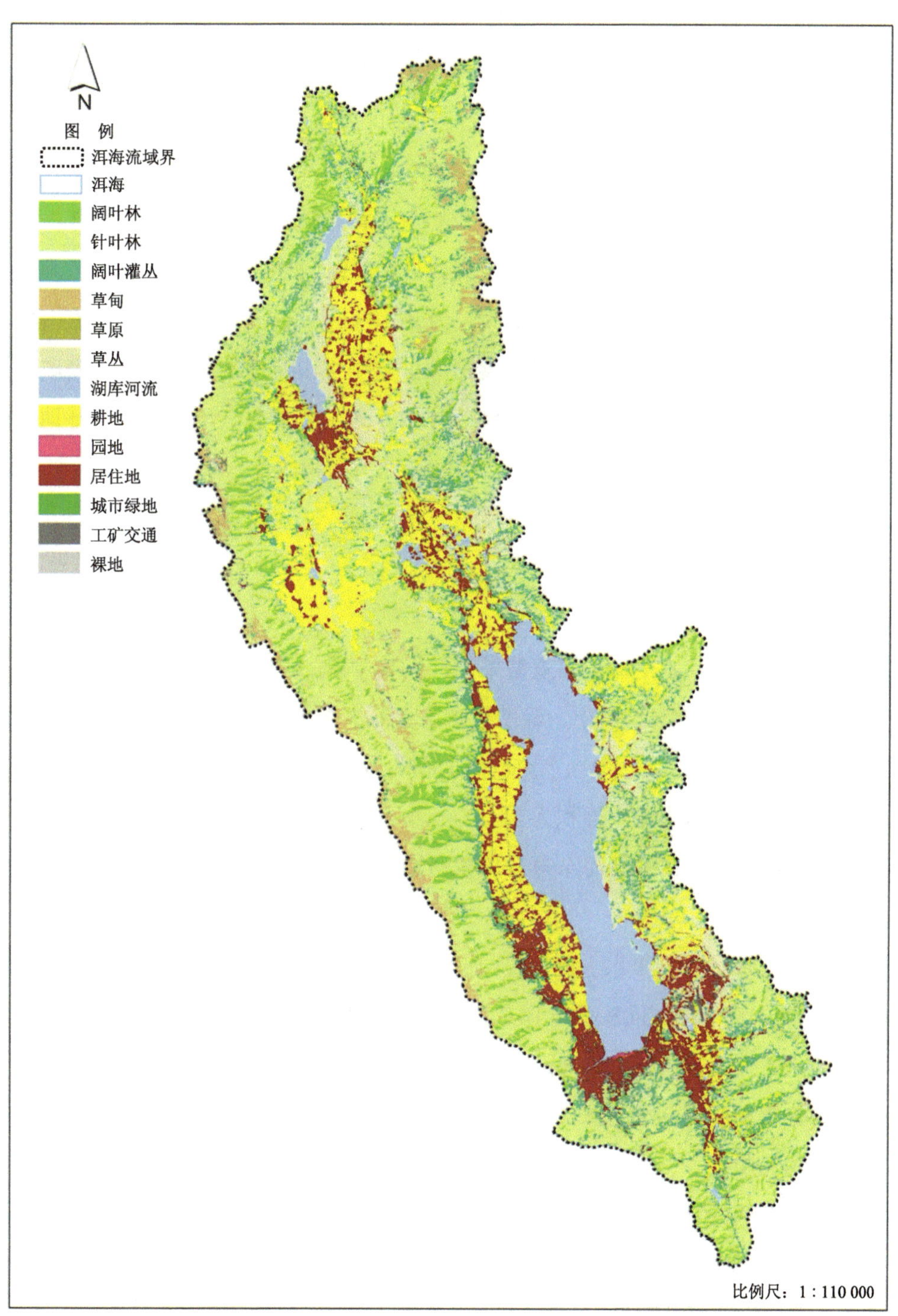

图 4.7-6　洱海流域 2020 年植被分布状况

根据大理市林业资料及卫星影像解译，2020 年洱海流域森林覆盖率为 41.3%，2015 年洱海流域森林覆盖率为 41.2%，2020 年森林覆盖率较 2015 年略增加了 0.1%。整个流域自然景观中，云南松疏林灌丛面积最大，占流域面积约为 23%；杜鹃灌丛面积最小，占 0.13%。云南铁杉、白穗石栎、杜鹃群落占 6.61%；苍山冷杉-杜鹃群落占 4.65%；华山松林占 4.32%；苍山冷杉-箭竹群落占 3.89%；坡柳石山灌草丛占 3.74%；亚高山草甸占 3.32%；云南松林占 2.97%；云南松、旱冬瓜、滇山杨林占 2.33%；杜鹃灌丛占 0.13%；云南铁杉、白穗石栎、杜鹃群落的斑块平均面积最大，为 0.18 km^2；云南松、旱冬瓜、滇山杨林的斑块平均面积最小，为 0.03 km^2，破碎度最大，它是中山湿性常绿阔叶林遭到破坏后的次生演替植被类型，零星散生在暖温性针叶林中。人工景观中，旱地和草药基地的破碎度最小，斑块平均面积最大，这与旱地和草药基地大面积成片分布的实际情况相一致。

4.7.4 水土流失变化趋势

4.7.4.1 现状

根据洱海流域最新水土流失调查结果，2020 年，洱海土壤侵蚀总面积为 529.41 km^2，占流域陆域面积的 20.64%。其中，轻度侵蚀水土流失面积为 428.23 km^2，中度侵蚀水土流失面积为 31.16 km^2，强烈侵蚀水土流失面积为 27.63 km^2，极强烈侵蚀水土流失面积 27.90 km^2，剧烈侵蚀水土流失面积为 14.49 km^2，强度以上土壤侵蚀主要分布在流域的北部及洱海东部和南部，其中洱海东部有较多剧烈和极剧烈侵蚀地块（图 4.7-7）。

4.7.4.2 历史

根据洱海流域 1999 年水土流失资料分析与统计结果，洱海流域土壤侵蚀总面积为 1 036.53 km^2，占流域陆域面积的 40.41%。其中，轻度侵蚀水土流失面积为 426.62 km^2，中度侵蚀水土流失面积为 409.85 km^2，强度侵蚀水土流失面积为 200.06 km^2，中度以上土壤侵蚀主要分布在流域北部与东部，西部有少量中度侵蚀地块分布（图 4.7-8）。

4.7.4.3 趋势分析

对比分析 1999 年与 2020 年洱海流域的水土流失侵蚀数据及空间分布，从数量上看，2020 年水土流失面积较 1999 年减少了 507.12 km^2，减少了 33.18%；其中，轻度侵蚀增加了 1.61 km^2，中度侵蚀减少了 378.69 km^2，强度以上侵蚀面积减少了 130.05 km^2，说明近年来洱海流域的水土流失综合治理效果较显著（图 4.7-9）。

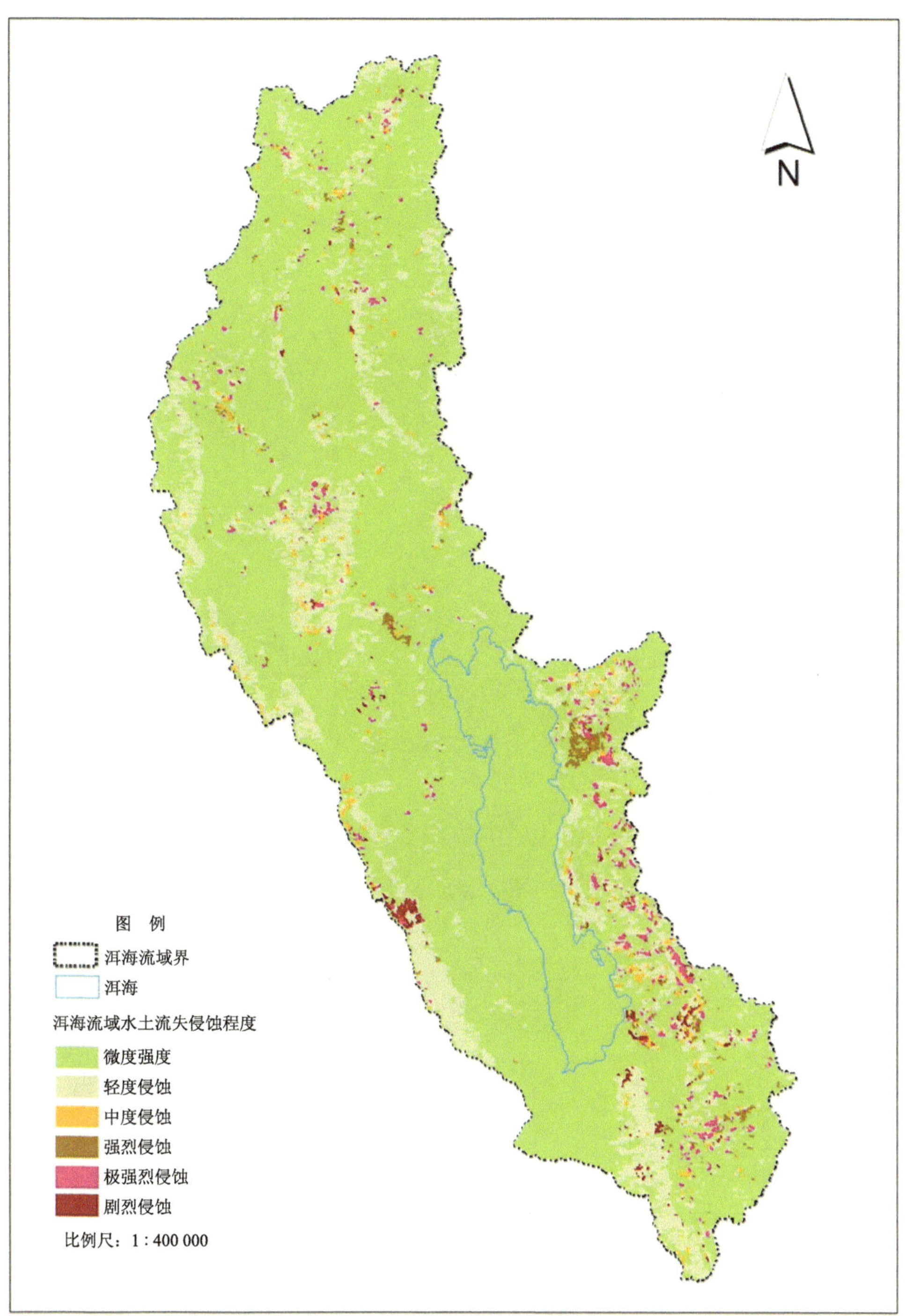

图 4.7-7　洱海流域 2020 年水土流失现状

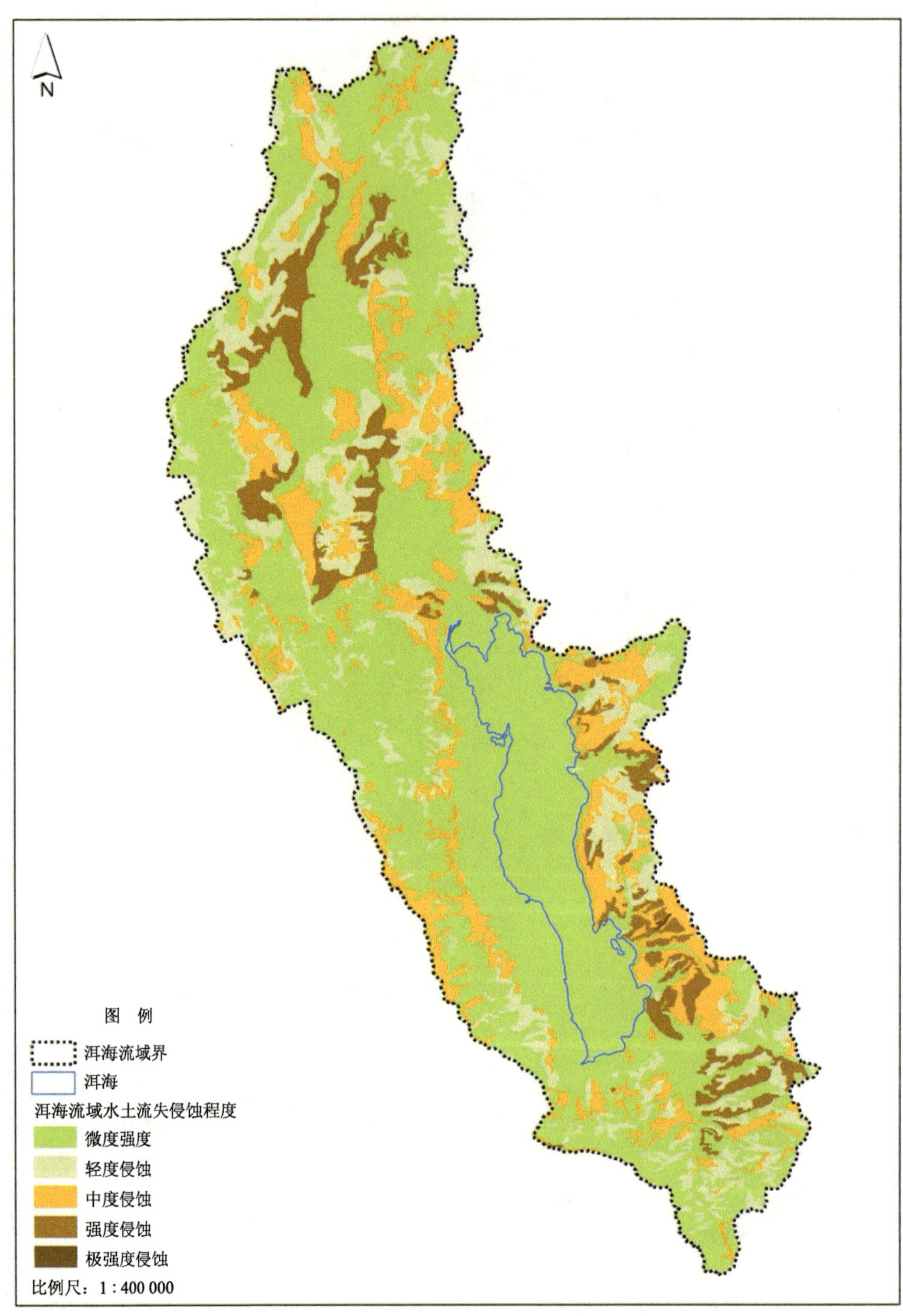

图 4.7-8　洱海流域 1999 年水土流失现状

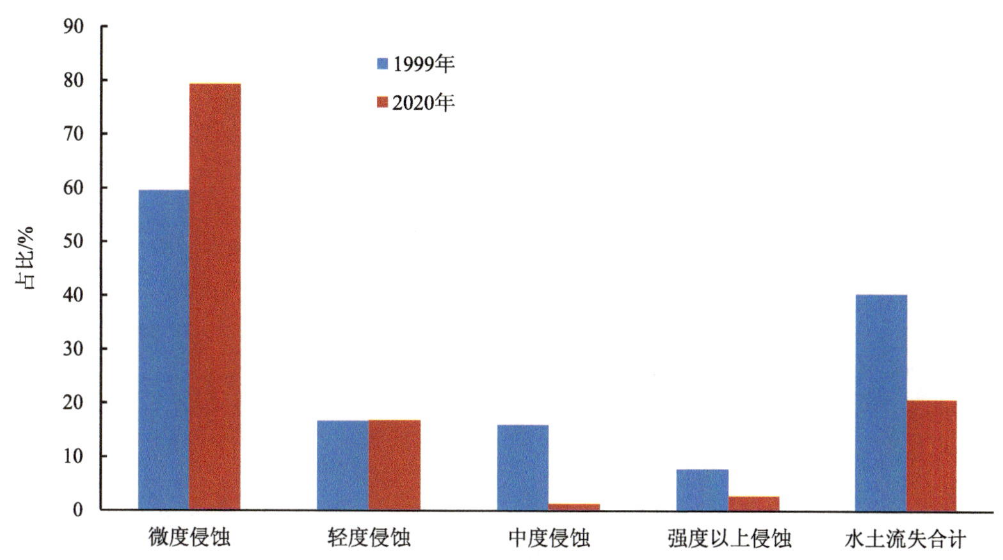

图 4.7-9 洱海流域水土流失趋势分析

4.7.5 污染负荷变化

4.7.5.1 现状

2020 年，洱海流域污染物主要包括分散式畜禽养殖、农村生活、农田面源和城镇生活污染等，COD、TN 和 TP 总排放量分别为 20 779.70 t/a、3 879.08 t/a 和 380.77 t/ a；总入湖量分别为 6 765.90 t/a、1 595.40 t/a 和 125.07 t/a。

4.7.5.2 历史

2005 年洱海流域污染物 COD、TN 和 TP 总入湖量分别为 9 865.68 t/a、1 208.97 t/a 和 106.25 t/a；2010 年洱海流域污染物 COD、TN 和 TP 总入湖量分别为 10 049.40 t/a、2 628.10 t/a 和 176.10 t/a；2015 年洱海流域污染物 COD、TN 和 TP 总入湖量分别为 10 654 t/a、1 873 t/a 和 142 t/a。

4.7.5.3 趋势分析

2005—2020 年，洱海流域主要污染物 TN 和 TP 总入湖量呈先上升后降的趋势，2010 年达到最大值，2020 年降至最低，2020 年 TN 和 TP 总入湖量相较于 2010 年分别减少了 28.73%和 19.36%（图 4.7-10）。

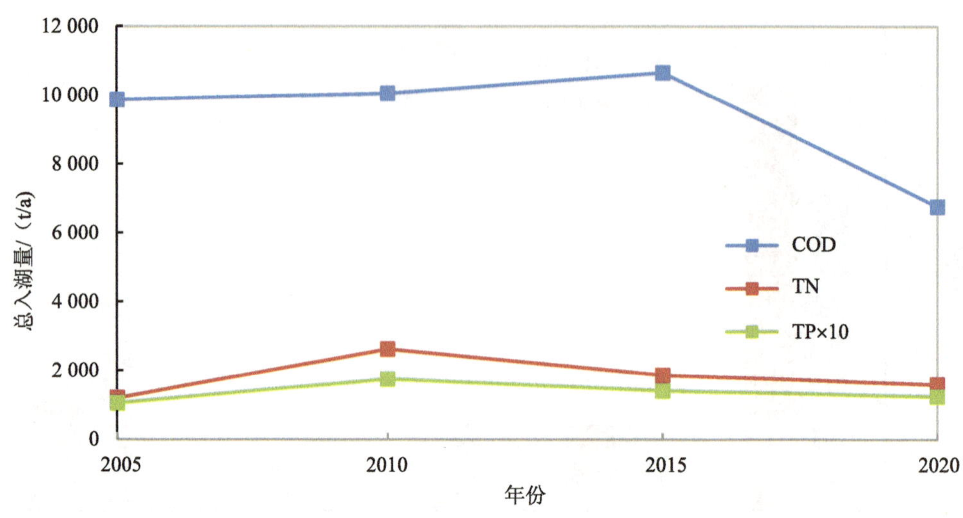

图 4.7-10 2005—2020 年洱海流域总入湖量变化趋势

4.7.6 水环境变化趋势

4.7.6.1 湖体

根据洱海流域水环境保护治理规划目标，2025 年洱海水体水质应稳定达到Ⅱ类水平及以上，各项指标 TN 浓度不应高于 0.55 mg/L，TP 不应高于 0.025 mg/L，COD_{Mn} 不应高于 4.0 mg/L，COD 不应高于 15 mg/L，富营养化综合指数不应高于 40。

2011 年以来，洱海湖体水质主要污染指标为 COD、TP 和 TN，年均值分别为 13.2～16.1 mg/L、0.022～0.029 mg/L 和 0.49～0.62 mg/L。2020 年洱海湖体水质为Ⅲ类水平，TN、TP、COD_{Mn}、COD 和富营养化综合指数年均值分别为 0.60 mg/L、0.022 mg/L、3.9 mg/L、15.3 mg/L 和 40.9，TN、COD 和富营养化指数 3 项指标超出规划水质目标。变化特征方面，各项指标整体上于“十三五”前中期开始有所上升，其中 COD 于 2018—2020 年超过Ⅱ类标准限值；TP 近 5 年来有所下降，2019—2020 年达到Ⅱ类水平，且 2020 年达到“十二五”以来相对最低水平；TN 近 10 年来仅 2014 年达到Ⅱ类水平，且自“十二五”末期至今整体呈逐年上升的趋势，2018—2020 年 TN 处于近 10 年来相对较高水平；此外，COD_{Mn} 年均值未呈现超标现象，但“十二五”以来该指标逐年上升，逐渐接近Ⅱ类标准限值，其中 2020 年均值已达 3.9 mg/L，需重点关注（图 4.7-11）。

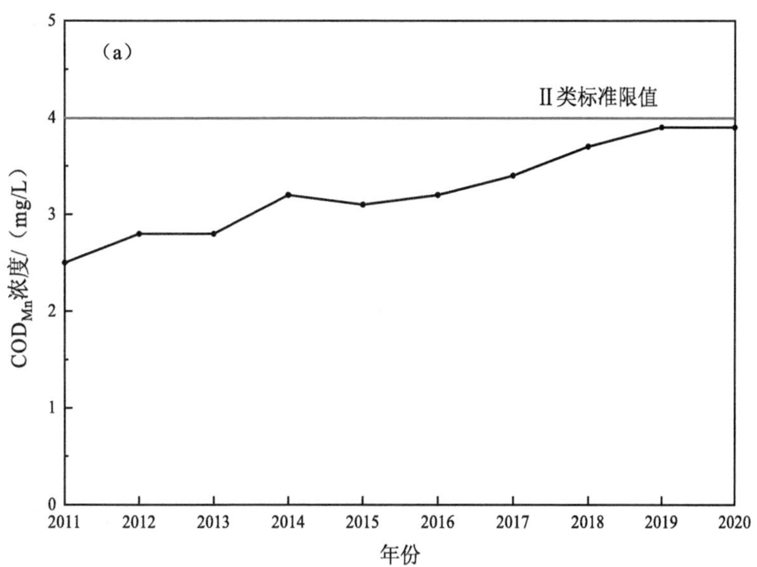
(a)
Ⅱ类标准限值
COD_{Mn}浓度/(mg/L)
0
1
2
3
4
5
2011
2012
2013
2014
2015
2016
2017
2018
2019
2020
年份

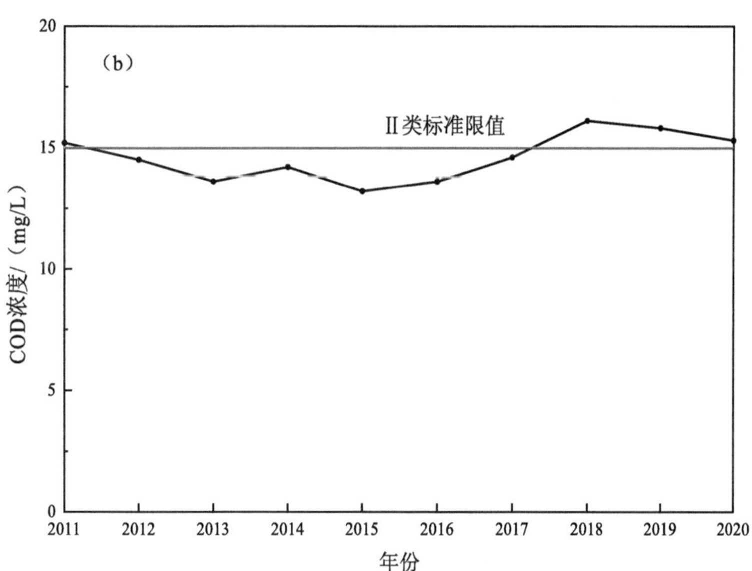
(b)
Ⅱ类标准限值
COD浓度/(mg/L)
0
5
10
15
20
2011
2012
2013
2014
2015
2016
2017
2018
2019
2020
年份

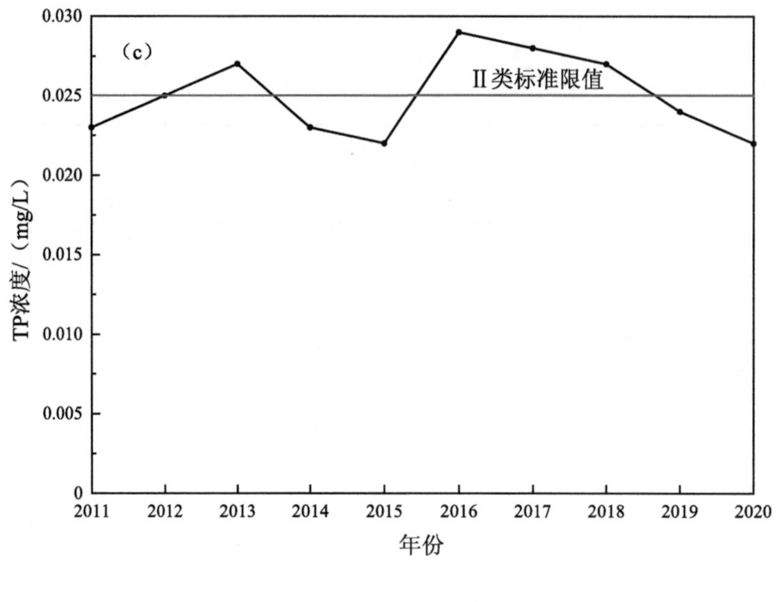

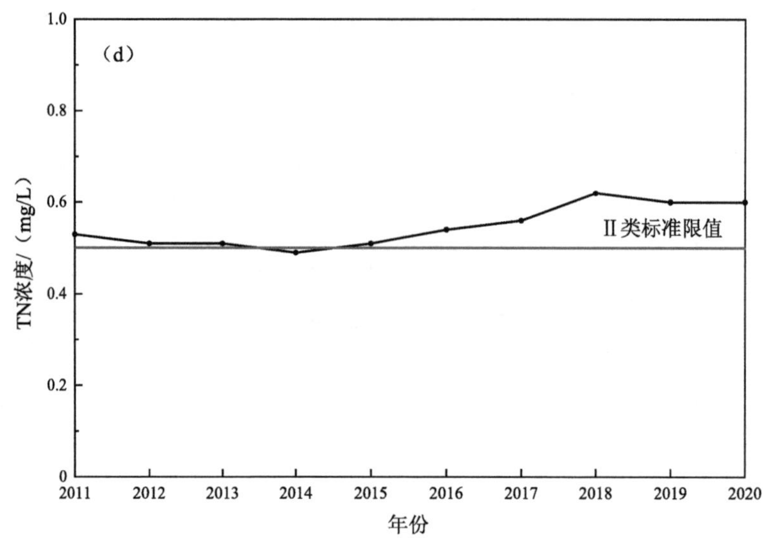

图 4.7-11　洱海主要污染指标变化情况（2011—2020 年）

2020 年，洱海湖体 COD_{Mn}、COD、TP 和 TN 逐月浓度分别为 3.6～4.2 mg/L、14.0～17.8 mg/L、0.020～0.029 mg/L 和 0.46～0.70 mg/L，分别存在 2 个月、5 个月、2 个月和 11 个月超过Ⅱ类标准限值。各项指标整体呈雨季高于旱季的周年变化特征，其中 TN 浓度以下半年尤其秋季相对较高（图 4.7-12）。

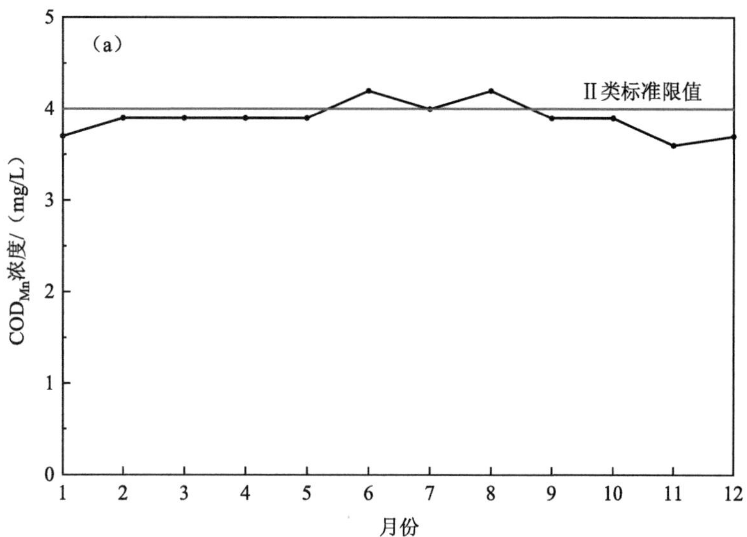
(a)
Ⅱ类标准限值
COD_{Mn}浓度/(mg/L)
月份
0
1
2
3
4
5
1
2
3
4
5
6
7
8
9
10
11
12

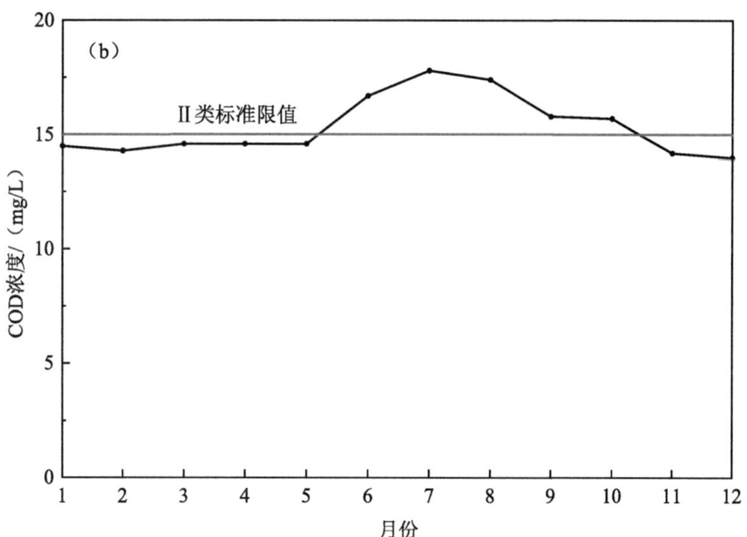
(b)
Ⅱ类标准限值
COD浓度/(mg/L)
月份
0
5
10
15
20
1
2
3
4
5
6
7
8
9
10
11
12

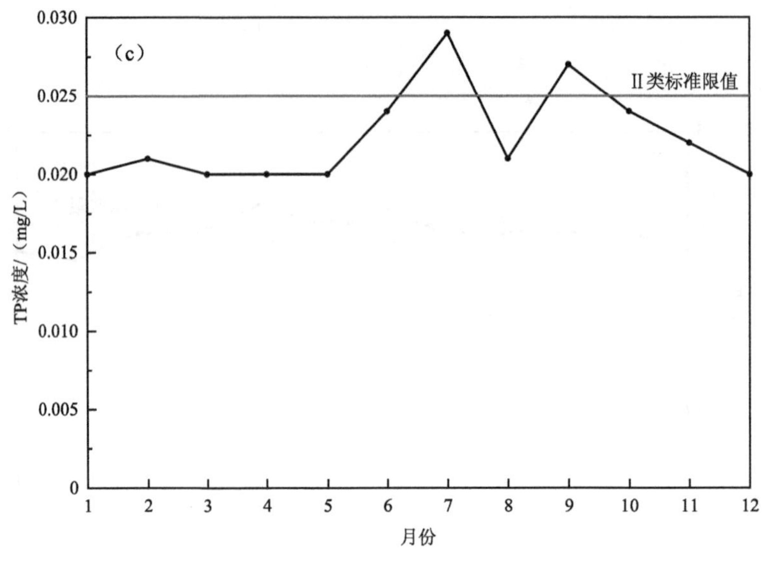

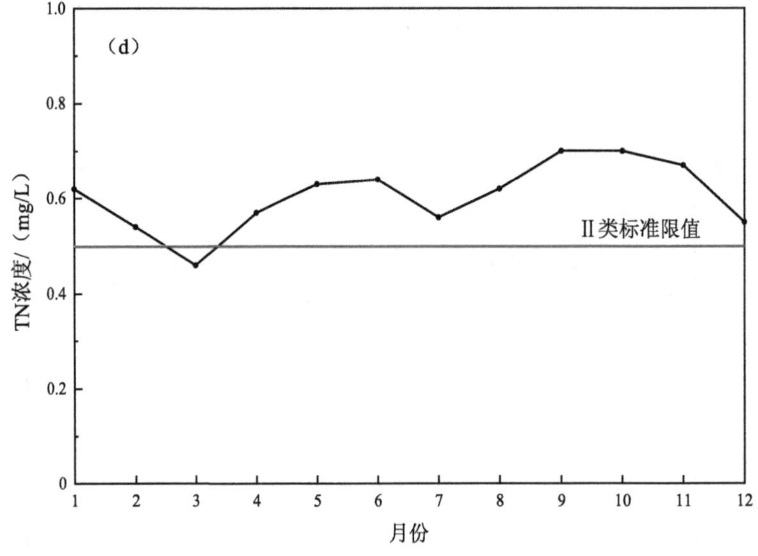

图 4.7-12　2020 年洱海水质变化情况

4.7.6.2　主要入湖河道

根据洱海流域水环境保护治理规划目标，2025 年洱海流域主要入湖河流中弥苴河江尾桥断面水质应稳定达到Ⅱ类水平，永安江江尾桥东断面、罗时江沙坪桥断面和波罗江入海口断面水质应稳定达到Ⅲ类水平。

洱海流域设有国控和省控断面的主要入湖河流中，2016 年 7 条河流中有 1 条达到Ⅰ类水平，2 条达到Ⅱ类水平，1 条达到Ⅲ类水平，3 条为Ⅳ类水平；2020 年 9 条河流中有

1 条达到Ⅰ类水平，4 条达到Ⅱ类水平，2 条达到Ⅲ类水平，2 条为Ⅳ类水平（表 4.7-2、表 4.7-3）。

表 4.7-2　洱海流域规划目标的 4 条主要河流水质类别

	弥苴河 江尾桥断面	永安江 江尾桥东断面	罗时江 沙坪桥断面	波罗江 入海口断面
2016 年	Ⅱ类	Ⅳ类	Ⅳ类	Ⅳ类
2020 年	Ⅱ类	Ⅲ类	Ⅳ类	Ⅱ类
2020 年超标因子	—	—	COD_{Mn}、BOD_5、COD	—

表 4.7-3　2020 年洱海流域主要入湖河流氮、磷含量　　单位：mg/L

序号	名称	TP	TN	NH_3-N
1	白鹤溪	0.110	1.47	0.04
2	白石溪	0.048	0.49	0.02
3	波罗江	0.065	1.05	0.09
4	罗时江	0.091	0.90	0.12
5	弥苴河	0.047	0.76	0.06
6	万花溪	0.049	0.48	0.09
7	永安江	0.072	0.97	0.08
8	芒涌溪	0.044	0.34	0.03
9	中河溪	0.260	2.73	0.28

2020 年罗时江沙坪桥断面为Ⅳ类水平，超出 2025 年规划目标水质类别，超标指标为 COD_{Mn}、BOD_5 和 COD，而弥苴河江尾桥断面、永安江江尾桥东断面和波罗江入海口断面分别整体达到Ⅱ类、Ⅲ类和Ⅱ类水平，达到规划目标水质类别。此外，洱海流域各条主要入湖河流中，TN 和粪大肠菌群污染相对较为突出，需引起重视。

4.7.7　水资源

（1）多年平均水资源量

洱海流域多年平均水资源量 8.29 亿 m^3，人均水资源量 864 m^3（人均水资源低于 1 000 m^3，为缺水警戒线），仅为全省人均水资源量的 20%，属于水资源短缺地区。近 10 年洱海流域清洁水供水量及调出水量合计 4.5 亿 m^3，现状水资源开发利用率为

54.3%，远高于全省 7%的平均水平，并超过了国际公认的 40%的水资源开发生态警戒线。

洱海来水入湖途径主要包括入湖河流、环湖沟渠、湖面降水及地下补给。洱海流域出湖包括西洱河出湖、“引洱入宾”调水、环湖工农业取水耗水等。2011—2019 年，洱海流域平均陆地入湖水量 4.34 亿 m^3，平均出湖流量 3.23 亿 m^3，洱海水力停留时间为 8.6 年。

（2）近年洱海蓄水量

洱海 2010—2020 年年末蓄水量变化见图 4.7-13。由图 4.7-13 可以看出，2011—2015 年年末蓄水量波动上升，2015 年年末蓄水量达到最高值 29.03 亿 m^3，2015—2019 年呈下降趋势，2019 年年末蓄水量 26.95 亿 m^3，相较 2015 年下降 7.2%，2020 年年末蓄水量回升到 28.10 亿 m^3，较 2019 年增加 4.3%。

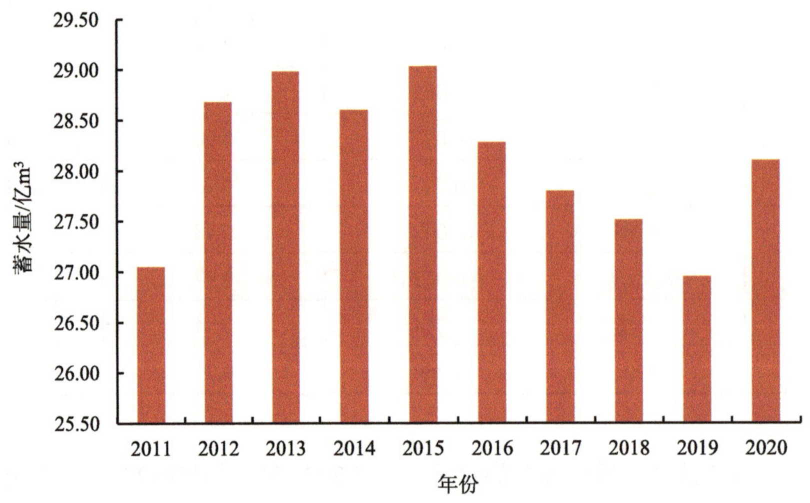

图 4.7-13 洱海年末蓄水量（2011—2020 年）

4.8 泸沽湖

4.8.1 土壤

泸沽湖流域有黄棕壤、棕壤两个土类，其有机质含量高，黏粒层发育，有利于保水保肥，减少污染物入湖，如图 4.8-1 所示。

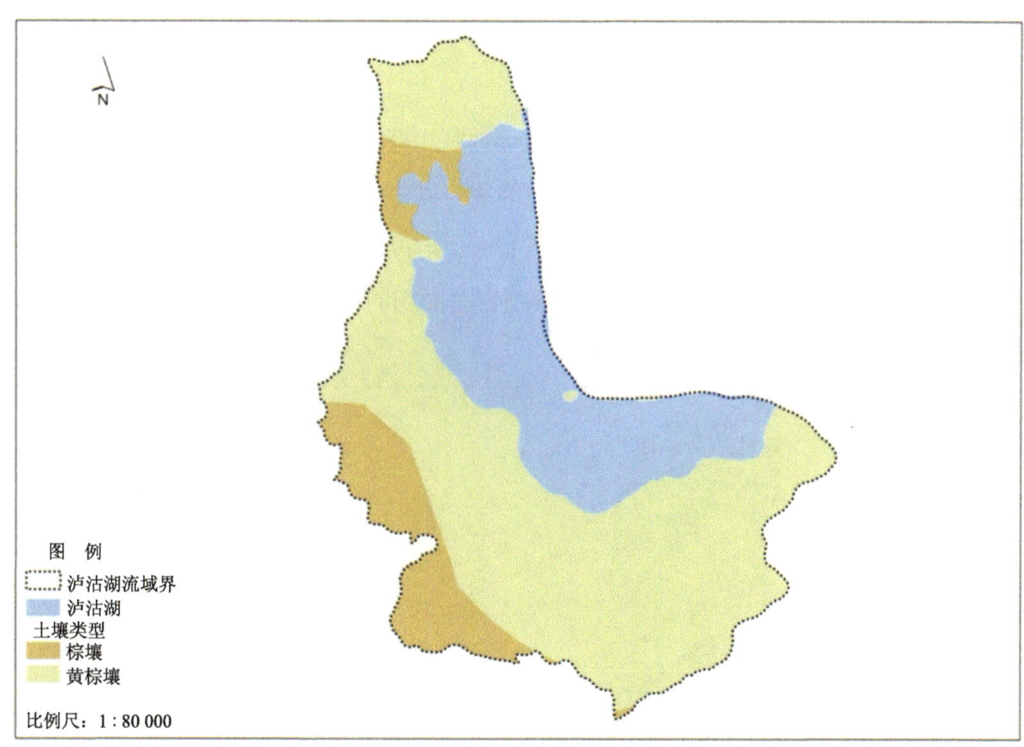

图 4.8-1 泸沽湖流域土壤分布

（1）泸沽湖流域地带性土壤

泸沽湖流域地带性土壤占流域面积的 66.77%，其中棕壤 46.59%，黄棕壤 20.18%。

（2）泸沽湖流域非地带性土壤（泛域土壤）

泸沽湖流域没有非地带性土壤。

（3）泸沽湖流域土壤分布

棕壤主要分布于中山山地、海拔 2 600 m 以上地区，占全流域总面积的 46.59%。黄棕壤分布在中山山地、山前台地，占全流域总面积的 20.18%。

（4）泸沽湖流域土壤资源诊断

棕壤由于腐殖的作用，保水保肥力强，不易流失 N、P，对泸沽湖水体的保护有利。

黄棕壤由于黏粒层的作用，保水保肥力强，不易流失 N、P，对泸沽湖水体的保护有利。

4.8.2 土地利用变化趋势

4.8.2.1 现状

根据第三次全国国土调查、泸沽湖流域土地利用资料及现状调查，2020 年，泸沽湖流域土地利用以林地与水域及水利设施用地为主，其中林地面积为 70.22 km^2，占总面积的 65.63%；水域及水利设施用地面积为 26.12 km^2，占总面积的 24.41%；其次为草地和耕地，面积分别为 4.08 km^2 和 3.81 km^2，分别占总面积的 3.81%和 3.56%；其他从大到小依次是村庄、园地和其他土地（图 4.8-2）。

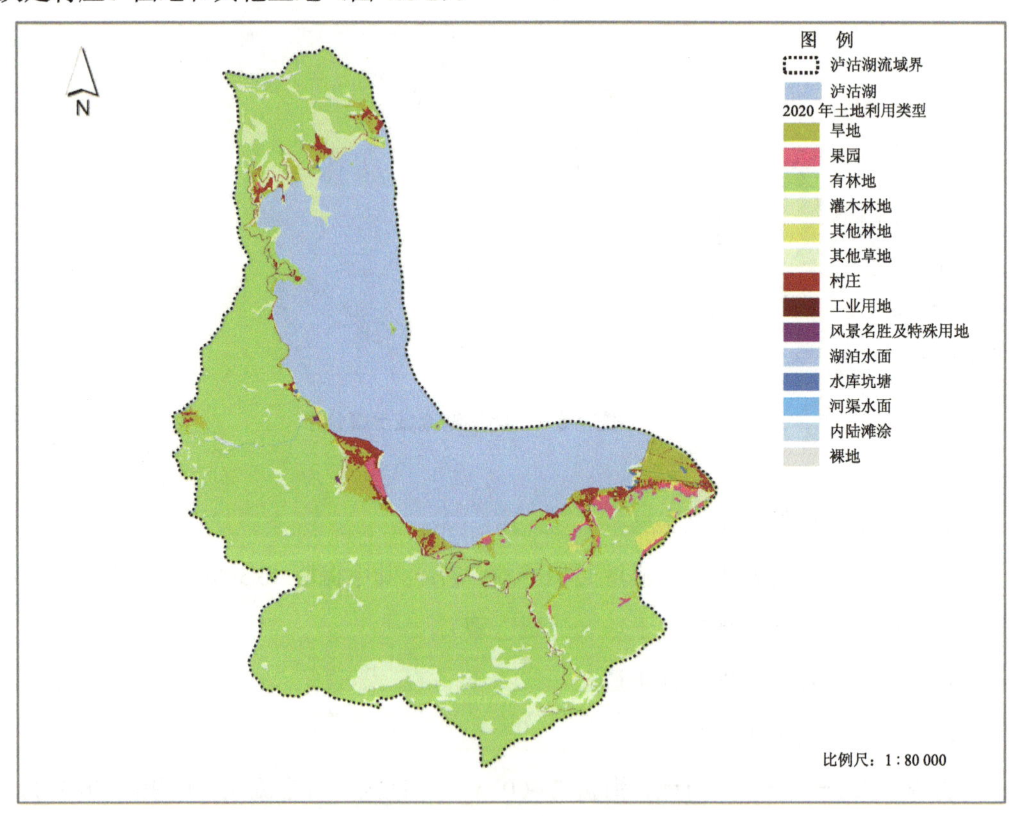

图 4.8-2 2020 年泸沽湖流域土地利用现状

林地包括有林地、灌木林地和其他林地，分别占总林地面积的 94.43%、4.45%和 1.11%。水域及水利设施用地主要包括湖泊水面，占水域及水利设施用地面积的 99.35%。

4.8.2.2 历史

根据泸沽湖流域“十二五”末土地利用资料，2015 年，泸沽湖流域土地利用以林地与水域及水利设施用地为主，其中林地面积为 69.96 km^2，占总面积的 65.38%；水域及水利设施用地面积为 26.14 km^2，占总面积的 24.43%。面积次之的为耕地和草地，面积分别为 4.48 km^2 和 4.35 km^2，分别占总面积的 4.19%和 4.07%；其他从大到小依次是村庄、园地和其他土地（图 4.8-3）。

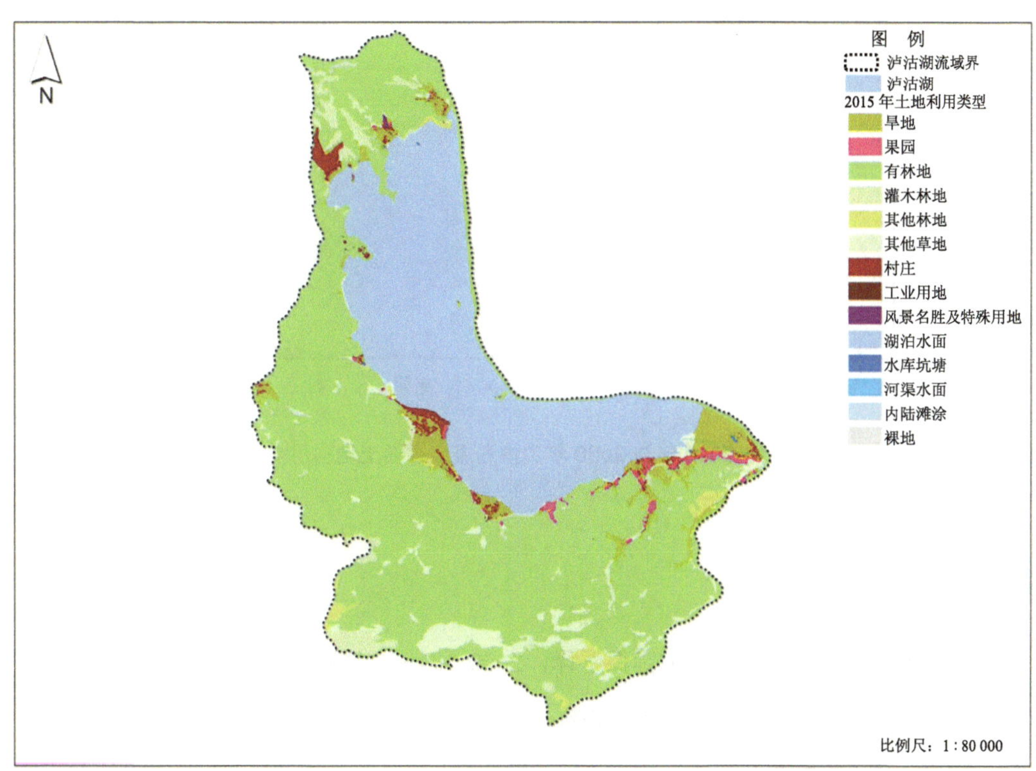

图 4.8-3 2015 年泸沽湖流域土地利用现状

林地包括有林地、灌木林地和其他林地，分别占总林地面积的 93.94%、4.00%和 2.06%。水域及水利设施用地主要包括湖泊水面，占水域及水利设施用地面积的 99.62%。

4.8.2.3 趋势分析

从 2015 年与 2020 年泸沽湖流域的土地利用数据及空间分布情况来看，泸沽湖流域土地利用类型变化均较小，“十三五”期间，流域林地面积整体上基本持平。耕地面积呈略微减少趋势，2020 年较 2015 年旱地减少了 0.67 km^2，农村人均耕地面积减少了 0.60 亩。2020 年园地面积整体上增加了 33.82%。村庄用地面积整体呈增加趋势，2020 年较 2015 年村庄用地增加了 44.74%。湖体面积略微减少，较 2015 年湖体面积减少了 0.09 km^2，而河渠水面和水库坑塘面积相应略有增长，增加了 0.07 km^2（图 4.8-4）。

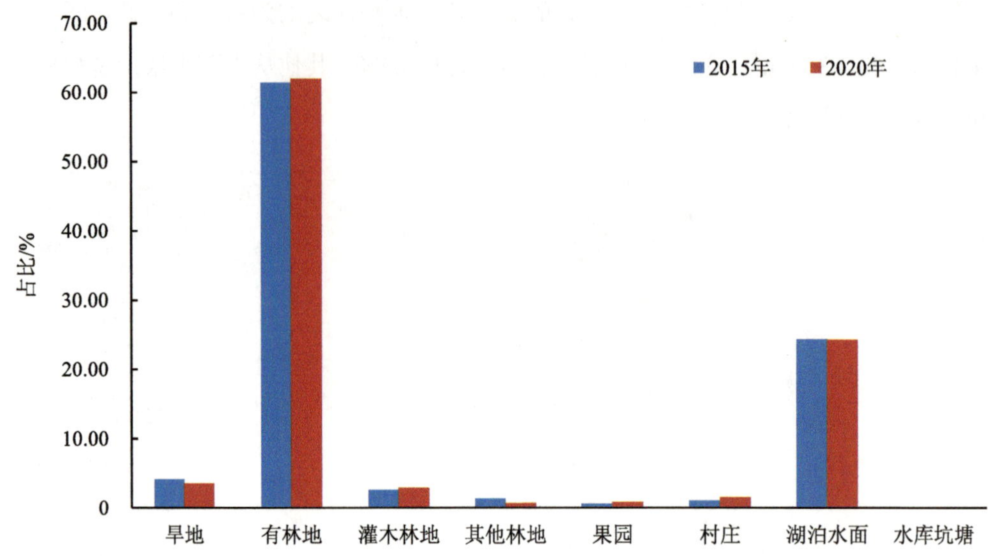

图 4.8-4 2015 年与 2020 年泸沽湖流域主要土地利用类型面积占比

4.8.3 植被变化趋势

根据宁蒗县林业资料及卫星影像解译，2020 年泸沽湖流域森林覆盖率为 73.12%，2015 年泸沽湖流域森林覆盖率为 64.6%，2020 年森林覆盖率较 2015 年高出 8.52%，如图 4.8-5、图 4.8-6 所示。

根据《云南植被》，泸沽湖流域植被属Ⅱ亚热带常绿阔叶林区域，ⅡA 西部半湿润常绿阔叶林亚区域，ⅡAii 高原亚热带北部常绿阔叶林地带，ⅡAii-1c 滇中西北部高中山高原云南松林，云、冷杉林亚区。本地带植物区系成分复杂，泛北极成分与古热带成分交错分布，以中国-喜马拉雅成分为主。

泸沽湖流域地带性植被是以云杉、冷杉为主，残留少量高山栎类林。地形复杂，小生境变化较大，垂直带谱不明显，各垂直带间镶嵌现象突出。基带植被类型是硬叶常绿阔叶林和云南松林，其中云南松林是现存面积最大的植被类型，华山松与云南铁杉林为暖温性针叶林到寒温性针叶林的过渡类型带，寒温性针叶林是流域内第二大植被类型，同时是海拔最高的分布类型。高山栎类以灌丛或森林形式镶嵌于各带中的阳坡或岩石裸露较多的地段。

根据森林植物组成，森林的主林层树种的生活型特点和优势树种的不同，将泸沽湖流域的森林类型划分为 5 个植被型、11 个亚型和 13 个群丛（表 4.8-1）。

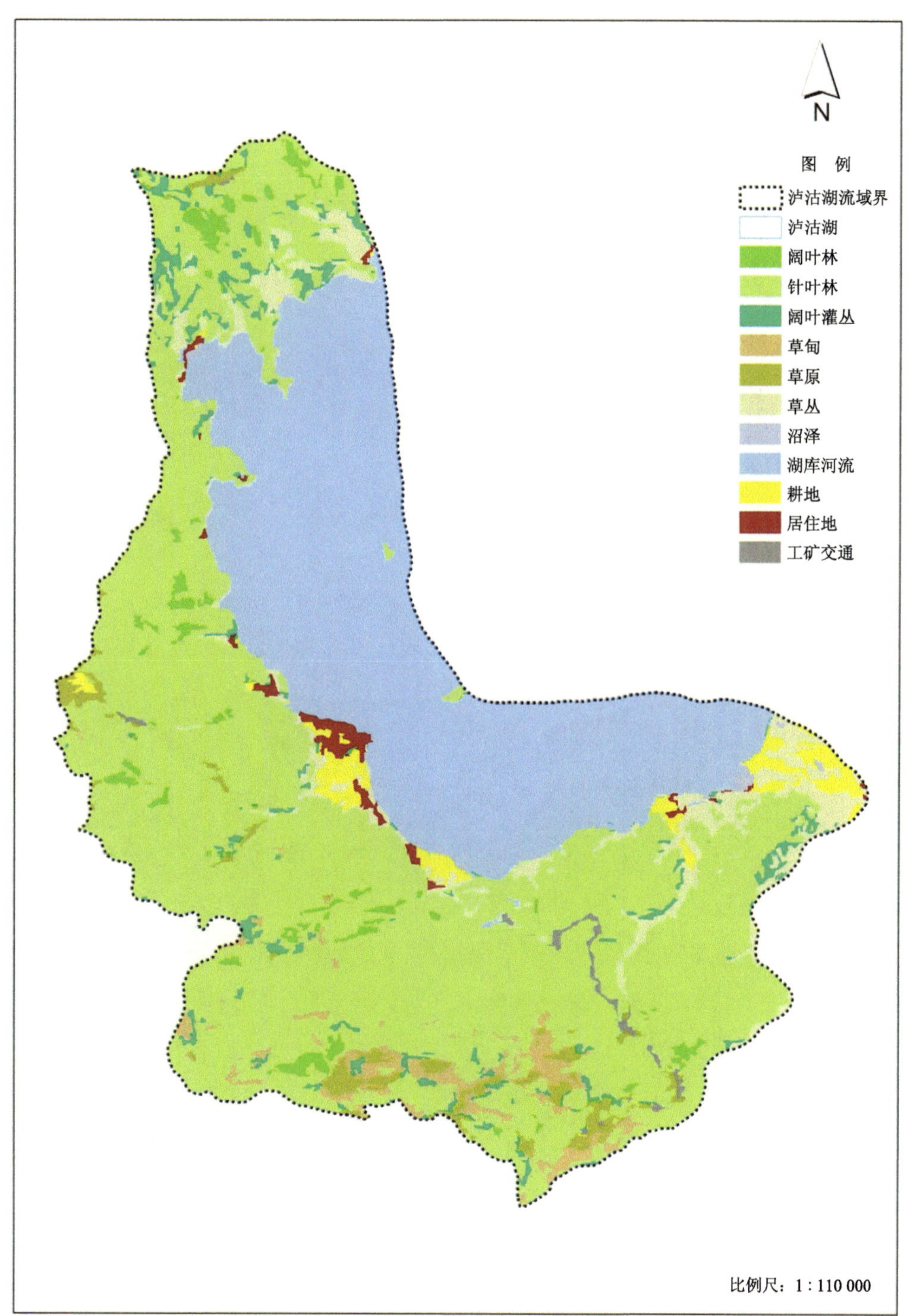

图 4.8-5　泸沽湖流域 2015 年植被分布状况

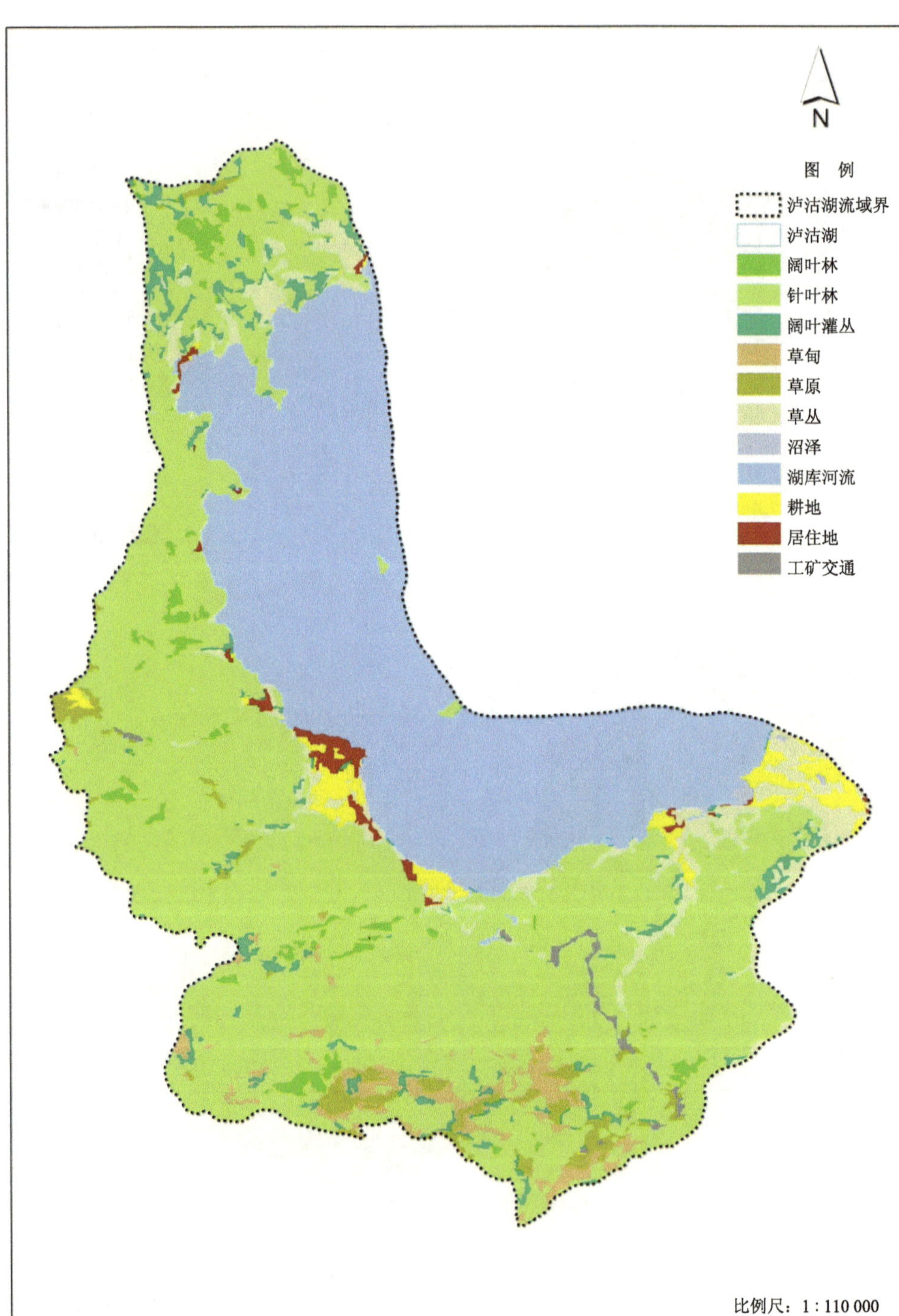

图 4.8-6 泸沽湖流域 2020 年植被分布状况

表 4.8-1 泸沽湖流域主要植被类型

Ⅰ. 硬叶常绿阔叶林
（Ⅰ）寒温山地硬叶常绿栎类林
一、黄背栎林（Form. *Quercus pannosa*）
1. 黄背栎群落（*Quercus pannosa* Comm.）
二、帽斗栎林（Form. *Quercus guyavaefolia*）
2. 帽斗栎群落（*Quercus guyavaefolia* Comm.）
三、川滇高山栎林（Form. *Quercus aquifolioides*）
3. 川滇高山栎群落（*Quercus aquifolioides* Comm.）
Ⅱ. 落叶阔叶林
四、滇山杨林（Form. *Populus bonatii*）
4. 滇山杨-水红木群落（*Populus bonatii-Viburnum cylindricum* Comm.）
Ⅲ. 暖性针叶林
（Ⅱ）暖温性针叶林
五、云南松林（Form. *Pinus yunnanensis*）
5. 云南松-高山栎群落（*Pinus yunnanensis- Quercus* spp. Comm.）
六、华山松林（Form. *Pinus armandii*）
6. 华山松-水红木群落（*Pinus armandii-Viburnum cylindricum* Comm.）
7. 华山松-杜鹃群落（*Pinus armandii-Rhododendron* spp. Comm.）
Ⅳ. 温性针叶林
（Ⅲ）温凉性针叶林
七、小果垂枝柏林（Form. *Sabina recurva* var. *coxii*）
8. 小果垂枝柏-耳叶凤仙花群落（*Sabina recurva* var. *coxii-Impatiens delavayi* Comm.）
八、云南铁杉林（Form. *Tsuga dumosa*）
9. 云南铁杉-水红木群落（*Tsuga dumosa-Viburnum cylindricum* Comm.）
（Ⅳ）寒温性针叶林
九、丽江云杉林（Form. *Picea likiangensis*）
10. 丽江云杉-掌叶凤尾蕨群落（*Picea likiangensis-Pteris dactylina* Comm.）
十、川滇冷杉林（Form. *Abies forrestii*）
11. 川滇冷杉-水红木群落（*Abies forrestii-Viburnum cylindricum* Comm.）
12. 川滇冷杉-杜鹃群落（*Abies forrestii-Rhododendron* spp. Comm.）
十一、落叶松林（Form. *Larix potaninii* var. *macrocarpa*）
13. 落叶松-杜鹃群落（*Larix potaninii* var. *macrocarpa-Rhododendron* spp. Comm.）

注：植被亚型：用Ⅰ、Ⅱ、Ⅲ……，数字后加“.”号。群系组：用（Ⅰ）、（Ⅱ）、（Ⅲ）……，数字后不加符号。群系：用一、二、三……，数字后不加符号。群丛：用 1、2、3……，数字后加“.”点。

泸沽湖全年温凉无夏，水温适中，为多种暖温带及亚热带山区树木生长的适宜地区。环抱泸沽湖的群山与湖面相差数百到数千米高程，从湖滨向四周山地，随着海拔的上升，山体呈现多种植被类型的交替。湖面到高山的气候-土壤条件和生物呈明显的垂直带变化，包括山地亚热带、山地暖温带、山地温带、山地寒带和高山寒带的气候变化系列。冬季山峰被白雪覆盖，夏天则为高山杜鹃林或高灌丛茂密生长。主要植被垂直分布情况见表 4.8-2。

表 4.8-2 泸沽湖地区山地的自然垂直植被带

海拔/m	气候垂直带	土壤垂直带	森林垂直带
4 200	高山寒带	高山寒漠土	高山杜鹃灌丛
4 000	高山寒温带	暗棕壤	冷、云杉林
3 600	山地温带	棕壤	云杉、高山松林
3 100	山地暖温带	红棕壤、黄棕壤	铁杉、华山松林
2 700	北亚热带（湖面）	山地红壤	云南松

4.8.4 水土流失变化趋势

4.8.4.1 现状

根据泸沽湖流域最新水土流失调查结果，2020 年，泸沽湖流域土壤侵蚀总面积为 3.67 km^2，占流域陆域面积的 3.43%。其中，轻度侵蚀水土流失面积为 3.13 km^2，中度侵蚀水土流失面积为 0.22 km^2，强烈侵蚀水土流失面积为 0.14 km^2，极强烈侵蚀水土流失面积 0.16 km^2，剧烈侵蚀水土流失面积为 0.02 km^2，轻度侵蚀主要分布在流域南部，强度以上土壤侵蚀零散分布在流域北部、西部和东南部（图 4.8-7）。

4.8.4.2 历史

根据泸沽湖流域 1999 年水土流失资料分析与统计结果，泸沽湖流域土壤侵蚀总面积为 6.83 km^2，占流域陆域面积的 6.38%。其中，轻度侵蚀水土流失面积为 0.096 km^2，中度侵蚀水土流失面积为 6.73 km^2，中度侵蚀土壤侵蚀主要分布在流域南部，西部小范围有零星分布（图 4.8-8）。

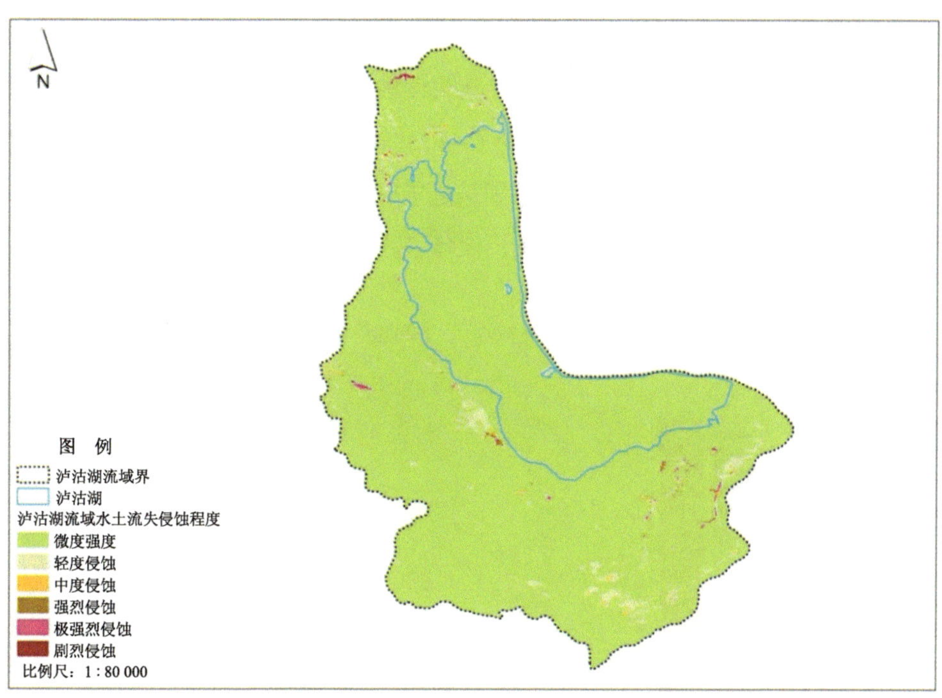

图 4.8-7　泸沽湖流域 2020 年水土流失现状

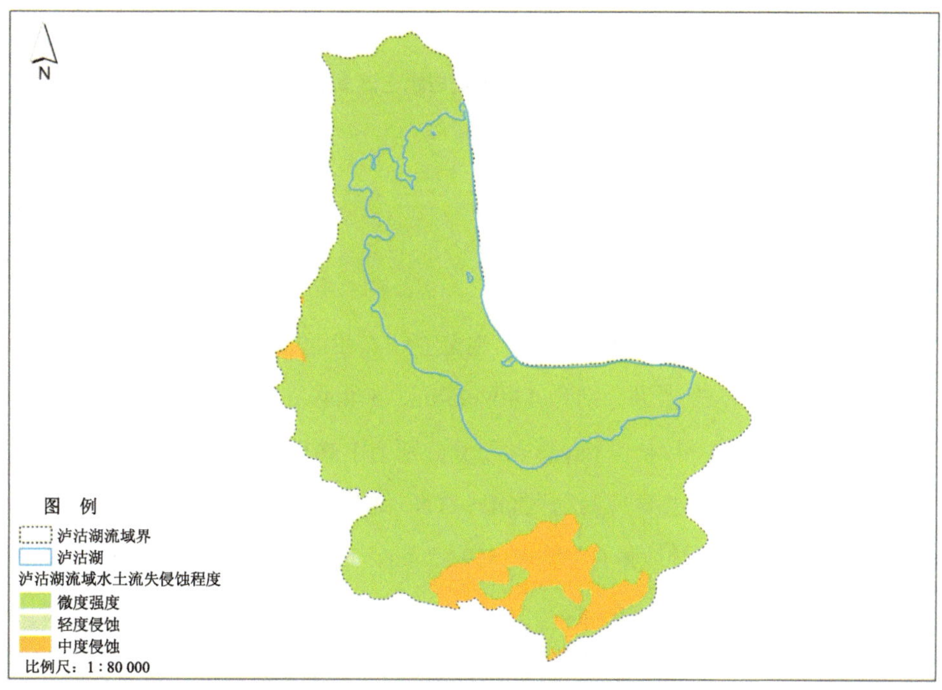

图 4.8-8　泸沽湖流域 1999 年水土流失现状

4.8.4.3 趋势分析

从 1999 年与 2020 年泸沽湖流域的水土流失侵蚀数据及空间分布情况来看，2020 年水土流失面积较 1999 年减少了 3.16 km^2,减少了 46.23%;其中,轻度侵蚀面积增加了 3.03 km^2,而中度侵蚀面积减少了 6.19 km^2，主要原因是近年来实施高原湖泊治理政策，进行沿湖民居客栈拆迁并恢复植被，减少了水土流失，保障了泸沽湖的生态安全（图 4.8-9）。

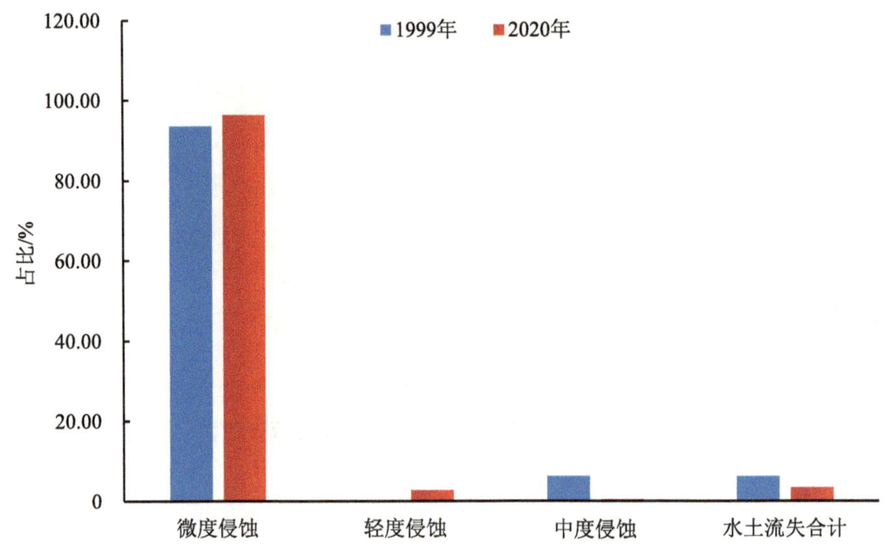

图 4.8-9　泸沽湖流域水土流失趋势分析

4.8.5 污染负荷变化

4.8.5.1 现状

2020 年，泸沽湖流域污染物主要包括旅游业、农田面源、农村生活、水土流失等污染，COD、TN 和 TP 总产生量分别为 4 909.95 t/a、578.49 t/a 和 86.52 t/a；总排放量分别为 3 600.40 t/a、402.36 t/a 和 48.18 t/a；总入湖量分别为 1 361.10 t/a、241.37 t/a 和 30.10 t/a。

泸沽湖流域云南部分主要污染物 COD、TN 和 TP 总产生量分别为 2 061.78 t/a、190.48 t/a 和 27.10 t/a；总排放量分别为 1 559.82 t/a、139.18 t/a 和 17.40 t/a；总入湖量分别为 181.17 t/a、52.41 t/a 和 6.60 t/a。

4.8.5.2 历史

2005 年泸沽湖流域主要污染物 COD、TN 和 TP 总入湖量分别为 118.60 t/a、33.90 t/a 和 5.20 t/a；2010 年泸沽湖流域主要污染物 COD、TN 和 TP 总入湖量分别为 492.58 t/a、

86.62 t/a 和 8.25 t/a；2015 年泸沽湖流域主要污染物 COD、TN 和 TP 总入湖量分别为 1 365.62 t/a、378.42 t/a 和 44.95 t/a。

4.8.5.3 趋势分析

2005—2020 年泸沽湖流域主要污染物 COD、TN、TP 总入湖量呈先上升后下降的趋势，均在 2015 年达到最大值，2020 年 COD、TN、TP 总入湖量相较于 2015 年分别减少了 0.33%、36.22%和 33.04%，如图 4.8-10 所示。

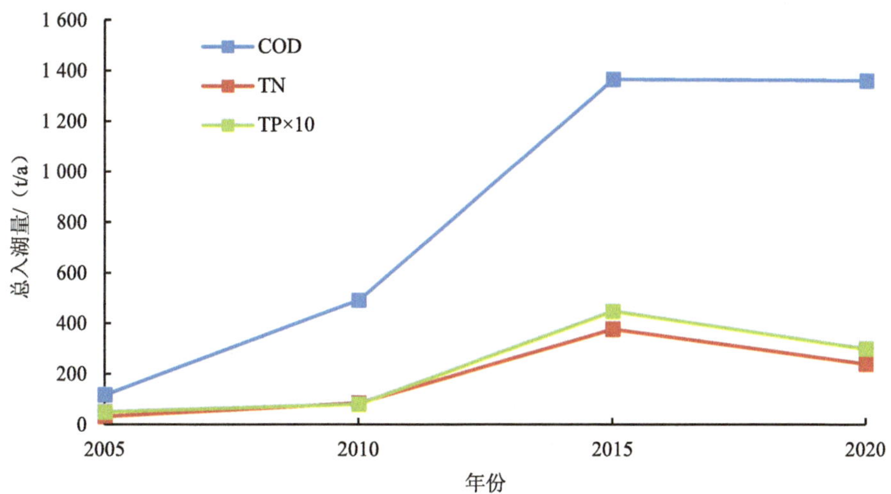

图 4.8-10 2005—2020 年泸沽湖流域总入湖量变化趋势

4.8.6 水环境变化趋势

根据泸沽湖流域水环境保护治理规划目标，2025 年泸沽湖水体水质应稳定达到 I 类水平。

2011 年以来，泸沽湖湖体溶解氧（DO）含量为 6.8～7.8 mg/L（缺少 DO 饱和度数据），其他各项水质指标均稳定达到 I 类水平，过程中水体 DO 含量呈逐年在 I 类标准限值附近波动的变化特征，其中 2020 年湖体水质达到 I 类水平。由于缺少 DO 饱和度统计数据，因此难以仅通过 DO 含量情况判断过程中部分年份水质实际情况（图 4.8-11）。

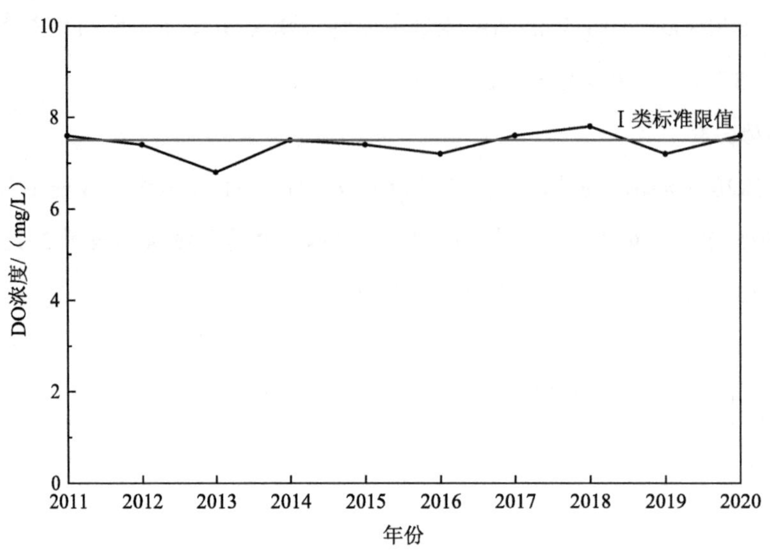

图 4.8-11　泸沽湖 DO 变化情况（2011—2020 年）

2020 年，泸沽湖湖体 DO 逐月含量为 6.9～8.6 mg/L，其中仅针对含量数据，存在 5 个月超过 I 类标准限值，且主要集中于夏、秋季节。尽管仅从 DO 含量角度无法足够有效地评价水质状况，并且水体 DO 通常存在与水温呈负相关的客观科学规律，但针对 2020 年泸沽湖夏秋季 DO 含量相对较低的现象特征仍需引起足够的重视（图 4.8-12）。

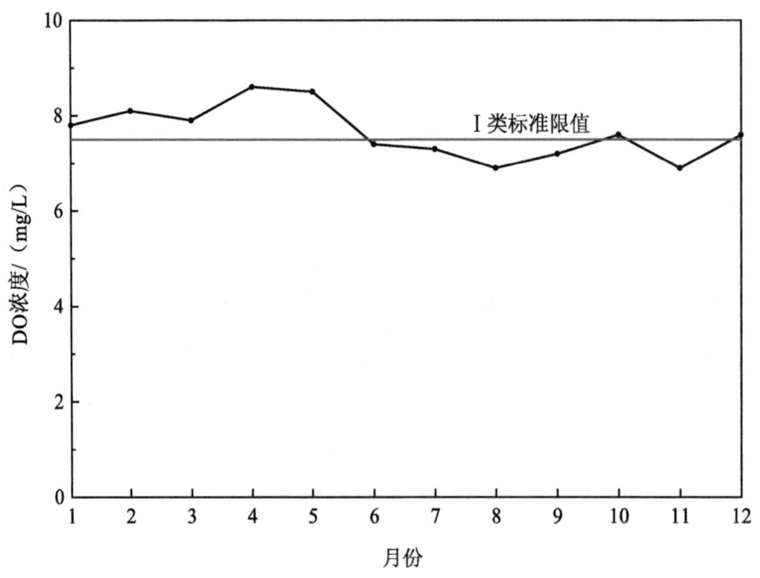

图 4.8-12　2020 年泸沽湖 DO 变化情况

4.8.7 水资源

多年平均水资源量：泸沽湖流域多年平均入湖径流量为 1.29 亿 m^3，扣除湖面蒸发量 0.6 亿 m^3，多年平均水资源量为 0.69 亿 m^3。全湖多年平均出湖流量为 0.529 亿 m^3，云南境蒸发量少，产水量较多，贡献的出湖流量也占 60%以上。

近年泸沽湖蓄水量：泸沽湖 2010—2020 年年末蓄水量变化见图 4.8-13。由图 4.8-13 可以看出，2011—2020 年泸沽湖年末蓄水量稳定保持在 20.72 亿 m^3，没有年际变化。

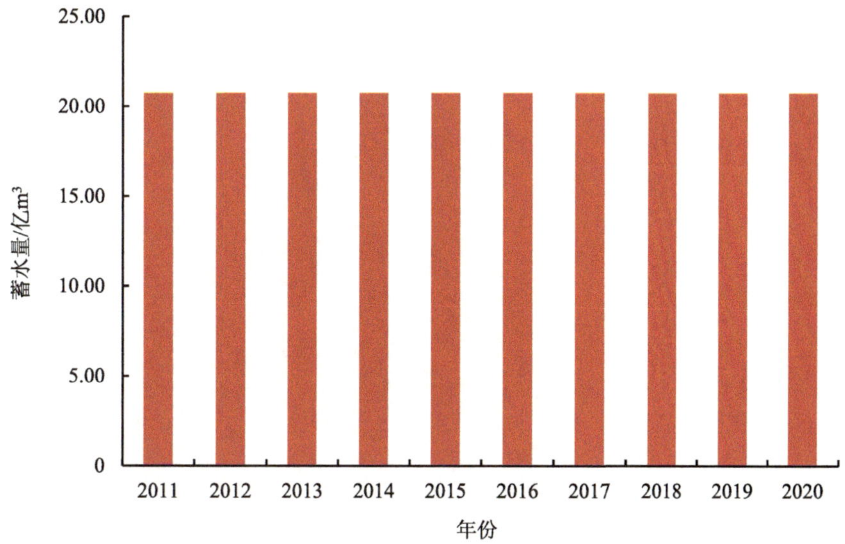

图 4.8-13 泸沽湖年末蓄水量（2011—2020 年）

4.9 程海

4.9.1 土壤

程海流域土壤主要有红壤、黄棕壤、石灰（岩）土、水稻土、亚高山草甸土、燥红土、紫色土和棕壤 8 个土类，如图 4.9-1 所示。

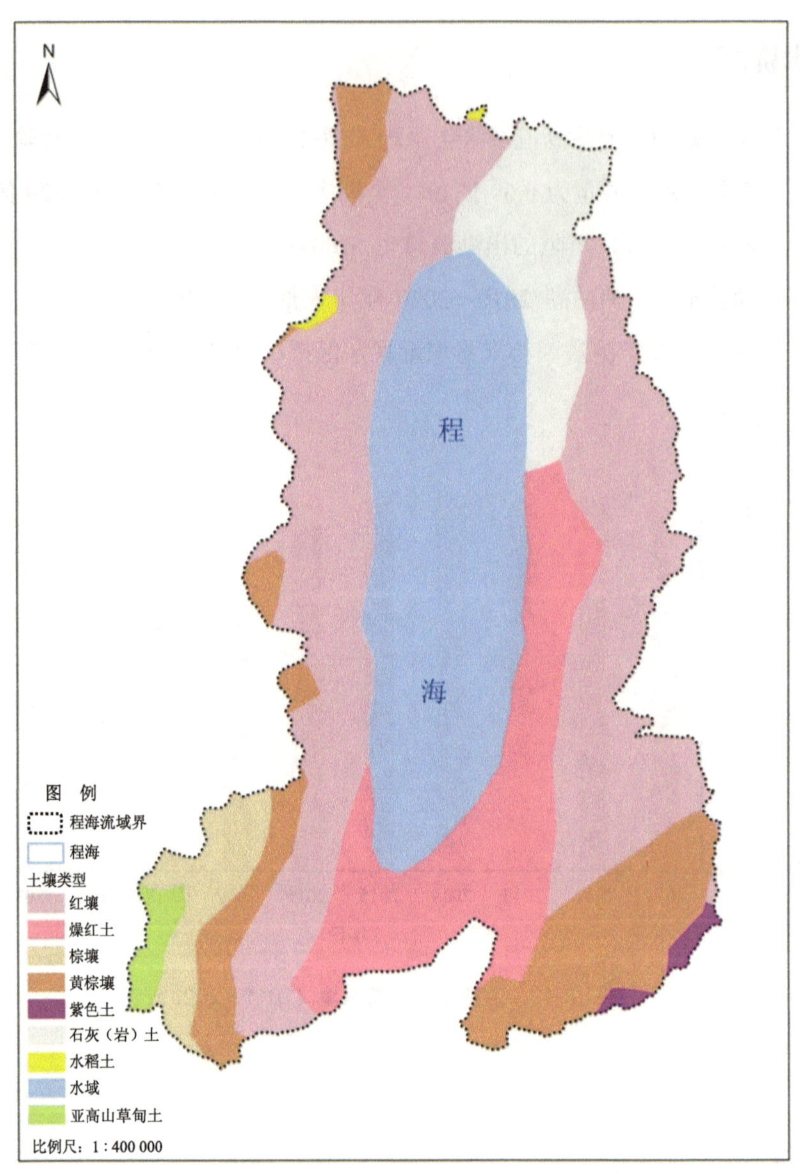

图 4.9-1 程海流域土壤分布

（1）程海流域地带性土壤

程海流域地带性土壤占流域面积的 68.93%，其中红壤 37.36%，黄棕壤 12.60%，亚高山草甸土 1.12%，燥红土 14.26%，棕壤 3.59%。

（2）程海流域非地带性土壤（泛域土壤）

程海流域非地带性土壤占流域面积的 8.27%，其中石灰（岩）土 7.45%，水稻土 0.22%，紫色土 0.60%。

（3）程海流域土壤分布

红壤分布在程海流域的广大地区，占全流域总面积的 37.36%。水稻土分布在程海湖滨平原及山前台地，占全流域总面积的 0.22%。紫色土主要分布中生代地层出露地区，占全流域总面积的 0.60%。棕壤主要分布在中山山地，海拔 2 600 m 以上地区，占全流域总面积的 3.59%。黄棕壤分布在中山山地、山前台地，占全流域总面积的 12.60%。石灰（岩）土分布在喀斯特地貌石灰岩出露地区，占全流域总面积的 7.45%。亚高山草甸土分布在高山山顶地区，占全流域总面积的 1.12%。燥红土分布在干热河谷地区，占全流域总面积的 14.26%。

（4）程海流域土壤资源诊断

红壤由于脱硅富铝化作用，土壤积累大量 Fe、Al，使得土壤对 P 有极强的吸附、固定能力，因此，水土流失造成的泥沙入湖，可使湖泊正磷酸盐吸附和固定化，从而使程海水体有极强的地球化学容量。

水稻土在长期的耕作中形成“犁底层”“潜育层”和“潴育层”，其可有效地减少 N、P、COD、农药进入浅层地下水，防止浅层地下水污染，但是，由于水稻种植减少，水稻土的“犁底层”“潜育层”和“潴育层”消失，使得 N、P、COD、农药大量进入浅层地下水，从而污染程海流域河流和程海水体。

紫色土由于土层薄、抗蚀性弱，极易水土流失造成泥沙大量入河、入湖。

棕壤由于腐殖的作用，保水保肥力强，不易流失 N、P。

黄棕壤由于黏粒层的作用，保水保肥力强，不易流失 N、P。

石灰（岩）土由于富钙的作用，保水保肥力强，不易流失 N、P。

亚高山草甸土由于腐殖层的作用，保水保肥力强，不易流失 N、P。

燥红土由于含盐层的作用，保水保肥力弱，极易流失 N、P 和盐，造成富营养化和淡水向咸水转化。

4.9.2 土地利用变化趋势

4.9.2.1 现状

根据第三次全国国土调查、程海流域土地利用资料及现状调查，2020 年，程海流域土地利用以林地和水域及水利设施用地为主，其中林地面积为 184.86 km^2，占总面积的 58.13%；水域及水利设施用地面积为 71.22 km^2，占总面积的 22.40%；其次为耕地和城镇村及工矿用地，面积分别为 36.45 km^2 和 14.43 km^2，分别占总面积的 11.46%和 4.54%；其他从大到小依次是草地、其他土地（裸地）（图 4.9-2）。

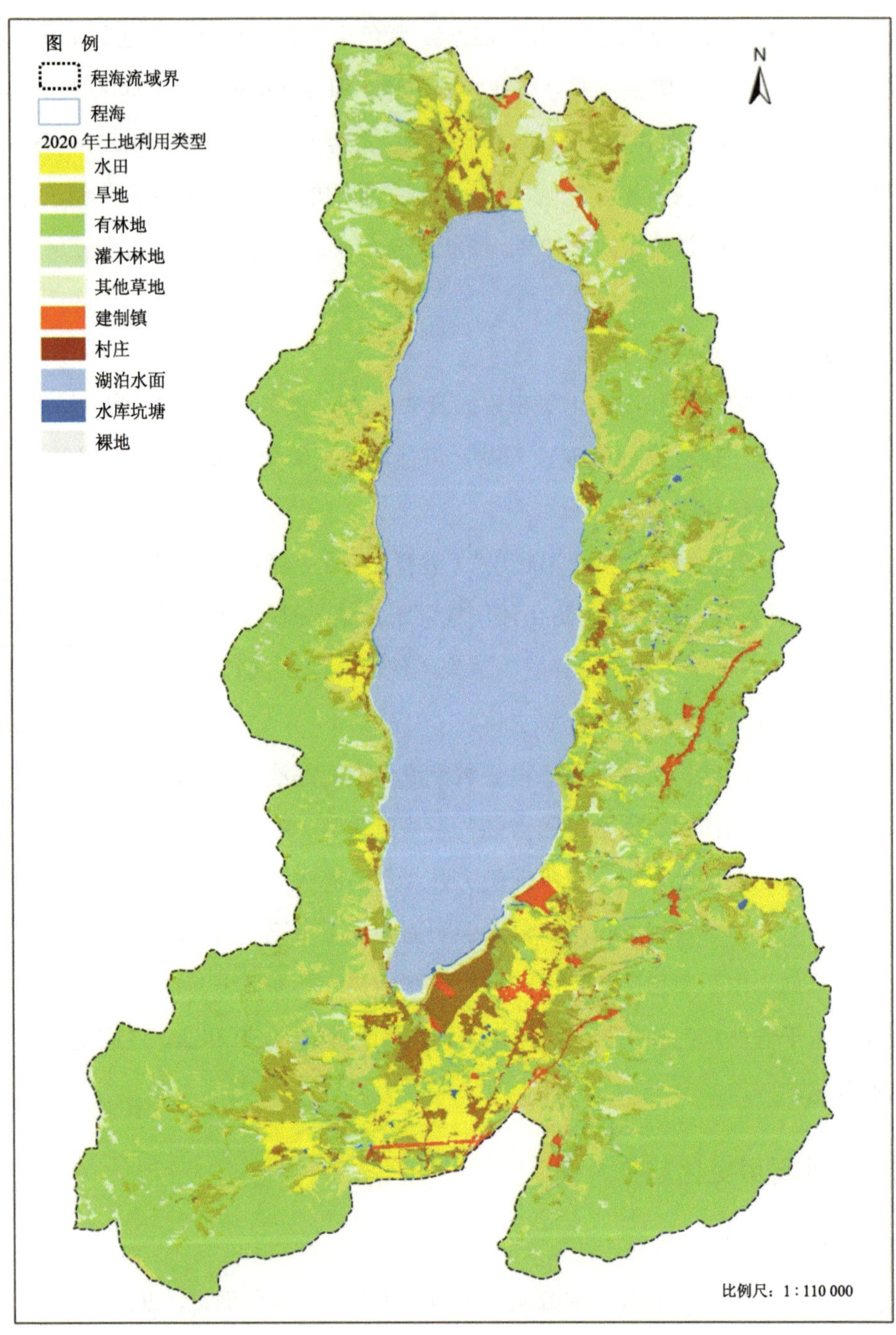

图 4.9-2　2020 年程海流域土地利用现状

耕地包括旱地和水田，分别占总耕地面积的 57.16%和 42.84%，水田主要分布在湖滨带的兴义、兴仁、河口、东湖、星湖与马军等村附近，旱地主要分布在湖滨带的兴义、兴仁、河口、东湖、星湖、潘甴等村附近。林地包括有林地和灌木林地，分别占林地面积的 79.64%和 20.36%，有林地主要分布在流域分水岭，灌木林地主要分布在流域东部海腰、北部兴仁与兴义村的东部。城镇村及工矿用地主要为村庄用地，占城镇村及工矿用地面积的 66.70%，主要为沿湖滨带的村子区域，其次是建制镇，占城镇村及工矿用地面积的 33.30%，主要分布在程海镇镇域范围。水域及水利设施用地主要是湖泊水面，占水域及水利设施用地的 97.86%。

4.9.2.2 历史

根据程海流域“十二五”末土地利用资料，2015 年，程海流域土地利用以林地与水域及水利设施用地为主，其中林地面积为 135.99 km^2，占总面积的 42.76%；水域及水利设施用地面积 75.17 km^2，占总面积的 23.64%。其次为耕地和草地，面积分别为 63.20 km^2 和 31.31 km^2，分别占总面积的 19.87%和 9.85%；其他从大到小依次是城镇村及工矿用地、其他土地（裸地）（图 4.9-3）。

耕地包括旱地和水田，分别占总耕地面积的 57.42%和 42.58%。林地包括有林地和灌木林地，分别占林地面积的 64.95%和 35.05%。城镇村及工矿用地主要为村庄用地，占城镇村及工矿用地面积的 85.58%，其次是建制镇，占 14.42%。水域及水利设施用地主要是湖泊水面，占水域及水利设施用地的 99.13%。

4.9.2.3 趋势分析

从 2015 年与 2020 年程海流域的土地利用数据及空间分布情况来看，程海流域土地利用变化最大的是林地、耕地、草地和建设用地，变化最小的是水域，其他的土地利用类型占比略有变化。“十三五”期间，流域实施了一系列林业生态建设工程，2020 年较 2015 年有林地面积增加了 66.67%，而灌木林地面积减少了 21.01%，林地面积增加了 35.94%，整体呈增加趋势，使流域森林覆盖率有了很大的提高。流域林地的增加带来的是牧区草地面积的减少，2020 年较 2015 年草地面积减少了 65.89%，导致流域内林牧矛盾日渐突出。由于社会经济的持续发展与城镇扩张使水田和旱地转化为城镇用地和农村居民地，导致流域内水田和旱地整体均呈减少趋势，2020 年较 2015 年耕地面积减少了 35.94%，农村人均耕地面积减少了 1.25 亩。农村居民地和城镇用地面积均呈上升趋势，农村居民地面积在 5 年间增加了 48.99%，而城镇用地面积增加了 341.40%。2020 年较 2015 年水域及水利设施用地面积减少了 5.26%，整体呈减少趋势（图 4.9-4）。

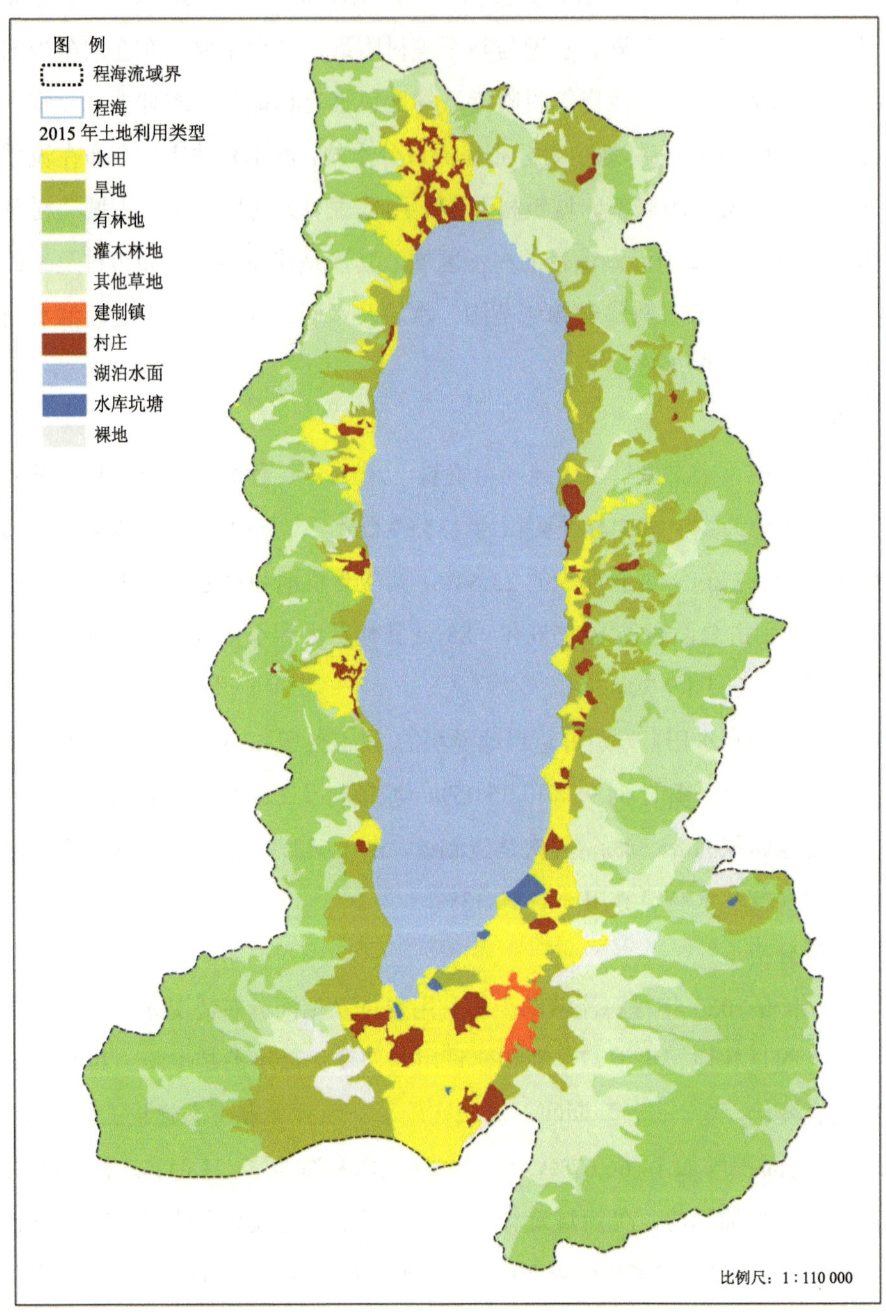

图 4.9-3　2015 年程海流域土地利用现状

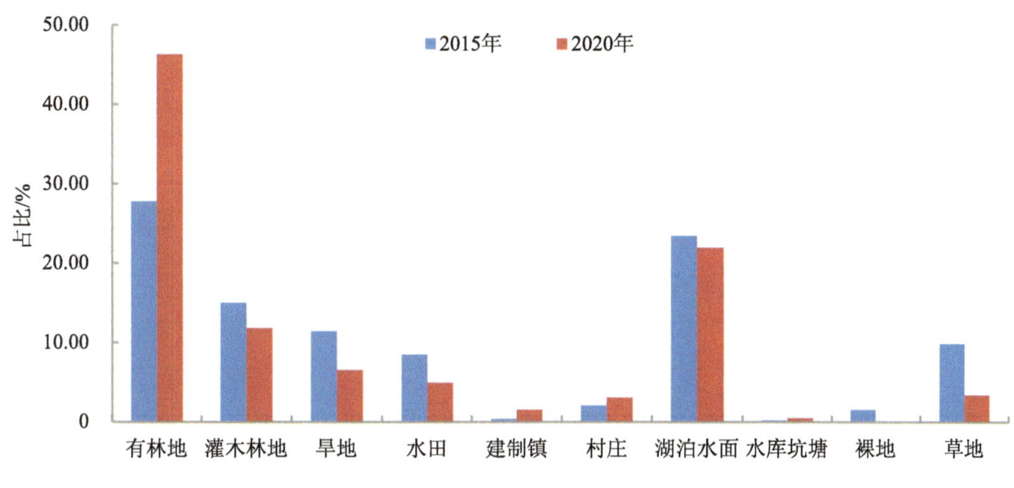

图 4.9-4 2015 年与 2020 年程海流域主要土地利用类型占比

4.9.3 植被变化趋势

根据永胜县林业资料及卫星影像解译，2020 年程海流域森林覆盖率为 52.0%，2015 年程海流域森林覆盖率为 44.4%，2020 年森林覆盖率较 2015 年增加了 7.60%。流域地带性植被为半湿润常绿阔叶林，其植被类型由 4 个植被型、6 个植被亚型、9 个群丛组构成（表 4.9-1）。

表 4.9-1 程海流域的植被分类系统

Ⅰ. 常绿阔叶林
（Ⅰ）半湿润常绿阔叶林
一、栲类、青冈林
（一）高山栲林
Ⅱ. 暖性针叶林
（Ⅰ）暖温性针叶林
（一）云南松林
（二）滇油杉林
Ⅲ. 稀树灌木草丛
（Ⅰ）干热性稀树灌木草丛
（一）坡柳灌草丛
（二）余甘子、扭黄茅灌草丛

（Ⅱ）暖湿性稀树灌木草丛
（一）云南松、滇油杉灌木草丛
Ⅳ. 灌丛
（Ⅰ）寒温性灌丛
一、圆柏灌丛
（Ⅱ）暖性石灰岩灌丛
（一）小石积灌丛
（二）小石积、坡柳灌丛
（三）戟叶酸模石山灌草丛

6 种自然植被类型中，高山栲林大多成片分布于程海西岸，其中以流域的西南端为主要分布区；云南松林在整个流域中所占面积最大，占 25%，斑块破碎度最小，大片分布于程海西岸以及流域的东南端，在程海东岸也有分布，该区域的破碎度稍高；云南松灌丛主要分布于流域的西北端以及程海的东南方紧接云南松林处；小石积、坡柳灌丛成条带状分布于程海西岸以及程海东岸的南部地区；暖性石灰岩灌丛和灌草丛主要集中分布于流域的东北端，另外有部分灌草丛零星分布于程海东岸的北部地区（图 4.9-5、图 4.9-6）。

4.9.4 水土流失变化趋势

4.9.4.1 现状

根据程海流域水土流失调查结果，2020 年，程海流域水土流失总面积为 92.69 km^2，占流域陆域面积的 29.15%。其中，轻度侵蚀水土流失面积为 72.27 km^2，中度侵蚀水土流失面积为 9.34 km^2，强烈侵蚀水土流失面积为 3.72 km^2，极强烈侵蚀水土流失面积为 6.58 km^2，剧烈侵蚀水土流失面积为 0.79 km^2。轻度水土流失主要分布在流域南部，中度侵蚀广泛分布于整个流域，强烈及极强烈侵蚀主要分布在流域北部的兴义村委会干沟子—杨家石口河小流域上游、东大河和青草湾流域、海腰村委会大郎河—瓦窑河小流域、潘莨村委会洱崀河及北潘浦—李家大河小流域上游。流域东北部水土流失最为严重，该区域土地利用类型以裸地为主（图 4.9-7）。

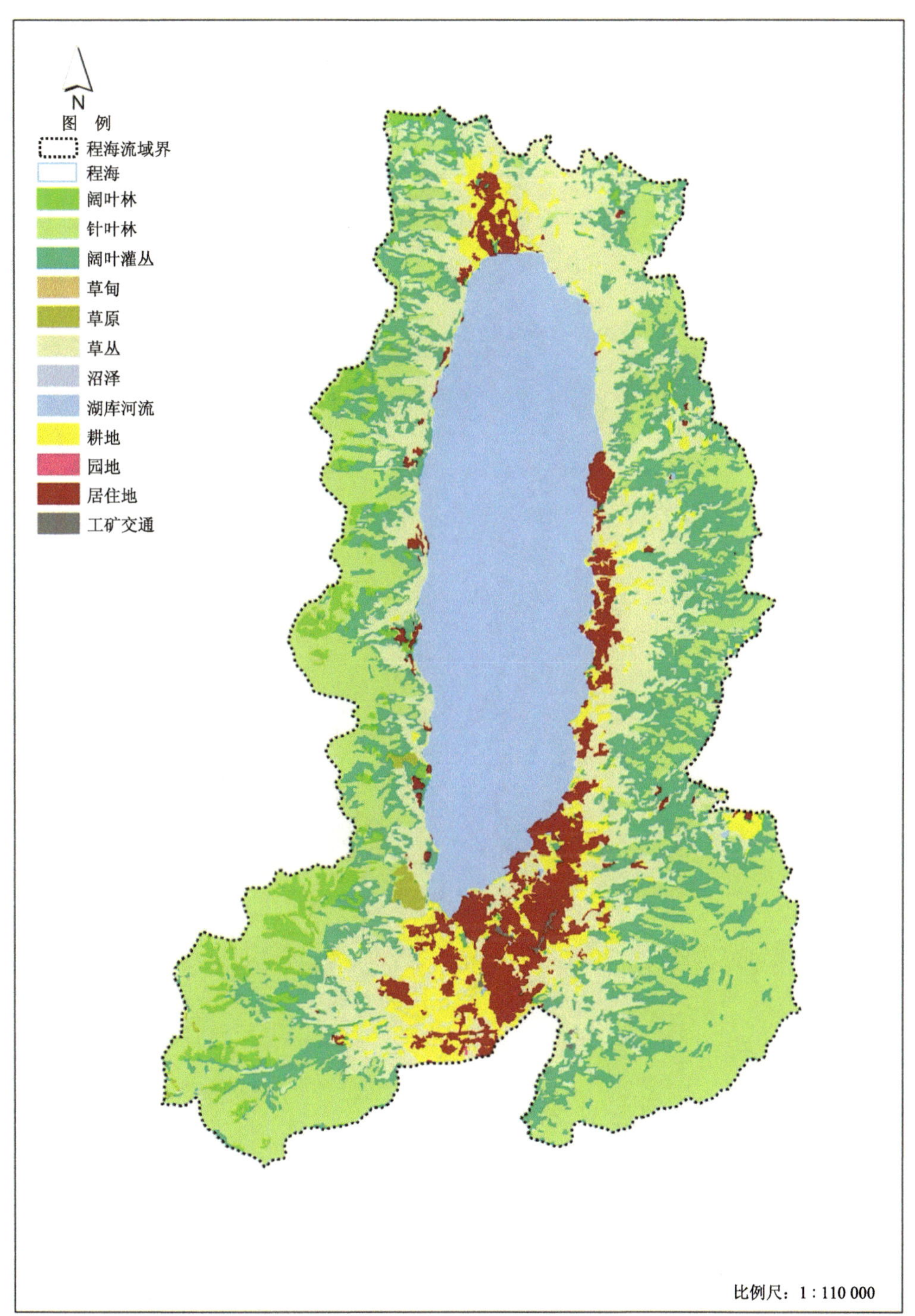

图 4.9-5 程海流域 2015 年植被分布状况

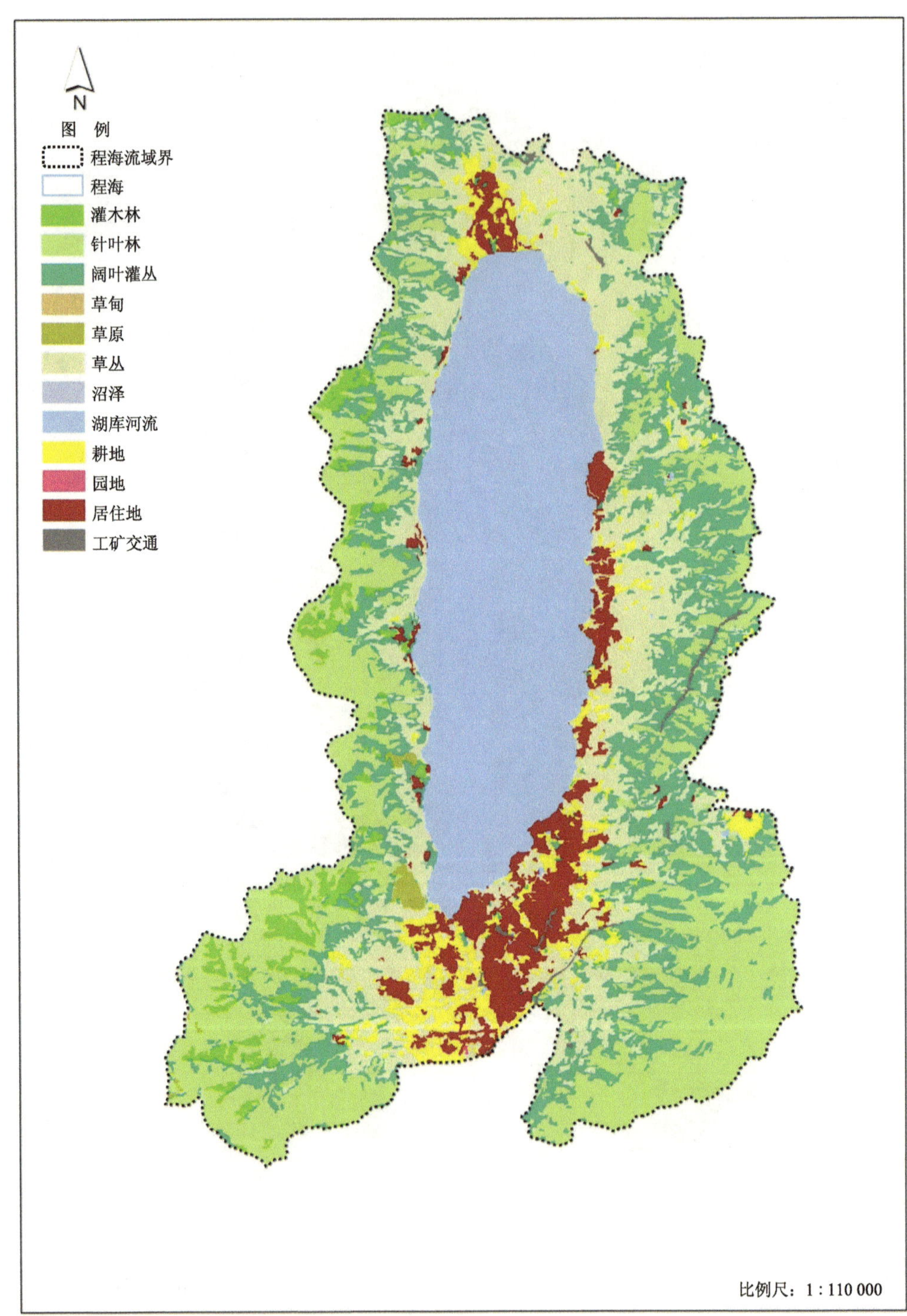

图 4.9-6 程海流域 2020 年植被分布状况

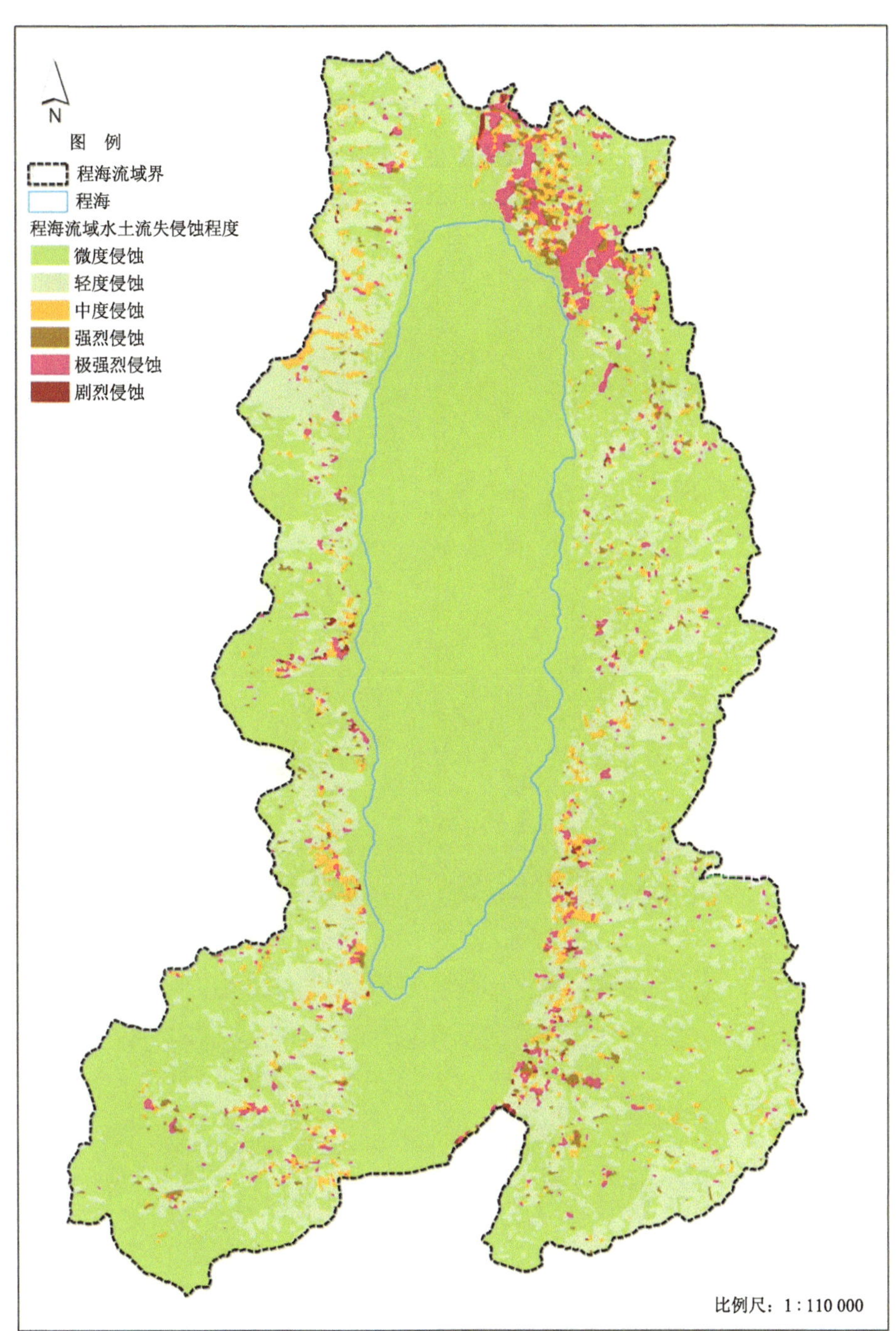

图 4.9-7　程海流域 2020 年水土流失现状

4.9.4.2 历史

根据程海流域 1999 年水土流失资料分析与统计结果，程海流域土壤侵蚀总面积为 80.68 km^2，占流域陆域面积的 25.37%。其中，轻度侵蚀水土流失面积为 58.24 km^2，中度侵蚀水土流失面积为 22.45 km^2，中度水土流失主要分布在流域北部和东南部（图 4.9-8）。

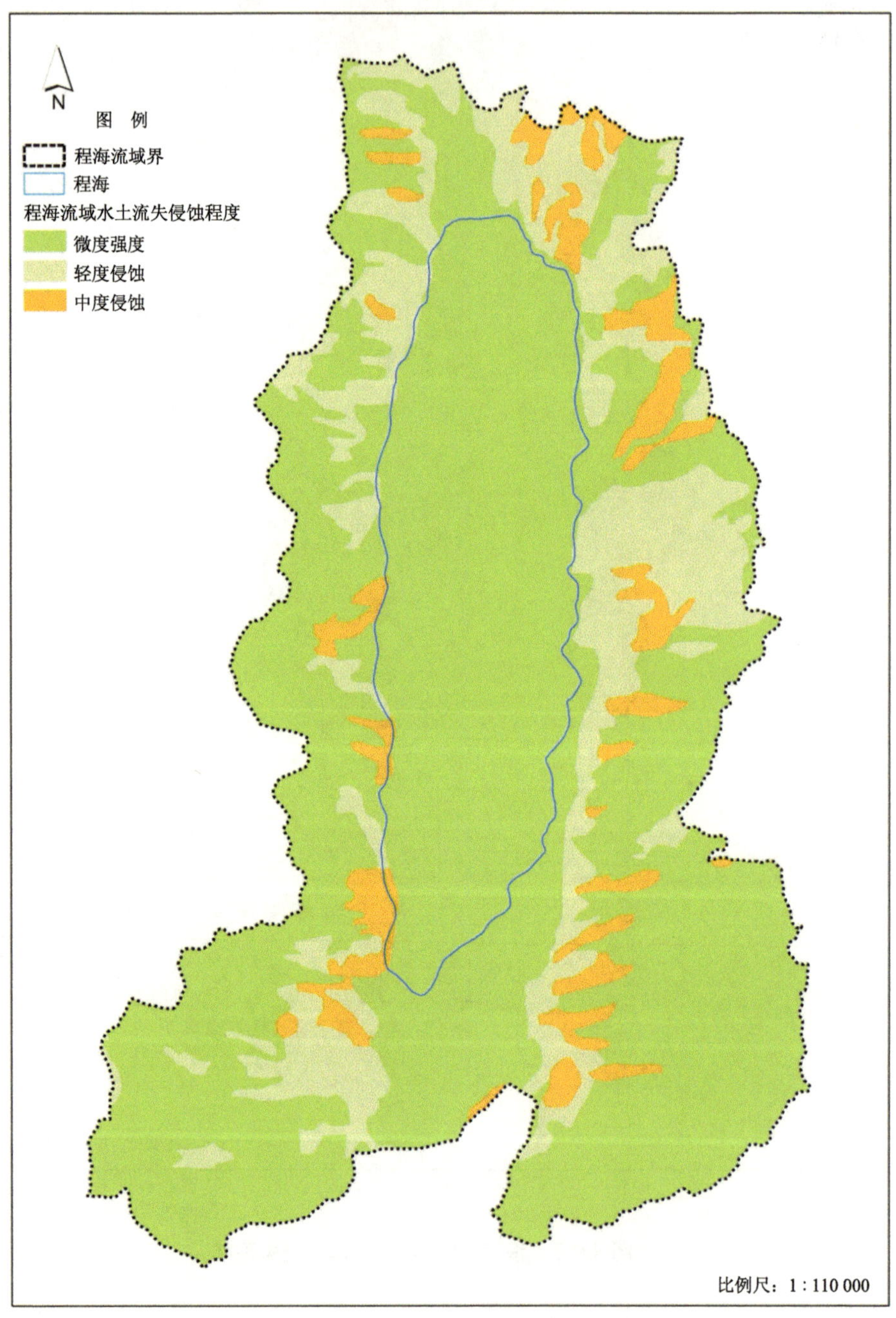

图 4.9-8 程海流域 1999 年水土流失现状

4.9.4.3 趋势分析

从 1999 年与 2020 年程海流域的水土流失侵蚀数据及空间分布情况来看，2020 年水土流失面积较 1999 年增加了 12.01 km^2，增加了 14.89%；其中，轻度侵蚀增加了 14.03 km^2，而中度侵蚀面积减少了 2.02 km^2（图 4.9-9）。

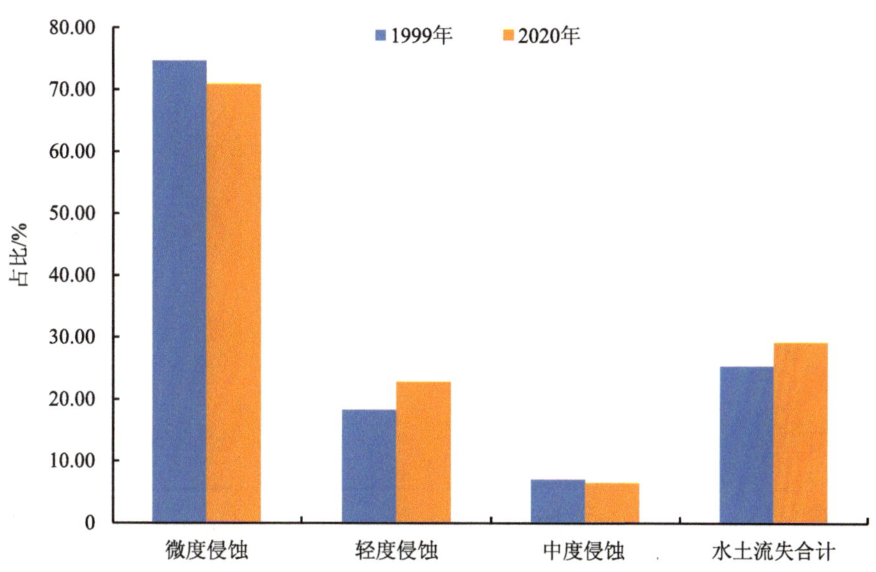

图 4.9-9 程海流域水土流失趋势分析

4.9.5 污染负荷变化

4.9.5.1 现状

2020 年程海湖流域污染物主要包括散养畜禽、水土流失、农业面源、农村生活等污染，COD、TN 和 TP 总入湖量分别为 1 201.73 t/a、316.83 t/a 和 57.40 t/a。

4.9.5.2 历史

2005 年程海流域污染物 COD、TN 和 TP 总入湖量分别为 329.50 t/a、234.80 t/a 和 18.36 t/a；2010 年程海流域污染物 COD、TN 和 TP 总入湖量分别为 836.57 t/a、101.90 t/a 和 15.04 t/a；2015 年程海流域污染物 COD、TN 和 TP 总入湖量分别为 1 127.40 t/a、341.00 t/a 和 42.20 t/a。

4.9.5.3 趋势分析

2005—2020 年程海流域主要污染物 COD 总入湖量呈逐年上升的趋势，2020 年 COD 总入湖量相较于 2005 年增加了 264.71%；TN 总入湖量呈先下降后上升，再下降的趋势，

2015 年达到最大值，2020 年 TN 总入湖量相较于 2015 年减少了 7.09%；TP 总入湖量呈先下降后上升的趋势，2010 年降至最低，2020 年达到最大，2020 年 TP 总入湖量相较于 2010 年增加了 281.65%（图 4.9-10）。

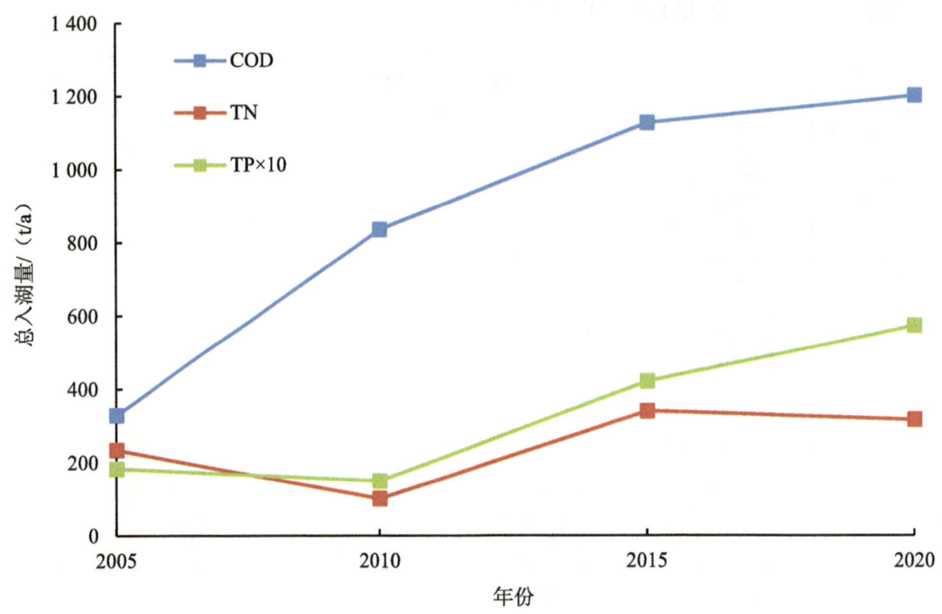

图 4.9-10　2005—2020 年程海流域总入湖量变化趋势

4.9.6　水环境变化趋势

4.9.6.1　湖体

根据程海流域水环境保护治理规划目标，2025 年程海水体水质应稳定达到Ⅳ类水平及以上（除 pH 和氟化物）。

2011 年以来，程海水质指标除 pH 和氟化物外，其余均未超标。pH 和氟化物年均值分别为 8.5～9.4、1.88～2.36 mg/L。2020 年程海湖体水质为Ⅳ类水平，此外，pH 年均值为 9.1，为近 5 年来最低，氟化物为 2.33 mg/L，与上年基本持平。在变化特征方面，pH 除 2013 年（8.5）外，其余年份均超过 9，自 2018 年起呈逐年好转趋势；氟化物年均值近 10 年来整体呈上升趋势，“十三五”中期（2018 年）以来趋于稳定（图 4.9-11）。

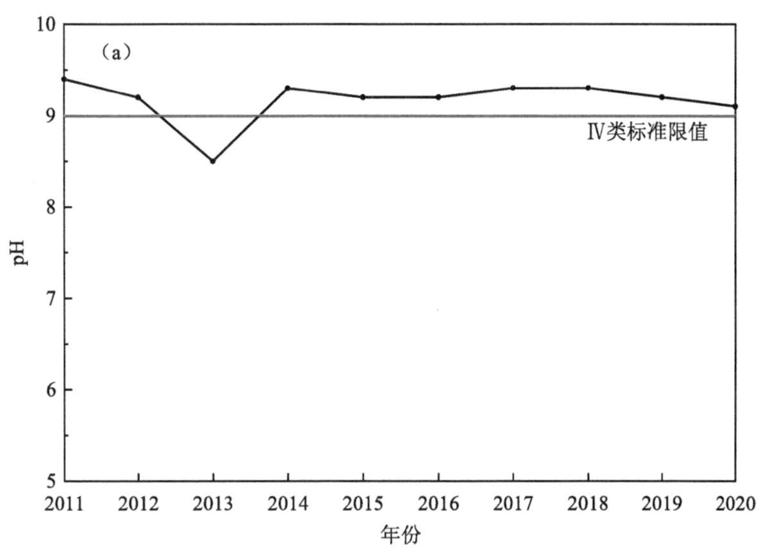

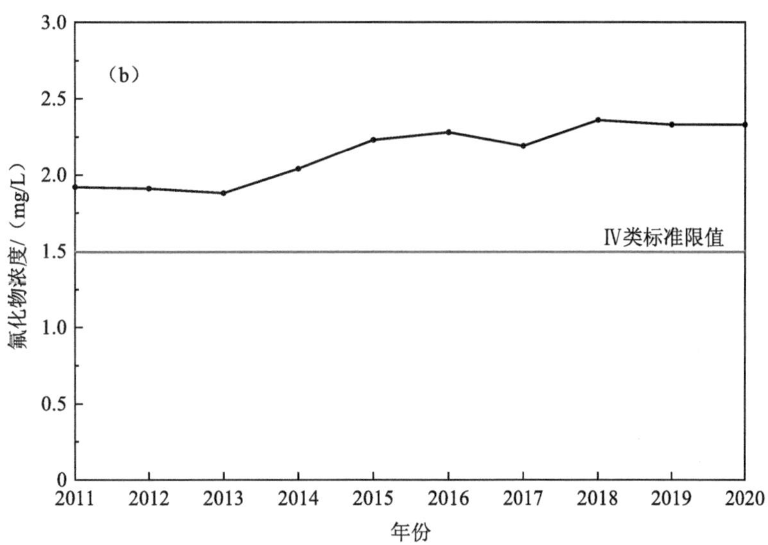

图 4.9-11 程海 pH 和氟化物变化情况（2011—2020 年）

2020 年，程海各项指标（除 pH 和氟化物）各月均达到Ⅳ类水平，pH 逐月值为 9.1～9.2，氟化物逐月浓度为 2.24～2.42 mg/L。pH 和氟化物逐月值均超过Ⅴ类标准限值，两个指标各月份数值无明显变化，整体趋于稳定，如图 4.9-12 所示。

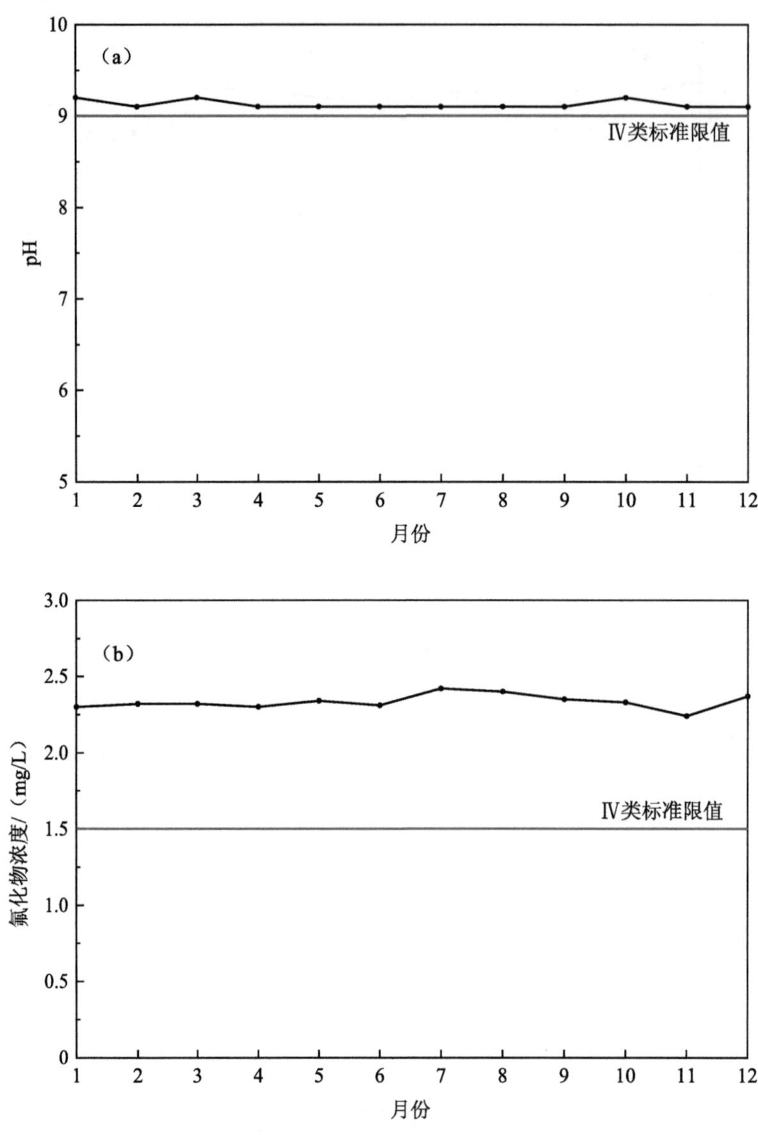

图 4.9-12　2020 年程海 pH 和氟化物变化情况

4.9.7　水资源

程海水资源量：目前，程海水量补给仍然依靠湖面降水、陆面径流、生态补水，仙人河工程于 1992 年投入使用，年均补给水量为 1 700 万 m^3，2000 年仙人河水质恶化后不再向程海湖补水。坝箐河程海生态应急补水工程于 2018 年 7 月 3 日完成投入运行，已建设输水管道 3.35 km、沟渠 8 km，设计引水量为 200 万 m^3，2019 年坝箐河实现补水约 150 万 m^3。

羊坪河至仙人河隧道程海生态应急补水工程，已建设输水管道总长 16.8 km、输水隧道 578 m，设计补水量为在 5 年内平均引水 1 059 万 m^3，2019 年羊坪河实现程海补水约 400 万 m^3。云南省永胜县程海湖流域生态综合治理水利骨干应急补水工程于 2019 年建成投入使用，设计近期年均供水量为 6 816.6 万 m^3，其中程海湖补水量为 6 089 万 m^3，置换程海流域生产水量 727.6 万 m^3。

近年程海蓄水量：程海 2010—2020 年年末蓄水量变化见图 4.9-13。由图 4.9-13 可以看出，2011—2020 年程海年末蓄水量呈明显的减少趋势，2011 年年末最高蓄水量 18.17 亿 m^3，2020 年年末最低蓄水量 15.08 亿 m^3，平均每年减少 0.309 亿 m^3。

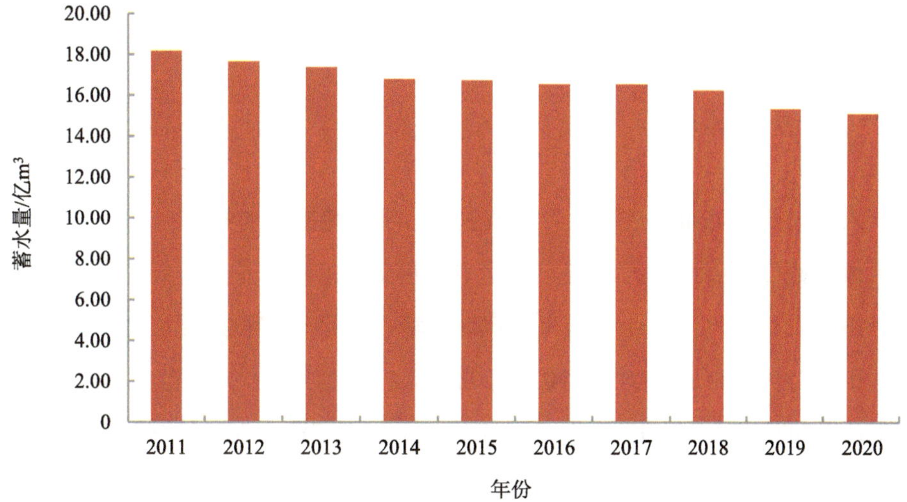

图 4.9-13 程海年末蓄水量（2011—2020 年）

第 5 章

九湖流域面临的主要环境问题

5.1 滇池

（1）人口增长和城市化进程导致城镇生活污染负荷持续增长

滇池流域是云南省政治、经济、文化中心和交通枢纽，是人口最密集、人为活动最频繁、经济最发达的地区。十几年来，滇池流域人口迅速增长，城市化率不断提高。滇池流域面积仅为昆明市的 13.8%，2020 年常住人口达到 413.6 万，占昆明市的 48.89%，城市化率达到 92.65%，人口密度为 1 416 人/km^2。相应地，人口的增加必然导致资源消耗量增加，生活污水、垃圾量增加。2020 年，流域城镇生活污水排放量达到 2.48 亿 m^3，给滇池带来了巨大的环境压力。目前，在滇池入湖污染物总量中，城镇生活污染源是滇池最主要的污染物来源。“十三五”时期，随着滇池流域城乡一体化进程的推进，滇池流域陆域人口聚集效应将更为显著，生活污染的压力将持续增大。目前，滇池入湖负荷已经远超水环境容量，“十四五”时期，滇池流域环境压力与环境容量之间的矛盾将进一步加剧。

（2）农业产业结构调整导致 N、P 流失量大

滇池流域原来约有 48 万亩农田，历史上大春作物以种植水稻为主，小春以蚕豆、小麦为主，化肥施用量较少。近年来，随着滇池流域农业产业结构调整的不断深化，蔬菜和花卉等农产品的播种面积、产量和产值不断增长，蔬菜和花卉生产已经成为滇池流域农业和农村经济的重要支柱产业。2020 年，滇池流域现状农业种植面积约 60 万亩，滇池流域蔬菜和花卉的播种面积约为 52 万亩，占滇池流域总播种面积的 52%。蔬菜花卉需肥量较大，复种指数高。据统计，蔬菜（4 茬计）、花卉每年每亩施用尿素、复合肥、普钙、

钾肥的用量一般为 280 kg，单位面积 N 流失量是水田和旱地的 7～20 倍，单位面积 P 流失量是水田和旱地的 9～10 倍。大量未吸收降解的化肥、农药随农田排水或雨水进入湖泊，成为滇池水质 TP、TN 超标的重要原因之一。

（3）流域土地开发强度大，面源防控能力差

在人口规模不断发展的同时，滇池流域土地利用结构也发生巨大变化。根据 2015 年和 2020 年滇池流域土地利用情况，滇池流域城乡建设用地急剧增大，建设用地占流域总面积的比例由 2015 年的 17%上升至 2020 年的 23%，增加了 6%。过去的 5 年中，虽然滇池流域大力推进“退耕还湖”“退耕还林”工作，但流域内林地整体上呈减少的趋势，在流域中林地所占比例由 2015 年的 49.18%下降至 2020 年的 42.68%，面积减少了 189.99 km^2。2015—2020 年，耕地呈增加的趋势，在流域中所占比例由 2015 年的 10.51%增加到 2020 年的 14.22%，旱地增加了 135.66 km^2，农村人均耕地面积增加了 1.67 亩。综合建设用地、林地及耕地面积变化，2015—2020 年，滇池流域开发利用地面积增加了 184.15 km^2，相当于流域面积的 6%。由此可见，5 年来，滇池流域土地开发强度仍比较大，形成大量水泥路面，阻断地面对污水及污染物的吸收。

（4）截污治污系统不完善

主城区雨污分流不彻底，昆明主城二环路内排水管网中有合流制管网 211.49 km（占 31.5%），存在约 4 455 个雨污混接、错接点；列入计划、尚未完成改造的 284 个城中村、997 个老旧区因排水系统建设年代较早，均为合流制排水管道；部分城郊接合部排水管网系统缺失，污水未完全收集处理，导致城区雨污分流不彻底，雨季溢流污染情况严重，特别是在汛期遇单点暴雨时，雨污溢流水进入河道对湖体水质造成严重影响。部分片区污水处理能力不足，主城北片区、东南片区部分污水处理厂长时间超负荷运转，不能支撑片区发展水环境治理需求。

（5）部分已建设施运行效率低，尚未充分发挥效能

目前，受城区地下水位高、部分管网老旧等因素影响，地下水及其他水源混入排水系统情况较为突出，致使昆明主城很多污水处理厂进水水质浓度偏低，实际运行规模远大于理论污水规模，对污水处理效率造成了较大影响。环湖截污系统尚未形成良性高效的运行，滇池南岸新开发区产生的污水未有效接入环湖截污系统，存在排污风险，配套的污水处理厂运行效率低，雨季运行模式效能发挥不足，雨污调蓄池与水质净化厂及河道未建立有效的联合调控机制。农村生活污水收集处理效率不高，部分农村生活污水收集处理设施不完善，已建的村庄污水处理设施中约有 60%的为“三池、氧化塘”等简易

设施，农村生活污水负荷削减率总体不高。

（6）流域水资源量短缺，水资源开发利用率过高

滇池流域总体属资源性缺水地区，流域生态补水流量不足，降水量年际变化较大，丰水年与枯水年降水量悬殊，水资源量的分配不均。湖体换水周期长、水动力条件差，虽然牛栏江补水工程实施后滇池的换水周期由 3.9 年缩短至 2 年，但仍远超过国内其他湖泊。流域社会经济快速发展，城市规模不断扩大，使得工农业耗水量持续增加，沿湖工农业尾水多次被提取重复利用，人均水资源量低，供需矛盾突出，水资源严重依赖外流域调水。目前滇池流域的水资源开发利用率达 62.6%，远超过国际公认合理开发 40%的上限。

5.2 阳宗海

（1）旅游、房地产开发所带来的污染问题将进一步显现，流域水环境保护工作压力较大

由于历史原因，阳宗海水域附近审批建设的开发项目过多，沿岸土地基本上都已经被各种项目占用，随着阳宗海流域旅游及房地产项目的建成，建设用地面积大幅升高，2020 年阳宗海周边建设用地面积由 2015 年的 11.55 km^2 增加至 12.27 km^2，增幅为 6.23%；另外，随着当地社会经济的快速发展，阳宗海周边的人口密度也大幅提升，2020 年阳宗海流域常住人口较 2015 年增长 15.88%，其中城镇人口增长 14.19%，农村人口增长 16.58%。旅游、房地产开发所带来的污染问题将进一步显现，使流域水环境保护工作压力剧增。

（2）水污染形势依然严峻，控源截污治污体系尚需完善

阳宗海环湖截污体系尚未全面建成，流域沿河、沿沟区域排水收集系统仍不完善，城镇区域雨污分流改造也未完成，仍然存在未收集点源污染直接入河；阳宗海入湖河道两侧仍有大量耕地，种植类型以蔬菜为主，复种指数大、施肥量大。同时，流域内居民绝大多数为农业人口，占流域内总人口的 71%，尽管“十三五”时期以来农村生活污染收集系统得到加强，但收集设施覆盖建设及雨污分流建设仍需进一步完善提升，同时，已建的村庄污水处理设施管养维护仍未得到较好保障，运行效率低，控源截污治污体系建设仍需持续推进。

（3）流域生态安全屏障未构建，生态系统脆弱

高原湖泊位于生态脆弱带与生态系统敏感区，具有独特的生态特征。流域长期以来

受人类活动的影响，天然植被覆盖率低，物种多样性低下，结构单一，森林生态服务功能较差，逆向演替明显，林地生境向贫瘠型退化，生态环境条件较差。阳宗海湖滨带尚未得到全面保护和恢复，环湖湿地尚未系统形成。由于周边面山多为喀斯特地貌，岩石裸露，植被恢复难度大，部分区域石漠化问题突出，局部水土流失严重。

（4）流域水资源匮乏，补给水源不足

阳宗海流域面积小，天然补给水资源有限，且水资源开发利用程度较高。湖泊水资源严重不足，仅靠水资源的重复利用来维持湖区工农业用水，湖泊处于亏水运行状态，生态补水不足，水体置换周期长达 10 年，对流域外摆依河引水具有较大的依赖性；虽然湖四周河流水系发育，但除阳宗大河流量相对大、具有一定的调蓄能力、河道一般不会断流外，其余河源短，汇水面积小，多为季节性沟谷，鲁西冲河、七星河旱季存在断流情况。另外，阳宗海属水资源承载力状态预警流域，流域水资源较匮乏，而随着相关规划的实施，未来综合生活用水及工业用水将有大幅增长，水资源承载压力还将进一步加剧。流域现有规划开发利用多为地表水，地下水利用较少，缺乏流域地下水现状调查，同时没有相应的保护开发规划对流域地下水资源进行优化开发与利用。

5.3 抚仙湖

（1）旅游、房地产开发所带来的污染问题将进一步显现，保持 I 类水体压力较大

近年来，由于城镇化的推进和旅游产业的发展，抚仙湖面山审批建设的开发项目过多，建设用地面积大幅升高，城镇村及工矿用地面积整体呈增加趋势，2020 年较 2015 年建制镇面积增加了 15.02%，目前抚仙湖流域人均综合建设用地 156 m^2，对照《城市用地分类与规划建设用地标准》，城市规划人均建设用地指标分为四级，最低为 60 m^2，最高为 120 m^2，抚仙湖流域人均综合用地指标超出规划建设用地的最高标准。另外，随着当地社会经济的快速发展，抚仙湖周边的人口密度也大幅提升，2020 年抚仙湖流域常住人口较 2015 年增长 4.72%，其中城镇人口增长 9.12%，农村人口增长 4.56%。旅游、房地产开发所带来的污染问题将进一步显现，使流域水环境保护工作压力剧增。

（2）流域植被覆盖率低、石漠化治理、矿山修复尚未全面完成，水土流失依然严重

目前，抚仙湖流域林地总量从面积上看不算小，但抚仙湖流域林地具有中幼林多（占林地分布面积的 70%）、成熟林少（占林地分布面积的 30%）的基本特征，2019 年森林覆盖率仅为 30.71%，远低于玉溪全市的平均水平（全市为 57%）。由于流域森林覆盖率

低，加上自然因素形成的石漠化及历史上磷矿粗放开采的影响，导致流域生态环境极为脆弱。近年来，抚仙湖流域加大石漠化、水土流失的治理及磷矿山开采治理修复力度，但流域内 11 个磷矿开采点、25 个采砂石场关停后并未完成全面的恢复治理。“十三五”规划项目抚仙湖面山修复工程、抚仙湖径流区植被恢复工程、南部 5 条河流、东部 9 条河流小流域综合治理工程尚未完工，目前抚仙湖水土流失防治率约为 62%，水土流失面积仍有 144.48 km^2，全年土壤侵蚀总量约为 34.44 万 t，水土流失问题依然严重。

（3）抚仙湖水环境质量不容乐观，主要入湖河流污染仍然严重，饮用水水源地水质有待提高

近 20 多年来抚仙湖水质为 I 类，但总体上呈下降趋势，水体 TN、TP 浓度波动性上升，透明度显著下降，且近 5 年来水质下降呈加速趋势，TN、TP 指标已经逼近Ⅱ类水质，并在年内时有超标现象，处于接近Ⅱ类水质的边缘；主要入湖河流径流区为人口密集及农业生产集中的区域，受人为活动影响，河道水质污染较为严重，根据《玉溪市水功能区划》入湖河道水质目标均为 Ⅳ 类以上，2020 年，抚仙湖开展常规监测的 44 条入湖河流中，综合评价为Ⅳ类及以上的河流共计 20 条，达不到一半的数量；另外，根据流域的 11 个水库水源地 2019 年监测水质来看，水质类别达到饮用水标准（Ⅲ类）水源点仅有 5 个，占水源地总数的 45.5%；水质不达标的有 6 个，主要超标指标为 TN、TP、COD，水源地水环境安全问题凸显。

（4）污染防治措施环境效益发挥仍需时日

早期建设的污水处理设施出现老化、运行效率低，澄江市第二污水处理厂及部分农村一体化设施尚未全面完工，“一水两污”监管系统尚未完全建成，农村污水处理收集率仍然不高，且污水处理综合监管体系仍不完善。澄江市生活垃圾焚烧发电项目建设缓慢，生活垃圾分类、收集、转运、全处理体系仍不完善。虽已实施重度污染区耕地休耕轮作，但有效削减农业面源污染还有一个过程。

（5）水资源量紧缺，供需矛盾突出

抚仙湖可供开发利用的水资源量有限，可利用水资源量仅 0.66 亿 m^3，流域人均水资源量仅 367 m^3，远低于玉溪市 1 864 m^3 的平均水平，仅为全省人均水资源量（4 224 m^3）的 8.7%，属于水资源紧缺地区，区域供水能力不协调，山区缺水问题突出，抚仙湖流域水资源短缺问题长期存在。另外，抚仙湖流域 2019 年水资源开发利用率已达 78%，远超过国际公认的 40%的水资源合理开发程度上限；在现状供需水量不平衡的背景下，伴随湖区周边旅游、房地产等产业的发展、地下水开采、星云湖补水功能缺失等因素，抚仙

湖流域用水量会急速增加，水资源紧缺会愈加严重，供需矛盾更加突出。

5.4 星云湖

（1）星云湖湖体水质稳定改善仍存在压力

2020 年，星云湖现状水质类别为Ⅴ类，未达到水环境功能要求（Ⅲ类）。国控湖心断面主要超标指标为 TP［0.14 mg/L，超标 1.8 倍（按Ⅲ类标准）］和 pH（9.0）。叶绿素 a（0.11 mg/L）远超水体富营养化参考指标（0.01 mg/L），湖泊富营养化现象严重，藻类繁殖过多，导致水体透明度平均只有 0.36 m。2020 年，星云湖湖心 TP 均值为 0.14 mg/L，为Ⅴ类，1—7 月，湖心 TP 为Ⅴ类，但 8 月 TP 又超Ⅴ类标准，星云湖水质仍未稳定达Ⅴ类。

（2）畜禽养殖和农业面源污染问题仍然突出

农业面源污染是星云湖流域的主要污染源之一，其具有分散性、隐蔽性、空间异质性等特征而难以治理，且目前对星云湖流域的农业面源污染科学研究不够深入。据统计，2019 年，星云湖流域播种面积 28.89 万亩，耕地面积 8.53 万亩，复种指数 3.39，全年化肥施用量 18 755.3 t（非折纯量），化肥施用量强度为 219.95 kg/亩，农业开发强度的不断加大，且普遍用水效率不高，耗水量大，旱季与湖争水现象非常突出。另外，2019 年星云湖径流区共有畜禽养殖户有 3 249 户，其中规模户 83 户，以生猪和家禽养殖为主。经调查，目前仍然存在 30%畜禽粪便长时间露天堆放，尿液未及时处理直接入河的现象，对星云湖水质产生直接影响。虽然江川区已编制《玉溪市江川区畜禽养殖禁养区限养区划定意见》，按规定完成了不到 1/10 的养殖场的搬迁，但仍存在大量的规模养殖户，对星云湖污染负荷贡献较大。经计算，2019 年畜禽养殖规模较 2017 年略有减少，但污染结构仍未发生大的转变，农业生产污染和畜禽养殖污染物入湖量 COD、TN、TP 分别占总入湖量的 58.99%、46.79%、50.26%，加上治污工程的环境效益在短期内难以体现，畜禽养殖和农业面源削减任务重，削减难度较大。

（3）城镇污水处理厂配套管网设施不完善，雨污分流不彻底

“十三五”期间，星云湖流域完成了江川区污水处理厂提标改造工程及南、北片区污水处理厂 27.78 km 配套管网完善工程建设，目前，以上污水处理厂及管网完善工程均已完工并投入运行，但仍存在污水收集配套设施不完善、污水收集处理设施维护管理不足、垃圾清运不及时、雨污合流等问题。2019 年南片区污水处理厂（设计处理能力

1 万 t/d）日处理量 972.86～12 817 m^3，平均日处理 9 700 m^3，污水收集率 85%，但由于区城区未雨污分流，雨季期间，80%雨水进入污水收集系统，导致大量雨水和生活污水混合进入管网而导致冒顶溢出直接排入大街河。北片区污水处理厂（设计处理能力 1 万 t/d）日处理量仅为 347.84～10 690 m^3，平均日处理 5 400 m^3，处理量远未达到设计处理规模，主要由于污水管网未完全覆盖，大量支管接不进主管网，雨污未完全分离，污水收集率低。此外，东西大河子流域、大街河子流域、兰螺石片区因农村生活污水收集管网绝大多数为明渠明沟，截污管存在截污不完全、易堵塞、维护难的问题，导致旱季无水、雨季雨水混入溢流等问题。

（4）大多数农村污水处理设施运行不正常，无法充分发挥环境效益

“十五”时期以来星云湖流域持续开展农村环境综合整治。截至 2020 年，除 30 个山区村、石岩哨 3 个自然村及在建的星云湖沿河村落综合治理工程涉及的 42 个村无生活污水处理设施，其他 189 个村均开展了村落整治。但由于规划设计、设施、运维管理等问题，大部分村落的生活处理设施运行不正常，雨污合流是流域内农村污水治理存在的最大的源头问题。“十三五”时期环湖截污工程实施了 74 个村落整治，当前正处于调试阶段，大部分处理规模仍达不到正常运行。江城镇、前卫镇、大街街道共有 29 个村落支管已建成，但大部分现有农村生活污水收集管网普遍存在接户率不足的问题，大多数为明渠，小部分为管道，生活污水只能通过明渠接入主管，部分村庄由于地势原因根本接不进主管，明渠存在旱季无水，雨季雨水混入导致溢流、收集率低、进水不稳定等问题，农村生活污水处理设施环境效益基本没有充分发挥。其余 45 个村落生活污水采用塘库系统或人工湿地处理，但由于运营管护水平不足，植物收割不及时，存在大量漂浮物，大部分塘库及湿地淤积堵塞，不能正常发挥效益。渔村河流域内农村污水设施设计标高普遍高于污水排污口，截污管网不完善，导致生活污水无法进入污水处理设施，部分生活污水仍排入渔村河。

（5）流域森林生态系统结构单一，水源涵养差，水土流失严重

受人类活动长期干扰破坏，星云湖流域内周边山体主要以云南松林、华山松林和灌丛为主，现有森林空间分布不均，流域天然植被面积为 79.8 km^2，占流域面积的 21.6%，主要分布在西河上游、照壁山、雨西山等远山区域，而近山、面山区域分布甚少，对湖泊沿岸防护效能差。星云湖流域坝区以人工植被（旱地、水田等）为主，天然植被较少，生物多样性降低，森林生态系统结构简单，组成单一，生态功能退化严重。另外，星云湖径流区水土流失面积 96.06 km^2，占流域面积的 25.89%。主要分布在清水沟、杨柳坝、

大关山、梁王山周边及流域南部石灰岩矿山集中区域等磷矿周边区域，水土流失带来的侵蚀量约 18.28 万 t/a，入湖泥沙量 13 万 t/a，对水质改善有一定影响。

（6）水资源的供需矛盾越来越突出

星云湖流域是江川区主要的农业种植区域，星云湖流域人均年水资源占有量为 220 m^3，远低于国际严重缺水标准（500 m^3），属水资源严重紧缺地区。2020 年，星云湖流域实际用水总量为 6 781.53 万 m^3，以农业灌溉用水为主，占总用水量的 63.34%。按现状实际供水量计算，水资源开发利用率为 64.8%，远高于全省 7.1%的平均水平，已超过 40%的水资源合理开发程度上限。

5.5 杞麓湖

（1）水环境承载力超载与水质达标挑战并存

杞麓湖流域以全县 46%的土地面积承载了 90%的人口，流域人口密度 744 人/km^2，是九湖流域中人口高度密集、受资源环境约束较大的地区。杞麓湖 1982 年就进入了富营养化状态，1982—2004 年多数年份处于轻度富营养化状态，2005 年为中度富营养化状态，之后呈逐年上升趋势，2013 年达到重度富营养化状态，随着近几年来开展杞麓湖流域水污染防治和水环境治理，2020 年为中度富营养化状态。同时，根据水环境容量计算以及流域污染负荷预测结果，以湖中考核点为参照，相对Ⅴ类水质标准，杞麓湖流域现状及中远期污染负荷入湖量 COD 均超过水环境容量，杞麓湖水质常年维持在Ⅴ类～劣Ⅴ类，COD、TN 等污染物居高不下，由于接纳大量的农业面源污染物，河道污染较为严重，水质大多为劣Ⅴ类。

（2）流域城乡截污治污不彻底

城镇污水管网雨污分流不彻底、支次管网不完善，农村污水治理设施未实现全覆盖，已建成设施生态环境效益尚未充分发挥。通海县城区现有污水处理厂 2 座，分别为通海县第一污水处理厂、通海县第二污水处理厂，设计处理能力为 2 万 m^3/d，实际处理生活污水量为 12 965 万 m^3/d（2021 年 7 月数据）。截至 2022 年 5 月 31 日，通海县第一污水处理厂日均处理量 4 511 m^3；截污管网覆盖范围内生活污水年收集处理率为 64.33%。

（3）农业面源污染依然突出，减污降污力度不够

2020 年农田肥料和农田固体废物污染 TN 入湖负荷贡献率为 69.18%，TP 入湖负荷贡献率达 77.71%。流域农业产业结构调整缓慢，蔬菜种植面积居高不下，复种指数高，

农药化肥施用强度大。2017 年以来，杞麓湖流域化肥施用强度高达 516.69 kg/hm^2（20%折纯），农业面源是流域的主要污染源。河道的生态功能基本丧失，与农灌沟渠合为一体，水体污染严重，基本无清水入湖。

（4）流域水资源严重短缺，供需矛盾突出

流域多年平均水资源总量 7 575 万 m^3，2020 年全县人均水资源占有量 299 m^3。2020 年杞麓湖年最低运行水位 1 794.35 m，接近法定最低蓄水位，年最高运行水位 1 795.28 m，低于常年蓄水位。2020 年 12 月 31 日水位为 1 795.13 m，较 2017 年同期水位下降 1.18 m，湖体水量减少 4 366 万 m^3。杞麓湖流域水资源供水结构单一，以农业灌溉为主。2020 年全县水资源开发利用率 58.8%，远高于云南省水资源开发利用率（6.9%），超出国际上公认的水资源开发利用率合理限度 40%的上限，水资源已基本开发完毕。同时，流域内水资源利用方式仍然粗放，在生产和生活领域存在严重的结构型、生产型和消费型浪费，用水效率不高。

5.6 异龙湖

（1）水质稳定持续改善面临较大压力

根据异龙湖多年水质监测数据，各项水质指标呈现剧烈变动的特征。2019—2020 年全湖年均水质达Ⅴ类，但 2019 年 5 月、7 月、8 月、9 月及 2020 年 7 月、10 月水质为劣Ⅴ类。此外，异龙湖 TN 除 2018 年、2019 年达到Ⅴ类标准外，其余年份均超过Ⅴ类标准，2013 年达到浓度峰值，超标 2.12 倍，2017—2020 年浓度围绕Ⅴ类限值波动，波动幅度较小，虽然 TN 不参与考核，但也说明湖泊水质仍未得到根本性好转。2021 年湖体水质恶化为劣Ⅴ类，COD 全湖平均浓度为 64 mg/L，全年浓度均超过Ⅴ类，超标倍数在 0.025～1.10 倍，根据水质优劣程度赋分标准赋分后湖西、湖中和湖东分别赋分 59 分、59 分和 74 分。全湖最终赋分为 64 分。根据污染负荷预测及水质预测结果，在人口及经济社会按现有增长率发展，现有的污染治理水平下，到 2025 年，流域入湖污染负荷进一步增大，水质要得到彻底改善面临着较大的压力。

（2）点面源污染并存，入湖负荷超过水环境容量

在多年重视污水排放、废水处理等点源污染治理的背景下，点源污染已得到一定的控制，但流域小而分散的豆制品加工小作坊、小工商企业尚未得到有效管理和控制。点源、面源污染并存，致使流域入湖负荷远超水环境容量。流域农业开发强度大，高污染

的农业耕种方式广泛分布于湖滨带、坝区以及半山区，是流域最主要的污染来源。面源污染的产生方式与农业的经济支柱作用，使得流域面源污染治理难度极大，必须采取多种手段持之以恒加以综合治理。

（3）城镇污水收集处理不完善

石屏县建成区主要街道已经建成了基本完善的污水管道系统及雨水管道系统。污水干管接入城市截污干渠，最终进入污水处理厂；雨水管就势排入城河、城北河、城南河等河道，最终汇入红河。建成区已建成较为完善的污水管网系统。根据石屏县异龙湖流域范围截污治污项目普查成果，已有 86 个自然村已铺设截污管线，农村以及坝心和宝秀集镇已埋设管线约 94 km（异龙湖镇 50 km、坝心镇 32 km、宝秀镇 12 km），目前流域城镇区域还存在雨污混流、管网不完善，错接、漏接、管网空白等问题（城河、城北河水体浑浊、雨污混流、生活垃圾漂浮、局部污水直排入河）。宝秀镇污水处理厂配套管网服务范围为集镇、竹林、郑营和张本寨村，目前每天 1 200 m^3 进水量不足设计日处理量的 1/3，导致宝秀污水处理厂无法正常运行。雨污分流不彻底，县城排水管网还有部分合流管，花桥地区雨季时常"冒管"。坝心污水收集管网大多为合流管，雨季坝心污水处理站污水经常"冒井"甚至出现厂区被淹的情况。

（4）村落污水收集处理不完善

根据石屏县异龙湖流域范围截污治污项目自然村庄截污治污现状普查成果，异龙湖流域 244 个自然村，共有 66 个自然村布设污水处理设施（9 个村使用污水处理厂，25 个村使用贝斯处理站，5 个村使用耐斯处理站，6 个村使用中国罐处理，10 个村使用氧化塘处理，11 个村使用湿地处理），能正常使用 58 个，目前流域内收集处理的生活污水量仅有 30%左右。村庄截污管网和处理设施还不够完善，部分村落存在污水收集支管未入户、污水处理设施运行不正常、污水收集不完全的问题，旱季村落排水沟渠中有污泥淤积及垃圾堆存，雨季一来全部冲入河湖。

（5）流域土地资源利用粗放

根据《异龙湖流域国土空间保护和科学利用专项规划》，异龙湖流域适宜建设面积为 65.64 km^2，通过城镇建设适宜性评价结果对比，剩余适宜建设用地面积为 30.98 km^2，仅占流域总面积的 8.6%，土地资源承载力本底中等。2020 年异龙湖流域的人均城市建设用地为 144.76 m^2，接近《城市用地分类与规划建设用地标准》V 类气候区现状人均城市建设用地规模上限为 150 m^2，土地可开发利用稍显粗放，土地资源未得到有效开发利用。因此，未来城镇开发方向为提高城镇集约化水平，并适当提高居住建设用地容积率。2020 年云南省人口土地密度为 123 人/km^2。由此可知，宝秀镇的人口土地密度最高，为 622 人/km^2，宝秀镇位于流域上游，上游的人口土地压力高于流域下游的人口土地压力。异龙湖流域耕地资源不足，人均耕地面积 0.046 hm^2，小于世界粮农组织规定的 0.08 hm^2 粮食保障的一般标准。

（6）生态空间适宜性尚未形成

异龙湖流域的社会经济发展水平较低，人们为了提高生活水平过度开采自然资源，从而破坏生态环境。由于历史原因，异龙湖是重要的水源涵养区，周围主要分布着经济林，不仅极大地降低了水源涵养和水土保持能力，而且一味追求经济效益的大水大肥种植模式对湖泊造成较大污染。流域可建设土地、水环境超载区主要分布于流域上游的宝秀镇、异龙镇。宝秀镇人口密度过大，水资源的需水量大于下游，上游水环境污染严重，人口与土地资源、水资源、水环境的协调存在矛盾，流域无序蔓延的空间发展格局还未得到彻底控制。湿地生态系统服务功能较弱。湖滨湿地生态系统植物群落仍较为单一，水力连通不畅，对异龙湖生态恢复未形成有效保护体系。流域森林生态系统脆弱，森林质量参差不齐，林种单一（主要为云南松和经济林），森林覆盖率偏低（54.6%），导致流域生态防护效能差，水源涵养、水土保持等生态服务功能不强。

5.7 洱海

（1）湖体水质尚未稳定

经过洱海“十三五”规划及抢救性保护等一系列措施实施，2017—2020 年洱海 TP 和 NH_3-N 浓度持续下降，水质达到Ⅱ类水平；TN 和 COD 浓度缓慢上升趋势得到遏制。然而，当前洱海水质尚未根本好转，TN 和 COD 虽有下降，但浓度仍然偏高；TP 虽改善到Ⅱ类，但流域城市暴雨径流、农业农村面源污染仍然较重，在不利水文气象年份下 TP 反弹风险仍然较高。洱海水环境保护形势依然严峻。同时，对当前洱海 TP 和 COD 指标长期在Ⅱ类和Ⅲ类水质分界线上下波动、蓝藻水华风险增加等突出问题和流域水环境改善、湖体水生态修复等长远工作，缺乏系统性、深层次的科学研究，对保护治理工作的支撑性不足。

（2）旅游业发展和城市化进程成为重要的污染负荷增量驱动力

以洱海流域为主体的大理市被中国政府列为第一批 24 个国家历史文化名城之一及中国首批十大魅力城市之首。独特的人文风貌及自然风光吸引着全世界。近年来，旅游业蓬勃发展，2019年（2 062万人次）大理市接待国内外游客人数是2016年（1 132万人次）的1.82倍。另外，洱海流域2020年常住人口达到99.6万，城市化率达到55.6%，人口密度为 329 人/km^2。相应地，人口的增加必然导致资源消耗量增加，生活污水、垃圾量增加。目前，在洱海入湖污染物总量中，洱海流域生活污染源占流域污染总量的30%。

（3）洱海东侧湖岸稳定性较低

从全湖岸带分析，洱海东侧湖岸带较窄，岩体陡峭、植被难以定根生长，导致植被覆盖度相对较低，岸线稳定性较低。

（4）产业布局不够优化

洱海流域面积仅占全省土地面积的0.65%，却支撑着全省2.0%的总人口、2.4%的GDP。大理州洱海流域空间规划暂未得到省级批复，流域保护和发展的界定缺乏规划依据，现有产业缺乏科学的规划引领，旅游业及农业等尚未完成系统可持续的绿色化、生态化高质量转型升级。流域旅游业转型升级处于起步阶段，产业层次较低，产业链较短，“洱海旅游+生态环境+经济效益”的高质量开发尚未完全形成，“漫步苍洱”世界级康旅品牌培育难度较大。

（5）农业生产方式仍较为粗放

洱海流域共有耕地面积59.86万亩，基本农田43.11万亩，蔬菜种植面积约7万亩，流域作为传统农业主产区，农业生产方式较为粗放，虽然禁种了12.36万亩大蒜，但替代产业发展缓慢，蔬菜等“大药大水大肥”作物复种指数高，产生的面源污染负荷量大，加之洱海大型灌区项目尚未开工建设，现有的高标准农田、高效节水灌溉、调蓄带尾水循环利用等项目覆盖面有限，导致农业面源污染削减难度较大，成为洱海输入性污染负荷的主要来源。

（6）流域水资源匮乏

洱海流域多年平均天然径流量11.45亿m^3，扣掉湖面蒸发后，洱海流域多年平均水资源量8.29亿m^3，人均水资源量仅837 m^3，远低于全省4 224 m^{3}的人均水平，低于国际人均水资源占有量 1 000 m^3 的重度缺水标准，属重度缺水地区。洱海流域水资源开发利用率56.9%，超过国际公认的40% 水资源开发利用上限。加之城乡统一供水尚未实现流域全覆盖，农业高效节水灌溉水平低，污水处理厂尾水等再生水利用率偏低，水资源供需矛盾突出。

5.8 泸沽湖

（1）湖体水质存在下降的趋势，入湖河流污染物浓度总体呈上升趋势，泸沽湖稳定保持Ⅰ类水质的压力大

多年来，泸沽湖湖体水质稳定保持Ⅰ类，但部分水质指标呈下降的趋势。COD 由 2010 年的 0.99 mg/L 上升至 2020 年的 1.25 mg/L，10 年来 COD 浓度缓慢上升；DO 在 2015—2020 年均存在超Ⅰ类限值的月份，2020 年（前三季度）最低为 6.84 mg/L；主要入湖河流大鱼坝、山垮河、三家村、乌马河 4 条河流的 TP 值均在Ⅱ类水质上限附近波动，其中大鱼坝河流波动较大，其余三条河流波动较小，但总体呈上升趋势。

（2）水污染防治能力亟须提升

一是旅游污染成为泸沽湖流域云南部分污染控制的重点污染源，是造成污染的主要变量，需要继续有效控制旅游污染增量。二是截污管网不完善，雨污分流和支管入户工程进展缓慢。三是生活垃圾处置能力不足。四是污水处理厂设计能力不足，竹地污水处理厂污染存在隐患。五是污染治理体系不完善，泸沽湖长期存在条块分割、多头管理、体制不顺、权责不清等问题。六是联防联治机制不顺畅。川滇两省系统性保护治理工作推进难，环湖截污工程和共建污水处理厂项目尚处于可行性研究阶段。

（3）水土流失严重

泸沽湖流域云南部分 COD、TN、TP 的最大入湖来源均为水土流失，分别约占总入湖量的 33%、36%和 35%。主要原因为泸沽湖虽然森林覆盖率高，但植被类型单一，早期占优势的常绿阔叶林遭到了破坏，生物多样性降低，生态系统脆弱，现状植被以次生林为主，南岸主要为云南松林，北岸为杜鹃灌丛，阔叶林向针叶林的逆向演替，势必会影响森林生态系统的稳定性。北岸水土流失带来大量的泥沙，由于拦沙坝未开展定期清淤工作，大部分拦沙坝淤积严重，导致上游来水中的泥沙无法继续沉积，而直接随水流进入入湖河流，带来新的污染。

5.9 程海

（1）流域截污治污体系仍不完善，村庄污水处理设施运行率低

程海流域村庄已建设了 39 座污水处理系统，村落生活污水通过截污管网进入污水处

理设施，控制了农村生活污染，但当前仅 7 座污水处理设施在运行，其余 32 座污水处理设施均处于闲置状态，农村生活污水收集处理率仅 15%，且存在尾水不能稳定达标、尾水直接进入塘库或下渗入程海的情况，同时部分村庄污水未能得到全面收集处理，仍然有污水直排的现象，截污治污体系亟待完善。

（2）入湖污染控源减排能力有待提升

流域内耕地利用强度高，“大水大肥” 种植面积较大，针对农田面源、水土流失、散养畜禽等主要面源污染类型，尚未形成源头总量控制、过程阻断和截流净化的多层次综合治理体系。

（3）程海水资源量减少明显

程海水位下降明显，2008—2016 年湖泊储水量减少了 3.93 亿 m^3，相当于在 9 年间程海减少了 1/5 的储水量。

第 6 章

结　论

6.1　九湖流域的自然特征

（1）处于高海拔地区

九湖海拔为 1 414～2 690 m，地处滇西北的泸沽湖和洱海湖面海拔较高，泸沽湖的最高；滇中湖群湖面海拔较滇西北湖群低，包括滇池、抚仙湖、星云湖、杞麓湖和阳宗海；程海和阳宗海湖面海拔较低，异龙湖的最低。

（2）湖泊形状狭长、湖滨带不发育、地貌较为相似

九湖均为构造断陷型湖泊，因此九湖多具有南北向宽，东西向窄，以南北向延伸的共有特征。洱海、滇池和抚仙湖最为狭长，最大长度分别达 39.95 m、39.71 m 和 30.73 m。湖岸多平直、陡峭，仅在入湖河流河口区域形成湖滨带。九湖流域内地貌均可划分为山区、坝区和湖区。坝区多为流域内人口分布最为密集、经济最发达、污染物产生量最大的区域。

（3）湖泊大小、水深变异大

九湖湖面面积大小变化范围为 31～297.9 km^2，以滇池最大，异龙湖最小。九湖最大水深变化范围为 5.7～158.9 m，以抚仙湖最深，异龙湖最浅。

（4）气候温和、降水时间集中

九湖流域多为亚热带高原季风气候，气候温和。流域年均气温最高的为异龙湖和程海，达 17℃以上，最低的为泸沽湖，仅为 12.8℃。九湖流域干湿季分明，6—10 月为雨季，11 月—次年 5 月为旱季，雨季降水量占降水总量的 80%以上。年均降水量最高的是洱海，为 1 048 mm；最低的是程海，为 725.5 mm。

（5）滇池、抚仙湖为地球化学磷高背景湖泊

从地层中磷矿分布来看，滇池的磷矿分布最多，其次是抚仙湖，其余湖泊没有磷矿分布，因此，滇池、抚仙湖为九湖中地球化学磷高背景湖泊，这两个湖泊的自然面源磷输入负荷高，给湖泊营养水平控制带来客观困难。

（6）大型湖泊入湖河流多

九湖中大型湖泊滇池、洱海、抚仙湖的入湖河流较多，均在 20 条以上，程海虽然也具有较多的入湖河流，但是流程十分短小，多数河流为季节性溪流。其余 5 个湖泊除星云湖具有 12 条入湖河流，泸沽湖、杞麓湖、阳宗海和异龙湖的主要入湖河流均少于 10 条。

（7）深水湖泊蓄水量大、滇中湖泊流域水资源较缺乏

抚仙湖和泸沽湖的蓄水量总和为 228.72 亿 m^3，占九湖蓄水总量的 75%。滇中湖泊除星云湖外，滇池、洱海、抚仙湖、杞麓湖、阳宗海均为水量收入小于水量支出的湖泊。抚仙湖出流改造前流域水量有盈余，但出湖改道后受气候条件影响水量收入小于水量支出。

6.2 九湖流域社会经济特征

（1）九湖流域人口数量差异较大

2020 年九湖流域人口密度除异龙湖外均较 2015 年有所上升，其中上升幅度最大的为杞麓湖和泸沽湖，分别为 37.56%和 33.44%，异龙湖流域人口密度较 2015 年下降了 21.61%（图 6.2-1）。

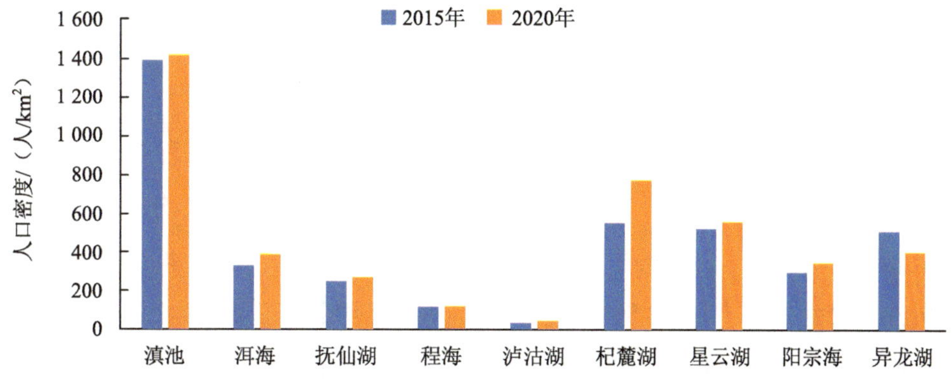

图 6.2-1 九湖流域人口密度变化

（2）九湖流域人均 GDP 比较

2020 年九湖流域人均 GDP 除洱海外均较 2015 年有所上升，其中滇池、程海、泸沽湖、异龙湖的上升幅度均超过 60%，星云湖的上升幅度最高达 133.14%，洱海流域人均 GDP 较 2015 年下降了 1.41%（图 6.2-2）。

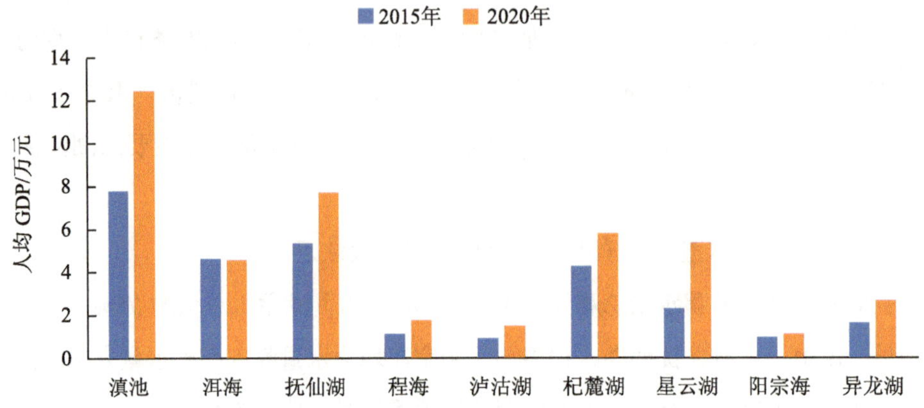

图 6.2-2　九湖流域人均 GDP 变化

6.3　九湖流域生态系统特征

（1）各湖泊流域土壤构成独特

九湖流域中，杞麓湖流域水稻土分布最多，滇池流域红壤最多，星云湖流域紫色土分布最多，泸沽湖流域黄棕壤和棕壤分布最多，洱海流域为九湖中唯一有暗棕壤和棕色针叶林土分布的湖泊流域。

（2）各湖泊流域土地利用变化

“十三五”期间，九湖流域土地利用现状与经济发展水平及污染程度有一定相关性，主要从九湖流域主要土地利用类型的林地、耕地、建设用地变化趋势分析。

从九湖流域林地稳定性来看，“十三五”期间，九湖流域林地整体上呈增加趋势，其平均所占比例由 2015 年的 42.50%增加至 47.80%，平均上升幅度为 14.51%。各湖泊流域林地增加面积为 0.26～68.35 km^2，增长幅度为 0.37%～35.94%。抚仙湖、程海、星云湖流域林地呈明显增加趋势，作为流域主要的土地利用类型，林地面积变化幅度为 25%～36%，5 年时间流域林地面积增加了 36～52 km^2，主要是由于流域内实施的国家退耕还林政策和当地政府号召的“四退三还”等相关政策法规，依托天然林资源保护工程、退耕还林工程、公益林补偿制度等工程建设，促进流域内林地大幅增加，森林质量及生态价值功能得到提高。滇池、泸沽湖流域林地面积变化幅度很小，2020 年林地占流域面积比例较 2015 年分别上升了 0.25%、0.24%，说明滇池、泸沽湖流域林地稳定性相对较好，但流域不同程度存在陆生生态系统比较脆弱，水源涵养能力、水土保持的生态功能不强等问题。此外，洱海、杞麓湖、阳宗海和异龙湖流域林地面积呈现不同程度的增加趋势，变化幅度为 5.38%～15.94%，其中洱海流域林地面积增加最大，其所占比例由 2015 年的 49.51%增加至 52.18%，5 年时间林地面积增加了 68.35 km^2，主要原因是流域实施了一系列林业生态建设工程（图 6.3-1）。

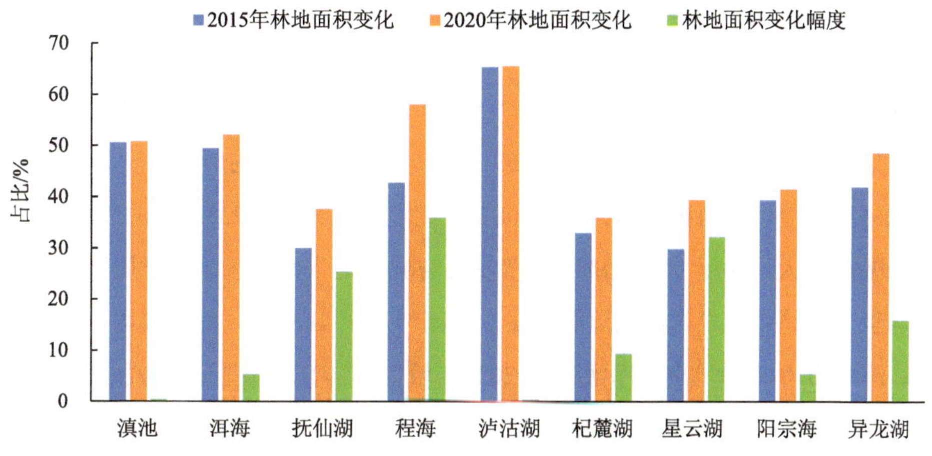

图 6.3-1 2015 年与 2020 年九湖流域林地面积变化图

从九湖流域耕地的稳定性来看，“十三五”期间，九湖流域耕地整体上呈减少趋势，其耕地面积平均所占比例由 2015 年的 22.59%下降至 18.12%，平均下降幅度为 18.80%。各湖泊流域耕地减少面积为 0.67～80.95 km^2，减少幅度为 1.65%～42.33%。由于耕地保护政策的实施，在一定程度上缓解了建设活动对耕地的占用，滇池、泸沽湖、阳宗海流域耕地面积减少幅度较小，5 年时间减少面积为 0.67～6.17 km^2，减少幅度为 1.65%～14.96%。其他湖泊流域耕地面积减少幅度较大，减少幅度为 15.75%～42.33%，其中程海流域减少最多，抚仙湖、异龙湖、星云湖、杞麓湖、洱海流域次之，主要由于社会经济的持续发展与城镇扩张使水田和旱地转化为城镇用地和农村居民地、退塘退田还湖、生态修复、人工湿地建设、退耕还林等一系列配套生态项目工程建设，导致流域内水田和旱地整体均呈减少趋势（图 6.3-2）。

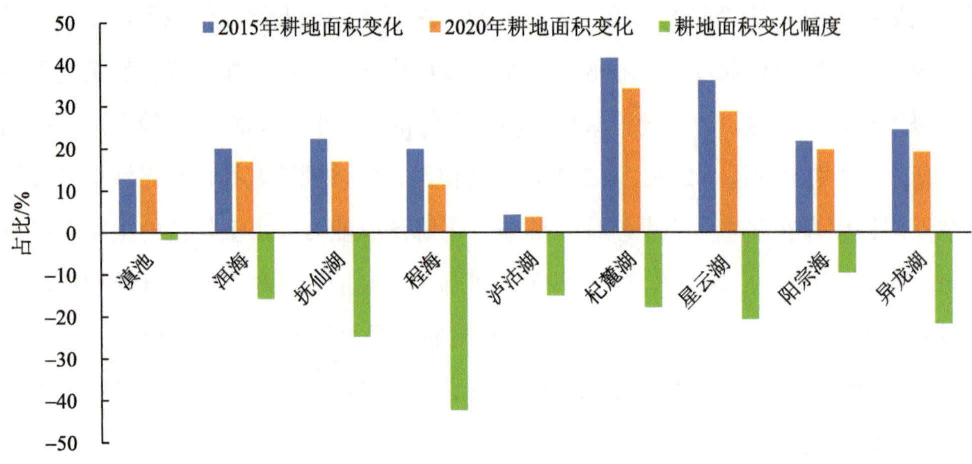

图 6.3-2　2015 年与 2020 年九湖流域耕地面积变化图

从九湖流域建设用地的稳定性来看，“十三五”期间，九湖流域建设用地整体上呈增加趋势，其平均所占比例由 2015 年的 5.59%增加至 6.68%，平均增长幅度为 27.61%。各湖泊流域建设用地增加面积为 0.51～45.08 km^2，增长幅度为 6.23%～91.17%，其中程海流域增长幅度最大，由于社会经济的持续发展与城镇扩张使，流域农村居民地和城镇用地面积均呈上升趋势，农村居民地面积在 5 年间增加了 48.99%，而城镇用地面积增加了 341.40%。洱海、泸沽湖流域次之，洱海流域 2020 年较 2015 年建设用地面积增加了 43.79 km^2，增加幅度为 34.86%，泸沽湖流域 2020 年较 2015 年建设用地面积仅增加了 0.51 km^2，但增加幅度为 44.74%，此外滇池流域 2020 年较 2015 年建设用地面积增加幅度仅 11.08%，但增加面积达 45.08 km^2，是九湖流域建设用地面积增加最大的，主要是由于流域内旅游业及城镇化、房地产快速发展，导致流域建设用地面积变化幅度较大（图 6.3-3）。

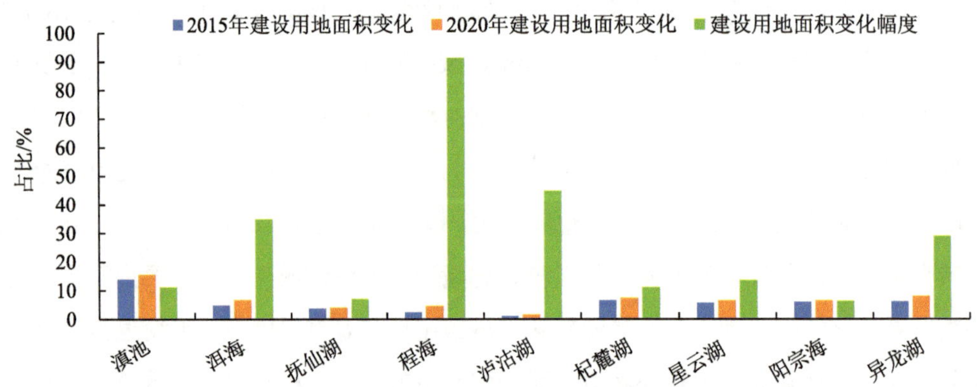

图 6.3-3　2015 年与 2020 年九湖流域建设用地面积变化图

（3）九湖流域原生植被普遍被破坏，以次生植被为主

基于“十三五”期间各湖泊流域面山林业保护及生态修复工程的实施，2020 年九湖流域森林覆盖率较 2015 年总体上都有提高，滇池流域提高了 11.55%，抚仙湖流域提高了 7.57%，程海流域提高了 7.60%，泸沽湖流域提高了 8.52%，阳宗海流域提高了 7.55%，异龙湖流域提高了 5.51%，星云湖流域提高了 2.00%，杞麓湖流域提高了 3.10%，洱海流域略有提高（图 6.3-4）。

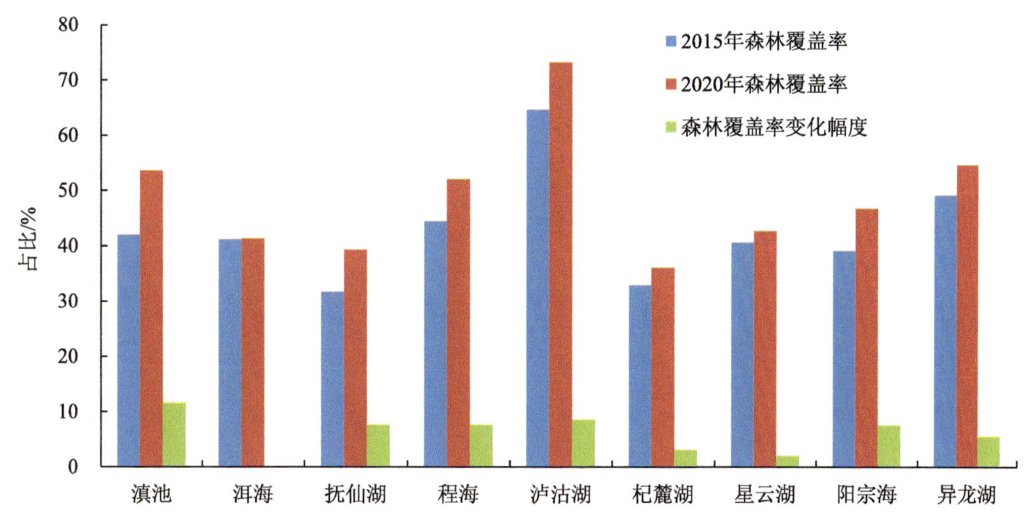

图 6.3-4　九湖流域森林覆盖率对比

但由于长期的人类活动影响，九湖流域的原生植被普遍受到破坏，现流域植被以次生植被和人工植被为主，从各流域植被分布格局来看，以水田为主的人工植被均主要分布在流域的坝区，次生植被分布在山区，受人为因素干扰分布斑块较为破碎。因九湖所处地理环境差异，流域植被地带性特点显著，位于滇西北泸沽湖、程海、洱海以暖温性针叶林——云南松林以及灌丛为主，滇中区域滇池、阳宗海、抚仙湖、星云湖、杞麓湖以半湿润常绿阔叶林灌丛以及云南松林为主、位于滇南的异龙湖以云南松及暖性石灰山灌丛为主。九湖流域原生植被的破坏，使流域的清水产流机制受到了影响，加剧了流域内的水土流失。

（4）除泸沽湖外的八湖流域水土流失均严重

九湖流域水土流失类型均属水力侵蚀，侵蚀强度以中度和轻度侵蚀为主。2020 年，九湖流域水土流失总面积为 2 833.47 km^2，约占九湖流域陆域面积的 36%，相较于 1999 年，九湖流域水土流失治理成效较为显著，水土流失面积和强度得到有效控制，“十三五”期

间，水土流失面积减少了 1 211.03 km^2，减少幅度为 37.54%，其中洱海、滇池流域水土流失面积减少最多，减少面积分别为 507.12 km^2、398.52 km^2。程海流域是九湖中水土流失最严重的流域，程海流域2020年水土流失面积较1999年增加了12.01 km^2，增加了14.89%；除程海流域水土流失面积增加外，其余湖泊流域水土流失面积均呈现不同程度的减少趋势，减少幅度为5.45%～35.94%（图6.3-5）。

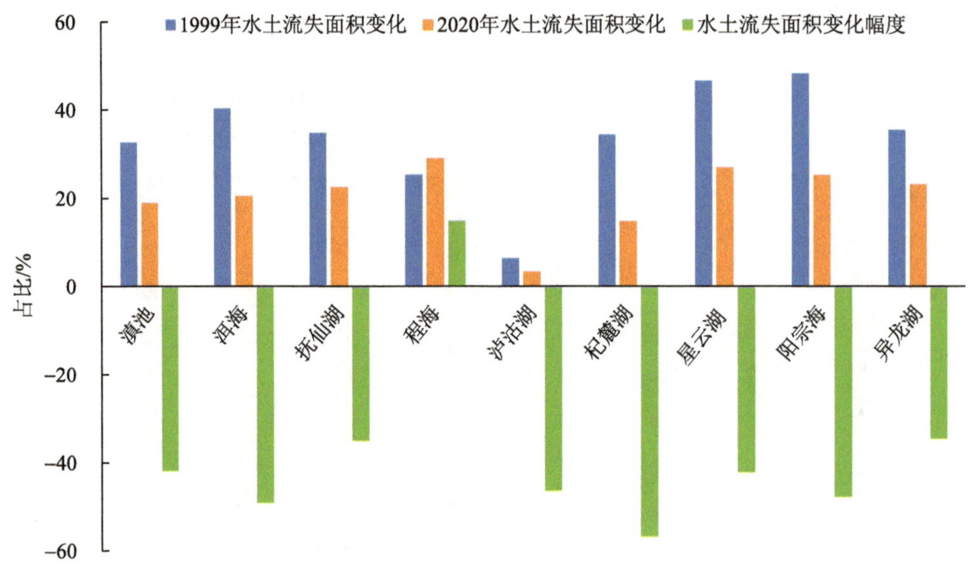

图 6.3-5　九湖流域水土流失变化趋势分析

九湖流域水土流失面积比例除泸沽湖外，均占流域面积的1/3以上。人类活动的干扰是加剧水土流失主要因素，加强九湖流域中轻度侵蚀区域的防治与控制是流域水土保持、生态环境保护的重要任务。

（5）各湖流域污染负荷变化特征

2020年，九湖流域主要污染物COD、TN和TP总入湖量分别为58 936.86 t/a、12 924.16 t/a和1 466.64 t/a。其中，总入湖量最大的是滇池流域，COD、TN和TP分别为28 378.00 t/a、5 306.00 t/a和436.00 t/a；其次是杞麓湖流域，COD、TN和TP分别为9 651.46 t/a、3 226.88 t/a和4 602.15 t/a；再次是洱海流域，COD、TN和TP分别为6 765.90 t/a、1 595.40 t/a和125.07 t/a；其他依次为星云湖流域、异龙湖流域、抚仙湖流域、泸沽湖流域、程海流域、阳宗海流域。

相较于2005年，滇池、抚仙湖、阳宗海主要污染物呈下降趋势，洱海略有下降，程海、杞麓湖呈上升趋势，泸沽湖、星云湖先上升后下降，异龙湖流域COD先降低后上升，

TN 和 TP 呈下降趋势。但相较于 2015 年，九湖流域除杞麓湖与程海外其余湖泊入湖污染负荷均呈下降趋势，说明“十三五”期间流域污染防治攻坚取得了一定成效。

（6）九湖水质特征

1）近 10 年来九湖水质均有所下降

文献综述发现：①与历史相比，九湖水质呈下降趋势；②与深水湖泊程海、泸沽湖、抚仙湖、阳宗海、洱海相比，滇池、星云湖、杞麓湖、异龙湖等浅水湖泊受到的污染较为严重；③流域内高强度发展的农业、工业、城镇扩张、水土流失是九湖水质污染的主要来源。

2）九湖中浅水湖泊普遍受到重度污染

按照九湖 2015—2020 年的营养状态指数值的大小，处于富营养水平（TLI＞50）的是异龙湖、星云湖、杞麓湖、滇池草海、滇池外海；其次为中营养水平（TLI 为 30～50）的洱海、程海、阳宗海；处于贫营养水平（TLI＜30）的是抚仙湖和泸沽湖。

TN 浓度最高的是滇池草海，为 6.30 mg/L，明显高于其余湖泊，其次是异龙湖、杞麓湖、星云湖和滇池外海，TN 浓度均超过或接近 2.0 mg/L；九湖 NH_3-N 浓度分布与 TN 浓度表现出类似的规律，滇池草海最高，为 2.03 mg/L，其次是异龙湖、滇池外海、杞麓湖、程海、阳宗海；TP 浓度最高的星云湖，为 0.522 mg/L，明显高于其余湖泊，其次是滇池草海、滇池外海、异龙湖和杞麓湖，为 0.067～0.271 mg/L；COD 浓度最高的湖泊是异龙湖，为 86.2 mg/L。这提示我们，每个湖泊的污染特征具有特异性，应该有针对性地结合每个湖泊的具体情况开展污染治理。

3）洱海、程海、星云湖和异龙湖干湿季湖泊水质有显著差异

九湖的叶绿素 a 在干湿季之间均有显著差异，洱海的五项水质指标在干湿季之间均有显著差异。洱海、程海、星云湖、异龙湖的 TN 和 TP 浓度在雨季和旱季之间存在显著差异，说明这些湖泊的雨季入湖污染负荷高于旱季，可能与流域内严重的水土流失或剧烈的农业活动有关。结果显示，对于洱海、程海、星云湖、异龙湖来说，在雨季进行集中控源截污将提高湖泊保护或治理效率。

（7）深水湖泊生态系统脆弱

九湖中，抚仙湖、程海和泸沽湖（三湖平均值为 4.14）的补给系数比其他 6 个湖泊（六湖平均值为 9.88）明显偏小，这些湖泊恰恰也是深水湖泊，较长的换水周期甚至是没有换水条件，说明这些湖泊与其他湖泊相比，生态系统更加脆弱，维持其生态系统健康状态尤为重要。

参考文献

[1] 云南省统计局. 云南统计年鉴[Z]. 北京：中国统计出版社，2020.

[2] 孟广涛，方向京，和丽萍，等. 云南省生态环境现状及其防治对策[J]. 水土保持研究，2006，4，13（2）：7-10.

[3] ZHU H. A biogeographical comparison between Yunnan，Southwest China，and Taiwan，Southeast China，with implications for the evolutionary history of the East Asian Flora[J]. Annals of the Missouri Botanical Garden，2016，101：750-771.

[4] ZHU H. The tropical rainforest vegetation in Xishuangbanna[J]. Chinese Geographical Science，1992，2（1）：64-73.

[5] ZHU H. The floristic characteristics of the tropical rain forest in Xishuangbanna[J]. Chinese Geographical Science，1994，4（1）：174-185.

[6] ZHU H. Ecological and biogeographical studies on the tropical rain forest of south Yunnan，SW China with a special reference to its relation with rain forests of tropical Asia[J]. Journal of Biogeography，1997，24：647-662.

[7] ZHU H. Forest vegetation of Xishuangbanna，south China[J]. Forestry Studies in China，2006，8（2）：1-58.

[8] ZHU H. Advances in biogeography of the tropical rain forest in southern Yunnan，southwestern China[J]. Tropical Conservation Science，2008，1：34-42.

[9] 朱华. 云南热带季雨林及其与热带雨林植被的比较[J]. 植物生态学报，2011，35（4）：463-470.

[10] 朱华，王洪，李保贵. 西双版纳热带季节雨林的研究[J]. 广西植物，1998，18（4）：371-384.

[11] 朱华，王洪，李保贵，等. 西双版纳森林植被研究[J]. 植物科学学报，2015，33（5）：641-726.

[12] 朱华，闫丽春. 云南哀牢山种子植物[M]. 昆明：云南科技出版社，2009.

[13] ZHU H，CHAI Y，ZHOU S S，et al. Combined community ecology and floristics，a synthetic study on the upper montane evergreen broad-leaved forests in Yunnan，southwestern China[J]. Plant Diversity，

2016，38：295-302.

[14] ZHU H，ZHOU S S，YAN L C，et al. Studies on the evergreen broad-leaved forests of Yunnan，southwestern China[J]. The Botanical Review，2019，85：131-148.

[15] ZHU H，TAN Y H，YAN L C，et al. Flora of the savanna Like vegetation in hot dry valleys，southwestern China with implications to their origin and evolution[J]. The Botanical Review，2020，86：281-297.

[16] 朱华，蔡琳. 澜沧江流域植被[M]. 昆明：云南教育出版社，2004.

[17] 朱华，蔡琳. 澜沧江流域植被[M]. 昆明：云南教育出版社，2004.

[18] 朱华. 云南种子植物区系地理成分分布格局及其意义[J]. 地球科学进展，2008，23（8）：830-839.

[19] 孔德平，赵磊. 云南 1 平方千米以上天然湖泊的初步调查. 云南大学出版社.

[20] 昆明市统计局. 昆明市统计年鉴[Z]. 北京：中国统计出版社，2021.

[21] 昆明市统计局. 昆明市统计年鉴[Z]. 北京：中国统计出版社，2016.

[22] 玉溪市统计局. 玉溪市统计年鉴[Z]. 北京：中国统计出版社，2021.

[23] 玉溪市统计局. 玉溪市统计年鉴[Z]. 北京：中国统计出版社，2016.

[24] 红河州统计局. 红河州统计年鉴[Z]. 北京：中国统计出版社，2021.

[25] 红河州统计局. 红河州统计年鉴[Z]. 北京：中国统计出版社，2016.

[26] 大理市统计局. 大理市统计年鉴[Z]. 北京：中国统计出版社，2021.

[27] 大理市统计局. 大理市统计年鉴[Z]. 北京：中国统计出版社，2016.

[28] 丽江市统计局. 丽江市统计年鉴[Z]. 北京：中国统计出版社，2021.

[29] 丽江市统计局. 丽江市统计年鉴[Z]. 北京：中国统计出版社，2016.